普通高等教育"十二五"规划教材
微电子与集成电路设计系列规划教材

模拟集成电路 EDA 技术与设计
——仿真与版图实例

陈莹梅　胡正飞　编著

电子工业出版社
Publishing House of Electronics Industry
北京·BEIJING

内 容 简 介

本书是微电子与集成电路设计系列规划教材之一，全书遵循模拟集成电路全定制设计流程，介绍模拟集成电路设计过程中的一系列相关软件的应用与设计实例。全书共8章，主要内容包括：SPICE数模混合仿真程序介绍、HSPICE模拟集成电路仿真实例、PSPICE模拟集成电路仿真实例、ADS射频集成电路仿真实例、Spectre模拟集成电路仿真工具、Spectre模拟集成电路仿真实例、版图设计和Cadence模拟集成电路设计实例。本书提供配套光盘，光盘内容包括Cadence公司提供的PSPICE学生版软件、HSPICE和PSPICE工具的电路实例、ADS工具的电路实例、Spectre前仿真实例、版图设计及后仿真与版图验证实例等。

本书可作为高等学校电子信息、微电子等专业高年级本科生和研究生的教材，也可供集成电路设计工程师学习参考。

未经许可，不得以任何方式复制或抄袭本书之部分或全部内容。
版权所有，侵权必究。

图书在版编目（CIP）数据

模拟集成电路EDA技术与设计：仿真与版图实例/陈莹梅，胡正飞编著．—北京：电子工业出版社，2014.3
微电子与集成电路设计系列规划教材
ISBN 978-7-121-22426-3

Ⅰ.①模…　Ⅱ.①陈…　②胡…　Ⅲ.①模拟集成电路—计算机辅助设计—高等学校—教材　Ⅳ.①TN402

中国版本图书馆CIP数据核字（2014）第017532号

策划编辑：王羽佳
责任编辑：王羽佳　　　文字编辑：王晓庆
印　　刷：北京虎彩文化传播有限公司
装　　订：北京虎彩文化传播有限公司
出版发行：电子工业出版社
　　　　　北京市海淀区万寿路173信箱　　邮编：100036
开　　本：787×1092　1/16　　印张：13.25　　字数：339千字
印　　次：2023年2月第8次印刷
定　　价：39.90元（含光盘1张）

凡所购买电子工业出版社图书有缺损问题，请向购买书店调换。若书店售缺，请与本社发行部联系，联系及邮购电话：(010)88254888。
质量投诉请发邮件至zlts@phei.com.cn，盗版侵权举报请发邮件至dbqq@phei.com.cn。
服务热线：(010)88258888。

前　言

　　电子设计自动化（EDA）是利用计算机作为工作平台进行自动化设计的一项技术。EDA 相对于传统的计算机辅助设计（CAD）工具，其提供的电路依靠标准的程序化模型或模型库的支持，图形的背后具有深层次的物理含义。20 世纪 90 年代，EDA 技术开始渗透到电子设计和集成电路（IC）设计各领域，当前，深亚微米、纳米工艺和 SoC 设计对集成电路 EDA 技术提出更高要求。在集成电路 EDA 技术中，对于数字系统设计主要采用分层次设计流程，采用高级硬件描述语言描述硬件结构、参数和功能，具有系统级仿真和综合能力；而模拟集成电路设计基本上是全定制设计，因为其性能指标复杂，拓扑结构变化无穷，电路性能对器件尺寸、工艺及系统级的串扰非常敏感。设计者需要在设计过程中综合考虑各项性能指标，深入考虑加工工艺、工作环境和各种因素，合理选择电路拓扑结构，反复优化器件尺寸，精心设计物理版图。

　　本书按照模拟集成电路全定制设计流程，介绍模拟集成电路设计过程中一系列相关软件的应用，并基于各种软件平台，选用一些典型的模拟集成电路，进行设计示范。具体内容按照 SPICE 仿真程序介绍与仿真实例、ADS 射频集成电路仿真工具与实例、Cadence 平台 Spectre 集成电路仿真、Virtuoso 版图设计、Calibre 和 Assura 版图验证与后仿真的顺序展开。通过本书的学习，使读者能够掌握全定制模拟集成电路设计的基本方法及其相关系列工具软件的应用技术，提升在模拟集成电路设计方面的实践能力。

　　本书选用的模拟集成电路典型实例有：缓冲驱动器、跨导放大器、低噪声放大器、混频器、共源放大器、运算放大器、压控振荡器和限幅放大器等，通过设计实例，介绍模拟 IC 的直流分析、交流分析、瞬态分析、失调分析、压摆率分析和相位噪声分析等各种仿真方法。本书还通过设计实例介绍了射频集成电路的 S 参数仿真和线性度仿真的方法，最后对模拟集成电路的版图设计与版图验证进行了介绍。

　　为增强教材的实用性，方便读者对本书的仿真实例进行练习，本书配有一张光盘，内容包括 Cadence 公司提供的 PSPICE 学生版软件、第 2 章 HSPICE 和第 3 章 PSPICE 工具的电路实例、第 4 章 ADS 工具的电路实例、第 5 章 Spectre 集成电路仿真工具、第 6 章 Spectre 前仿真实例、第 8 章版图设计、后仿真与版图验证实例。

　　本书的第 1～3 章和第 7～8 章由东南大学陈莹梅主持编写，第 4～6 章由南京邮电大学胡正飞主持编写，Cadence 公司中国区 AE 总监陈春章博士对 PSPICE 软件提供了大力支持，东南大学射频与光电集成电路研究所的研究生付佳伟、王津飞、张俊、李艳伟、韩景鹏、何小飞、唐攀和南京邮电大学研究生张磊、王庆林、张莉、黄敏娣为软件实例做了部分前期准备工作。电子工业出版社的王羽佳和王晓庆编辑在组织出版和编辑工作中给予了很大的支持。在此对以上各方人士表示衷心的感谢！

　　本书中介绍的 Cadence 等软件均为大型 EDA 软件，具有全面而强大的功能，每款软件的教程均可独立成书，由于篇幅所限，本书只能对与设计实例相关的部分进行简要介绍，书中的错误在所难免，恳请读者对本书进行批评和指正。

作　者
2014 年 3 月

目 录

第 1 章 SPICE 数模混合仿真程序介绍… 1
  1.1 SPICE 的语句格式 …………………… 1
  1.2 电路特性分析语句 …………………… 9
  1.3 电路特性控制语句 …………………… 12
  思考题 ………………………………………… 14
  本章参考文献 ……………………………… 14

第 2 章 HSPICE 模拟集成电路
        仿真实例 …………………………… 15
  2.1 HSPICE 简介 ………………………… 15
  2.2 MOS 管特性分析 …………………… 16
  2.3 HSPICE 缓冲驱动器设计 ………… 18
    2.3.1 直流传输特性分析 ……………… 19
    2.3.2 时序特性分析 …………………… 20
    2.3.3 驱动能力分析 …………………… 21
  2.4 HSPICE 跨导放大器设计 ………… 22
    2.4.1 直流工作点分析 ………………… 23
    2.4.2 直流扫描分析 …………………… 24
    2.4.3 交流扫描分析 …………………… 26
    2.4.4 噪声分析 ………………………… 28
    2.4.5 失调分析 ………………………… 28
    2.4.6 压摆率分析 ……………………… 30
    2.4.7 模型 corner 仿真 ……………… 31
    2.4.8 温度分析 ………………………… 33
  思考题 ………………………………………… 35
  本章参考文献 ……………………………… 35

第 3 章 PSPICE 模拟集成电路
        仿真实例 …………………………… 36
  3.1 PSPICE 简介 ………………………… 36
  3.2 PSPICE 缓冲驱动器设计 ………… 38
    3.2.1 直流传输特性分析 ……………… 38
    3.2.2 多级反相器直流传输
          特性分析 ………………………… 40

    3.2.3 时序特性分析 …………………… 41
    3.2.4 驱动能力分析 …………………… 41
  3.3 PSPICE 跨导放大器设计 ………… 42
    3.3.1 直流工作点分析 ………………… 42
    3.3.2 直流扫描分析 …………………… 43
    3.3.3 交流扫描分析 …………………… 44
    3.3.4 噪声分析 ………………………… 46
    3.3.5 压摆率分析 ……………………… 47
    3.3.6 温度分析 ………………………… 47
  思考题 ………………………………………… 48
  本章参考文献 ……………………………… 48

第 4 章 ADS 射频集成电路仿真实例 … 49
  4.1 ADS 简介 …………………………… 49
  4.2 ADS 基本使用 ……………………… 50
  4.3 低噪声放大器设计 ………………… 54
  4.4 混频器设计 ………………………… 72
  思考题 ………………………………………… 80
  本章参考文献 ……………………………… 80

第 5 章 Spectre 模拟集成电路
        仿真工具 …………………………… 81
  5.1 Cadence 设计环境 ………………… 81
  5.2 Spectre 原理图编辑 ……………… 81
  5.3 Spectre 原理图仿真 ……………… 85
  5.4 仿真结果显示与处理 ……………… 94
  5.5 电路优化 …………………………… 105
  5.6 工艺角分析 ………………………… 111
  思考题 ………………………………………… 120
  本章参考文献 ……………………………… 120

第 6 章 Spectre 模拟集成电路
        仿真实例 …………………………… 121
  6.1 MOS 管特性分析 …………………… 121
  6.2 共源放大器仿真 …………………… 126

	6.2.1 直流特性仿真 ……………126	思考题 ……………………………………163
	6.2.2 交流特性仿真 ……………128	本章参考文献 ……………………………164
	6.2.3 瞬态特性仿真 ……………129	第8章 Cadence 模拟集成电路
6.3	两级运算放大器仿真 ……………130	设计实例 …………………………165
	6.3.1 电路设计与指标分析 ……130	8.1 压控振荡器设计 …………………165
	6.3.2 直流扫描分析 ……………131	8.1.1 压控振荡器前仿真 ………165
	6.3.3 失调电压分析 ……………136	8.1.2 压控振荡器版图设计 ……174
	6.3.4 输入共模范围仿真 ………138	8.1.3 压控振荡器 Calibre 工具
	6.3.5 输出动态范围仿真 ………139	版图验证 …………………176
	6.3.6 频率特性仿真 ……………140	8.1.4 压控振荡器 Calibre 工具后
	6.3.7 共模抑制比仿真 …………142	仿真 ………………………180
	6.3.8 电源抑制比仿真 …………144	8.2 限幅放大器设计 …………………181
	6.3.9 瞬态参数仿真 ……………145	8.2.1 限幅放大器电路设计 ……181
思考题 …………………………………………148		8.2.2 限幅放大器前仿真 ………185
本章参考文献 …………………………………148		8.2.3 限幅放大器版图设计 ……192
第7章 版图设计 ……………………………149		8.2.4 限幅放大器 Assura 工具
7.1	版图几何设计规则 ………………149	版图验证 …………………195
7.2	Virtuoso 版图编辑与验证 ………151	8.2.5 限幅放大器 Assura 工具后
7.3	CMOS 反相器版图设计 …………155	仿真 ………………………200
7.4	差分放大器版图设计 ……………157	思考题 ……………………………………205
7.5	芯片的版图布局 …………………160	本章参考文献 ……………………………205
7.6	版图设计注意事项 ………………161	

第 1 章　SPICE 数模混合仿真程序介绍

SPICE（Simulation Program with Integrated Circuit Emphasis）最早由美国加州大学伯克利分校（UCB）开发成功应用在电路设计领域，在 1988 年被定为美国国家标准。由于源码开放，出现了许多类 SPICE 模拟软件，这些产品大都源自伯克利 SPICE，如 HSPICE、Spectre、PSPICE、SmartSpice 等，所以基本语法相同。目前，几乎所有的电路仿真应用软件都是以 SPICE 为内核的，或者是在 SPICE 基础上的扩充，SPICE 已经成为事实上的工业标准，SPICE 已经成为 EDA 的语言基础。

SPICE 将计算机技术、数值分析方法和晶体管建模很好地结合在一起，可以验证电路设计和预测电路的行为。设计从给定的技术指标出发，首先根据掌握的系统和电路知识，确定电路的初始方案，确定电路元件参数，然后生成 SPICE 电路描述和分析指令文件。SPICE 有语句和图表两种 SPICE 电路描述文件形式。语句描述形式是最原始、最基本、互通性最好的形式，所以本章重点介绍这种文件形式的语句格式。图表描述形式具有直观易懂的优点，但不同的商用软件有不同的操作方式，这将在语句描述形式之后简单进行概括性介绍。

1.1　SPICE 的语句格式

SPICE 的集成电路设计流程如图 1.1 所示，首先根据设计指标要求确定电路初始方案，根据指标计算出电路元件初始方案；然后画出电路图，对元件命名，对节点编号，编写输入文件；以语句描述形式生成 SPICE 电路描述和分析指令文件。接下来调用 SPICE 模拟程序进行电路性能分析，打印输出结果。通过检查输出数据和观察图形，对结果是否满足技术指标做出判断。不满足时，或改变元件参数，或从根本上改变电路结构，进行下一轮分析过程。如此反复，直到电路性能满足技术指标，才给出最终电路设计结果。不论采用何种形式，输入的数据都必须符合 SPICE 程序规定的格式。

作为一个用途广泛的模拟软件，SPICE 可以处理电子电路的绝大多数元件（电阻、电容、电感、互感、传输线、各种受控源和独立源）及 4 种类型的半导体器件（二极管 D、双极型三极管 BJT、结型场效应管 JFET 和 MOSFET）。它们的电路拓扑和参数信息必须按照规定的格式输入到 SPICE 的执行程序中。

SPICE 中电路节点的描述有如下规定：
- 使用数字或字符串来表示（如 data1、n5、5）；
- 0 节点总是地（Gnd）；
- 地可以用 0、Gnd、!Gnd 表示；
- 以数字开头的节点中的字符会被忽略，如 5A=5B=5；
- 所有节点指的都是局部节点，而不是全局节点；
- 全局节点可以使用 Global 语句描述。

电阻、电容、电感、互感、理想传输线、受控源和独立源等基本元件的输入格式如下。

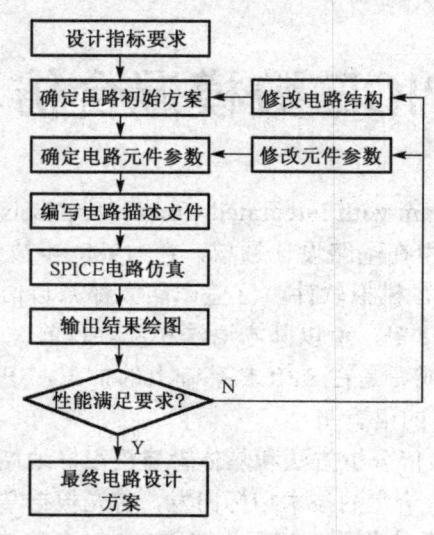

图 1.1 SPICE 的集成电路设计流程

1. 电阻 R

格式：

RXXX　N1 N2 VALUE <mname> <M=val> <L=val> <W=val> <C=val> <TC=TC1<,TC2>>

例句：

R1 2 10 10k

语句中 N1 和 N2 是电阻在电路中连接的两个节点。VALUE 是电阻值，单位为Ω，可正可负，但不能为 0。可选给出的 TC1 和 TC2 是温度系数。作为温度函数给出的电阻值为：

VALUE(TEMP)= VALUE(TNOM)*(1=TC1*(TEMP-TNOM)=TC2*(TEMP-TNOM)**2)

2. 电容 C 和电感 L

格式：

CXXXXXXX N+N-VALUE 〈IC=INCOND〉
LXXXXXXX N+N-VALUE 〈IC=INCOND〉

例句：

CBYPASS　10　0　1UF
COSCI　2　3　100PF　IC=3V
LTUNE　35　5　1UH
LSHUNT　20　10　1N　IC=1MA

语句中，N+和 N-分别是元件在电路中连接的正负节点。VALUE 是单位为 F 的电容值，或单位为 H 的电感值。

对于电容，可选的初始条件是初始（$t=0$）的电容电压，单位为 V。对于电感，可选的初始条件是初始（$t=0$）的电感电流，单位为 A，从 N+流向 N-。注意，给出的初始条件只有在瞬态分析 TRAN 语句中给出 UIC 定义时才是有效的。

非线性电容 C 和电感 L 定义格式如下：

  CXXXXXXX N+N- POLY C0 C1 C2 …〈IC=INCOND〉
  LXXXXXXX N+N- POLY L0 L1 L2 …〈IC=INCOND〉

C0, C1, C2, …（L0, L1, L2, …）为元件多项式表达的系数。电容表达为两端电压 V 的函数，电感表达为通过电流 I 的函数，即：

  VALUE= C0+C1*V+C2*V**2+…
  VALUE= L0+L1*I+L2*I**2+…

3．互感 M

格式：

  KXXXXXXX LYYYYYYY LZZZZZZZ VALUE

例句：

  K43 L3 L4 0.99
  KOUT LPRI LSEC 0.85

语句中 LYYYYYYY 和 LZZZZZZZ 是两个耦合电感的名称。VALUE 是互感系数 K，它必须大于 0，小于等于 1。应用"·"约定，"·"放在每个电感的 N+节点上。

4．理想传输线

格式：

  TXXXXXXX N1 N2 N3 N4 Z0=VALUE〈TD=VALUE〉〈F=FREQ〈NL=NRMLEN〉〉
  +〈IC=V1，I1，V2，I2〉

例句：

  TIN 1 0 2 0 Z0=50 TD=100PS

N1 和 N2 是端口 1 的节点，N3 和 N4 是端口 2 的节点。Z0 是特征阻抗。传输线长度可从两种输入形式中任选一种：①传输线延迟 TD，例句中的 TD=100PS；②频率 F 加归一化电长度 NL。如果给出了 F，省略了 NL，程序认定 NL=0.25，即给定频率对应波长的 1/4。

  可选的初始条件由两个端口的电压和电流组成。同样，这些初始条件只有在瞬态分析 TRAN 语句中给出 UIC 定义时才是有效的。

  执行电路分析时，应当保证瞬态步长不超过最小传输线延迟的一半，太短的传输线会导致难以预料的机器运行时间。

5．二极管

格式：

  Dxxxx N+N- 模型名 <面积因子> <OFF> <IC=端电压初始值>

例句：

  D5 a b DMOD 3.0 IC=0.2

二极管 D5 接在节点 a 与 b 之间，使用 DMOD 模型；面积因子为 3.0，表示 D5 的面积为模型 DMOD 所定义的器件面积的 3 倍；D5 的端电压初始条件取 0.2V。

6. 双极型晶体管

格式：

  Qxxxx nc nb ne <ns> 模型名 <面积因子> <OFF> <IC=Vbe 初值，Vce 初值>

nc、nb、ne、ns 分别为集电极、基极、发射极和衬底的端点，若衬底端点不给出，则认为它是接地的。

例句：

  Q10 a b c QMOD 3 IC=0.6，5.0

7. 结型场效应管

格式：

  Jxxxxx nd ng ns 模型名 <面积因子> <OFF> <IC=端电压初始值>

nd、ng、ns 分别为漏极、栅极、源极的端点。

例句：

  J1 a b c JMOD

8. MOS 场效应管

格式：

  Mxxxx nd ng ns nb 模型名<W=w> <L=l> <AD=ad> <AS=as> <PD=pd> <PS=ps>
  <NRD=nrd> <NRS=nrs> <OFF> <IC=Vds 初值，Vgs 初值，Vbs 初值>

例句：

  M1 a b c VDD PMOS L=0.2u W=0.42u

nd、ng、ns 和 nb 分别指漏极、栅极、源极和衬底的端点。w 和 l 分别为沟道的宽度和长度，ad 和 as 分别为漏和源的扩散区面积，pd 和 ps 分别为漏区和源区周长。nrd 和 nrs 表示漏源扩散区等效方块数目。一般情况下，进行普通的行为仿真实验，只需要确定 MOS 管的长宽比即可。

MOSFET 源漏两端的电容如图 1.2 所示。

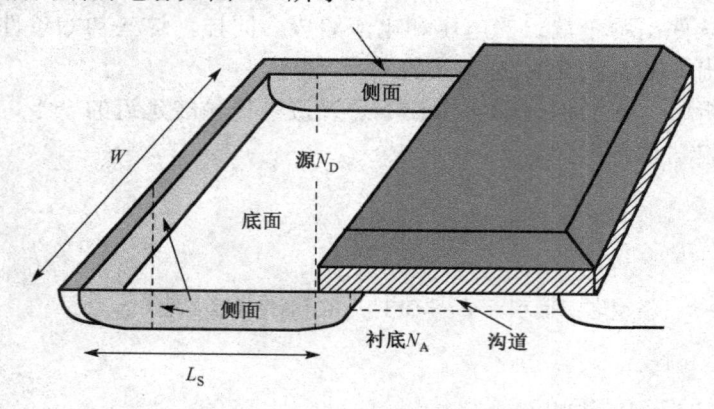

图 1.2 MOSFET 源漏两端的电容

由图 1.2 可以得出：

第 1 章　SPICE 数模混合仿真程序介绍

$$C_{\text{diff}} = C_{\text{bottom}} + C_{\text{sw}} = C_j \times \text{AREA} + C_{jsw} \times \text{PERIMETER}$$
$$= C_j L_S W + C_{jsw}(2L_S + W)$$

式中，C_j 为单位面积的面电容，C_{jsw} 为单位长度的长度电容。

9. 线性电压控制电流/电压源

线性电压控制电流源 G 和线性电压控制电压源 E 有类似的语句格式，分别为：

    GXXXXXXX N+ N- NC+ NC- VALUE
    EXXXXXXX N+ N- NC+ NC- VALUE

例句：

    G1 2 0 4 0 0.1MS
    E1 2 3 10 0 2.0

N+ 和 N- 是受控源的正负节点，NC+ 和 NC- 是控制端口的正负节点。G 的 VALUE 是单位为 S 的跨导值，E 的 VALUE 是无量纲的电压增益。

10. 线性电流控制电流/电压源

线性电流控制电流源 F 和线性电流控制电压源 H 有类似的语句格式，分别为：

    FXXXXXXX N+ N- VNAM VALUE
    HXXXXXXX N+ N- VNAM VALUE

例句：

    F1 10 5 VSENSOR 5
    HX 8 15 VZ 0.5K

N+ 和 N- 分别是受控源的正负节点，电流从 N+ 流向 N-。VNAM 是控制电流支路电压源名称，电流方向从正节点通过电压源流向负节点。F 的 VALUE 是无量纲的电流增益，H 的 VALUE 是单位为 Ω 的跨阻值。

11. 独立源

独立电压源 V 和电流源 I 的格式分别为：

    VXXXXXXX N+ N- 〈〈DC〉 DC/TRAN VALUE〉〈AC〈ACMAG〈ACPHASE〉〉〉
    IXXXXXXX N+ N- 〈〈DC〉 DC/TRAN VALUE〉〈AC〈ACMAG〈ACPHASE〉〉〉

例句：

    VCC 100 0 DC 5V
    VIN 10 2 0.5 AC 0.5 SIN(0 1 1MEG)
    ISRC 20 21 AC 0.3 45.0 SFFM(0 1 10G 5 1MEG)
    VMEAS 12 13 DC 0

N+ 和 N- 分别是电源的正负节点。注意，电压源不一定要接地。正电流方向规定从正节点通过电源流向负节点。正值的电流源是强制电流从正节点流出，从负节点流入。电压源除用做激励外，在 SPICE 中可以用做电流表。此时，例句 4 表示 0 值电压源 VMEAS 插入到断开节点为 12 和 13 的支路中，用于测试该支路的电流，由于电压源内阻为 0，相当于短路线，故对电路不产生影响。

DC/TRAN 是电源的直流值和瞬态值。如果两值均为 0，则可省略。如果电源值不变，其 DC 标识符则可有可无。

ACMAG 和 ACPHASE 分别是 AC 信号的幅度与相位，它们用于电路的 AC 分析。如果在 AC 标识符后省略 ACMAG，它的值就假定为 1；如果省略 ACPHASE，它的值就假定为 0。如果该电源不是一个交流小信号输入，则 AC、ACMAG 和 ACPHASE 均省略。

任何一个电源均可设定为时变信号源，用于瞬态分析。此时，时间等于 0 时的值就用于 DC 分析。有 5 种时变电源，它们的描述在电源标识符的正负节点后给出，分别描述如下。

（1）PULSE（脉冲）

格式：

  V/IXXXXX N+N-PULSE （V1 V2 TD TR TF TW PER）

其参数、默认值和单位如表 1.1 所示。

表 1.1 脉冲参数、默认值和单位

参 数	意 义	默 认 值	单 位
V1	初始值		V/A
V2	脉冲值		V/A
TD	延迟时间	0.0	s
TR	上升时间	TSTEP	s
TF	下降时间	TSTEP	s
TW	脉冲宽度	TSTOP	s
PER	周期	TSTOP	s

TSTEP 是打印时间步长，TSTOP 是分析终止时间，它们都在 .TRAN 语句中给出。

例句：

  VIN 3 0 PULSE（1 3.3 0.1NS 0.2NS 0.2NS 0.3NS 1NS）

其波形如图 1.3 所示。

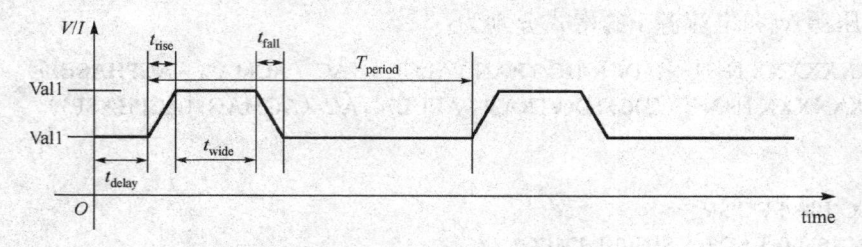

图 1.3 PULSE 信号的波形

（2）SIN（正弦波）

格式：

  V/IXXXXX N+N-SIN（VO VA FREQ TD THETA）

例句：

  VIN 4 0 SIN（0 1 10G 1PS 0）

其参数、默认值和单位如表 1.2 所示。

表 1.2 正弦波参数、默认值和单位

参　数	意　义	默　认　值	单　位
VO	偏移值		V/A
VA	幅值		V/A
FREQ	频率	1/TSTOP	Hz
TD	延迟时间	0.0	s
THETA	衰减系数	0.0	1/s

例如，一个正弦脉冲波形描述如表 1.3 所示。

表 1.3 正弦脉冲波形描述

时　间	0～TD	TD～TSTOP
值	VO	VO=VA*exp(−(t−TD)*THETA)*sin(2π*FREQ*(t=TD))

（3）EXP（指数波）

格式：

V/IXXXXX N+N−EXP（V1 V2 TD1 TAU1 TD2 TAU2）

例句：

VIN 5 0 EXP（4 1 2NS 30NS 60NS 40NS）

其参数、默认值和单位如表 1.4 所示。

表 1.4 指数波参数、默认值和单位

参　数	意　义	默　认　值	单　位
V1	初始值		V/A
V2	脉冲值		V/A
TD1	上升延迟时间	0.0	s
TAU1	上升延迟常数	TSTEP	s
TD2	下降延迟时间	0.0	s
TAU2	下降延迟常数	TSTEP	s

例如，一个指数波形时间描述如表 1.5 所示。

表 1.5 指数波形时间描述

时　间	0～TD1	TD1～TD2	TD2～TSTOP
值	V1	V1=(V2−V1)*(1−exp(−(t−TD1)/*TAU1))	V1=(V2−V1)*(1−exp(−(t−TD1)/*TAU1))=(V1−V2)*(1−exp(−(t−TD2)/*TAU2))

（4）PWL（分段线性）

格式：

V/IXXXXX N+N−PWL（T1 V1〈T2 V2 T3 V3 T4 V4…〉）

例句：

ICL 6 0 PWL（0 0 100P 0 300P 10M 600P 10M 800P 0 1.1N 0 1.3N 10M）

语句中的 PWL 之后每一对(T_i, V_i)值表示在 $t=T_i$ 时的一个电压或电流值。介于 T_i 和 T_{i+1} 之间的值通过线性插值求出。

(5) SFFM（单频调频波）

格式：

V/IXXXXX N+N-SFFM（VO VA FC MDI FS）

例句：

VIN 8 0 SFFM（0 1M 20MEG 5 1M）

其参数、默认值和单位如表 1.6 所示。

表 1.6 单频调频波参数、默认值和单位

参 数	意 义	默 认 值	单 位
VO	偏移值		V/A
VA	幅值		V/A
FC	载波频率	1/TSTOP	Hz
MDI	调制指数		
FS	信号频率	1/TSTOP	Hz

例如，一个单频调频波的波形为：

VALUE=VO=VA*sin((2π*FC*t)=MDI*sin(2π*FS*t))

12. 子电路

采用子电路的方法可以使电路设计模块化、层次化和简单化。

格式：

.SUBCKT NAME N1 N2
...
.ends

调用方法：

X1 N1 N2 NAME

下面以 CMOS 反相器为例，简述子电路的应用。图 1.4 所示为 CMOS 反相器，其电路的输入、输出端口分别为 a 和 y，可以表述成名为 INV 的子电路。

.SUBCKT INV a y
Mp1 y a vdd3 vdd3 cmosp l=0.24u w=6u
Mn1 y a 0   0   cmosn l=0.24u w=2u
.ends

调用方法：

...
X1 n1 n2 INV
...

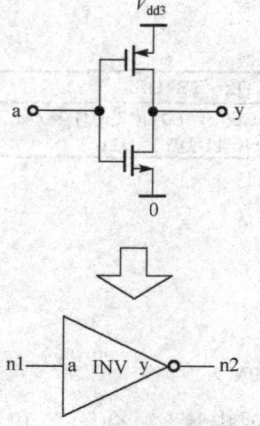

图 1.4 CMOS 反相器

13. 设置参数

巧妙地利用参数设置可以使设计变得格外灵活方便，可以利用参数设置对晶体管的尺寸和电阻的阻值等进行扫描。

```
    ...
    R1 1 2 rx
    MN1 1 2 3 4 CMOSN L=0.24u W=w1
    .param rx=1k w1=6u
    .st rx 1k 10k 1k; 参数扫描
```

还可以利用参数设置对子电路的尺寸进行灵活设置:

```
    .subckt INV a y param:    a=1
    Mp1 y a vdd3 vdd3 cmosp l=0.24u w='1.8u*a'
    Mn1 y a 0     0    cmosn l=0.24u w='0.6u*a'
    .ends
    Xinv1 1 2 INV a=1
    Xinv2 2 3 INV a=2.5
```

1.2 电路特性分析语句

电路特性的分析指令语句包括指定分析类型,如直流、交流、瞬态、噪声、温度和失真分析等。分析控制语句包括初始状态设置、参数分析、输出格式和任选项语句。所有的分析指令和控制语句都以"."开头。各语句的次序无关,且可多次设置,但程序对同一类语句只执行最后一句,如写有:

.TRAN 1NS 100NS
.TRAN 1NS 100NS 5NS

则程序只执行第二句,即进行瞬态分析,打印或绘图开始时间将从 5NS 开始。

1. 直流工作点分析

在电路中电感短路和电容开路的情况下计算电路的静态工作点。SPICE 在进行瞬态分析、交流分析前自动进行直流工作点分析,以确定瞬态分析的初始条件、交流分析的非线性器件线性化小信号模型。其格式为.OP。

如果输入中有.OP 语句,SPICE 将打印输出以下内容:
(1) 所有节点的电压;
(2) 所有电压源的电流及电路的直流总功耗;
(3) 所有晶体管各极的电流和电压;
(4) 非线性受控源的小信号(线性化)参数。
否则,只打印输出(1)的内容。

2. 直流扫描分析

定义对电路进行直流扫描的扫描源及扫描限制,其格式为:

.DC SRCNAM VSTART VSTOP VINCR 〈SRC2 START2 STOP2 INCR2〉

其中,SRCNAM 是用于扫描的独立电压源或电流源,VSTART 是扫描电压(或电流)的起始值,VSTOP 是扫描电压(或电流)的结束值,VINCR 是增量值。尖括号〈〉内是可选择的第二个扫描源,若进行了设置,则对第二个扫描源内的每一个扫描值,第一个扫描源都在其范围内进行一次扫描。这经常用于测试半导体器件的输出特性。

例句：

    .DC VIN 1 5 0.25

本例表示要作直流分析，以电压源 VIN 为输入激励源。该激励源从 IV 开始，以 0.25V 为增量，扫描到 5V 为止。对应激励源的每一个扫描值，求出电路的响应。

3. 小信号传输函数

定义直流小信号分析的输入和输出。SPICE 在电路的偏置点附近将电路线性化后，计算电路的直流小信号传输函数值、输入阻抗和输出阻抗，其格式为：

    .TF OUTVAR INSRC

其中，OUTVAR 是小信号输出变量，INSRC 是小信号输入电压或电流源。

4. 交流特性分析

计算电流在给定的频率范围内的频率响应，格式为：

    .AC DEC ND FSTART FSTOP
    .AC OCT NO FSTART FSTOP
    .AC LIN NP FSTART FSTOP

例句：

    .AC DEC 100 1 100G
    .LET ac vmd=vm(dout) vpd=vp(dout)/pi

其中，DEC、OCT、LIN 是频率变化的方式，分别对应于十倍频、倍频和线性变频；ND、NO、NP 是扫描点数；FSTART、FSTOP 分别是起始频率和结束频率。在电路中，需要至少指定一个独立源为交流源，此分析才起作用。

5. 直流或小信号交流灵敏度分析

SPICE 在电路的偏置点附近将电路线性化后，计算在电感短路、电容开路的情况下所观测变量 OUTVAR（节点电压或电压源支路的电流）对电路中所有非零器件参数的灵敏度，格式为：

    .SENS OUTVAR
    .SENS OUTVAR AC DEC ND FSTART FSTOP
    .SENS OUTVAR AC OCT NO FSTART FSTOP
    .SENS OUTVAR AC LIN NP FSTART FSTOP

其中，OUTVAR 是观测变量，AC 后的参数定义与.AC 语句相同。

例句：

    .TRAN 0.1ns 200ns
    .SNS tran v(dout) to xbuf.mn7(w) arg=30ns

6. 噪声分析

计算指定节点的噪声输出电压，产生两个输出，一是噪声频谱密度曲线，二是指定频域的全部积分噪声，格式为：

    .NOISE OUTVAR SRC DEC ND FSTART FSTOP

```
.NOISE OUTVAR SRC OCT NO FSTART FSTOP
.NOISE OUTVAR SRC LIN NP FSTART FSTOP
```

其中，OUTVAR 是噪声电压变量，SRC 是产生等价输入噪声的独立电压源或电流源。SRC 后的参数定义与.AC 语句相同。

例句：

```
.noise v(dout) vdi   DEC   10   1   1G
```

7. 瞬态特性分析

计算电路的瞬态特性响应，格式为：

```
.TRAN TSTEP TSTOP 〈TSTART〈TMAX〉〉〈UIC〉
```

其中，TSTEP 是数据输出的时间增量；TSTOP 是分析结束时间；TSTART 是数据输出的开始时间，默认是 0。瞬态分析总是从 0 开始，但从 0 到 TSTART 的结果不输出，这样可以去除波形中起始段的不规则部分。TMAX 是最大运算步长，默认值是 TSTEP 和 (TSTOP−TSTART)/50 二者中的较小者。若定义了 UIC，则在瞬态分析开始时，使用各元件行中定义的 IC 值作为初始瞬态条件进行分析。

例句：

```
.TRAN   1ns   100ns   UIC
```

8. 傅里叶分析

此语句必须与瞬态分析语句一起使用，对瞬态分析的结果进行傅里叶分析（计算至 9 次谐波），格式为：

```
.FOUR   FREQ   OUTVAR 〈OUTVAR2 OUTVAR3〉
```

其中，FREQ 是基频，OUTVAR 是输出电压或电流变量。

对 v(dout) 输出波形的 8 次谐波进行傅里叶分析的语句为：

```
.FOUR   30M   8   v(dout)
```

分析的输出结果如图 1.5 所示。

```
Harmonic Frequency   Magnitude    Phase      Norm. Mag    Norm. Phase
--------  ---------   ---------    -----      ---------    -----------
0         0           2.748        0          0            0
1         3e+007      0.2432       178.5      1            0
2         6e+007      0.01216      83.53      0.05         -95.02
3         9e+007      0.0001224    -158.7     0.0005033    -337.3
4         1.2e+008    2.694e-005   -95.33     0.0001108    -273.9
5         1.5e+008    1.162e-005   -9.943     4.779e-005   -188.5
6         1.8e+008    3.807e-006   77.44      1.565e-005   -101.1
7         2.1e+008    5.711e-007   178.6      2.348e-006   0.09277
Total Harmonic Distortion: 5.00055 percent
```

图 1.5 分析的输出结果

9. 失真分析

对电路进行小信号失真分析，格式为：

```
.DISTO DEC ND FSTART FSTOP 〈F2OVER1〉
.DISTO OCT NO FSTART FSTOP 〈F2OVER1〉
```

.DISTO LIN NP FSTART FSTOP〈F2OVER1〉

其中，.DISTO 后 4 个参数定义与.AC 语句相同。若无 F2OVER1 选项，则 SPICE 对电路定义的交流源进行谐波分析；若指定了 F2OVER1（0.0<F2OVER1≤1.0），则进行频谱分析，频率 2 来自电源的 DISTOF 选项。

10．零极点分析

零极点分析的格式为：

.PZ NODE1 NODE2 NODE3 NODE4 CUR POL
.PZ NODE1 NODE2 NODE3 NODE4 CUR ZER
.PZ NODE1 NODE2 NODE3 NODE4 CUR PZ
.PZ NODE1 NODE2 NODE3 NODE4 VOL POL
.PZ NODE1 NODE2 NODE3 NODE4 VOL ZER
.PZ NODE1 NODE2 NODE3 NODE4 VOL PZ

其中，NODE1 和 NODE2 是输入节点，NODE3 和 NODE4 是输出节点；CUR 表示传输函数是输出电压/输入电流，VOL 表示传输函数是输出电压/输入电压；POL 表示作极点分析，ZER 表示作零点分析，PZ 则表示作零极点分析。

11．温度分析

温度分析可以与直流或瞬态分析等命令结合使用，如对瞬态特性进行温度扫描：

.TRAN 1N 200N sweep temp 0 125 20

1.3 电路特性控制语句

1．初始节点电压设置

此语句用于帮助 SPICE 直流或初始瞬态方程的求解过程收敛。它在计算的第一次迭代中将指定节点保持给定值，然后再继续迭代以得到最终解。常用于双稳态或非稳态电路中。其格式为：

.NODESET V(NODENUM)=VAL V(NODENUM)=VAL …

2．初始条件设置

.IC V(NODENUM)=VAL V(NODENUM)=VAL …

此语句用于设置瞬态特性分析的初始条件，依.TRAN 语句的选项而有所不同。当.TRAN 语句中有 UIC 选项时，本语句设置的节点电压将用于计算电容、二极管、BJT、JFET 和 MOSFET 的初始条件。这相当于在每个器件定义行中设置了 IC 项。如果器件定义行中也有 IC 设置，则它的值优先于.IC 语句的设置。由于定义了 UIC，在瞬态分析之前不再计算电路的直流偏置解，所以需要在此行中设置所有的直流源的电压。

当.TRAN 语句中没有 UIC 选项时，在瞬态分析之前将计算电路的直流偏置解，此.IC 语句中定义的节点电压就被置为偏置求解过程的初始条件。在瞬态分析过程中，不再考虑这些约束条件。

3. 输出控制

在设置了特性分析语句之后,计算所得的各种电路参数将自动保存到结果文件中。如果需要以自定义格式查看某些变量,则可以通过.PRINT语句定义,它将以列表的形式输出1~8个变量的值,格式为:

.PRINT PRTTYPE OUTVAR1〈OUTVAR2 … OUTVAR8〉

其中,PRTTYPE是分析类型,可以是DC、AC、TRAN、NOISE及DISTO其中之一,OUTVAR1~OUTVAR8为输出变量。

4. 重置参数

SPICE中的仿真控制参数可以通过.OPTIONS语句改变,以调整仿真精度、速度或某些器件的默认参数等,格式为:

.OPTIONS OPT1 OPT2 …
.OPTIONS OPT=VAL …

表1.7所示为SPICE的可重置参数,其中X代表一个正整数。

表1.7 SPICE的可重置参数

参数	效果	默认值
ABSTOL=X	重置绝对电流误差容限	1.0×10^{-12}
CHGTOL=X	重置电荷容差	1.0×10^{-14}
DEFAD=X	重置MOS漏扩散面积	0.0
DEFAS=X	重置MOS源扩散面积	0.0
DEFL=X	重置MOS沟道长度	100.0 μm
DEFW=X	重置MOS沟道宽度	100.0 μm
GMIN=X	重置最小电导值	1.0×10^{-12}
ITL1=X	重置直流迭代次数限制	100
ITL2=X	重置直流转移曲线迭代次数限制	50
ITL3=X	重置瞬态分析迭代参数限制	4
ITL4=X	重置瞬态分析时间迭代次数限制	10
ITL5=X	重置瞬态分析总迭代次数限制	5000
KEEPOPINFO	当AC、DISTO或PZ分析时保留工作点信息	
PIVREL=X	重置最大矩阵项与允许的最大主元值的相对比值	1.0×10^{-3}
PIVTOL=X	重置允许的矩阵主元的绝对最小值	1.0×10^{-13}
RELTOL=X	重置相对误差容限	0.001
TEMP=X	重置电路的运行温度	27℃
TNOM=X	重置器件参数测量时的额定温度	27℃
TRTOL=X	重置瞬态误差容限	7.0
TRYTOCOMPACT	试图压缩LTRA传输线的输入电压、电流历史记录	
VNTOL=X	重置绝对电压误差容限	1 μV

5. 分析结果的测量

通过下述语句计算输出结果的相关值,如图1.6所示。

测量输出变量的最大最小值
　　.MEASURE tran min_dout MIN v(dout)
测量输出变量的上升下降时间
　　.MEASURE rise_dout WAVE v(dout) rise=1 val0=1 val1=3
测量输出变量的延迟时间
　　.MEASURE tran del_in_out DELAY v(mout) rise=1 val=2
　　　targ=v(dout) rise=1 val=2
计算输出变量间相交点的值
　　.MEASURE tran cross1 CROSS v(dout) v(doutn)
计算输出变量在某条件下的值
　　.MEASURE tran fnd1 FIND v(dout) when v(din)=2.3 fall=1
计算平均值，峰峰值等

图1.6　分析结果的测量

6. 优化

Optimizer 可以实现多目标多变量的优化，为电路设计提供了方便。
例句：

　　.MODIF optimize wp=opt(2.0e-7 30e-6 10e-6)
　　+m2(w)=opt(5u 100u 20u) targets trip=1.55 maxcur=0.0019

输出结果如图 1.7 所示。

```
RESULTS OF OPTIMIZATION
PARAMETERS
name              final value           init.value
wp                =4.93385e-06          1.00000e-05
m2(w)             =3.26027e-05          2.00000e-05
TARGETS
name              final value           init.value
trip              =1.54940e+00          2.22659e+00
maxcur            =1.89982e-03          2.50698e-03
```

图1.7　优化输出结果

思 考 题

1. 画出 SPICE 的集成电路设计流程框图。
2. 给出采用 SPICE 语句进行 MOS 场效应管描述的语句格式。
3. 给出 SPICE 中几种信号源的语句格式，画出相应的波形。
4. 写出 5 种以上 SPICE 特性分析语句。

本章参考文献

[1] 姚立真. 通用电路模拟技术及软件应用. 北京：电子工业出版社，1994.

第 2 章　HSPICE 模拟集成电路仿真实例

自 1972 年美国加利福尼亚大学伯克利分校开发的用于集成电路设计的 SPICE 程序诞生以来，为适应现代微电子工业的发展，各种用于集成电路分析的电路模拟工具不断涌现。因为 SPICE 只是一个内核，提供核心的算法，要使用各种各样的功能还需要借助电路模拟工具，其中 Synopsys 公司的 HSPICE 和 Cadence 公司的 PSPICE 是使用比较广泛的两种工具。这两种工具都采用图形界面输入电路信息。图形界面比较直观形象，但是在处理大工程时，图形界面很容易出错且效率低下，这时就要用到网表文件（netlist）进行输入。

2.1　HSPICE 简介

HSPICE 是一款功能非常强大的电路仿真软件，支持 MOS 管最简单的 level1、level3 模型，同时通过调用库文件可以运用现今最精确的 BSIM3v3 模型。

HSPICE 软件安装好以后，从开始菜单进入会发现有几个可执行软件，分别是 Avanwaves、HSPICE、Hspui，如图 2.1 所示。其中，Hspui 是顶层软件，Avanwaves 是波形观察子软件，其他是编译软件，在顶层 Hspui 里可以调用其他几个软件。

Hspui 的主界面如图 2.2 所示，其中单击 Open 按钮可以打开某个电路的.sp（网表）文件，Simulate 按钮用于调用编译软件来对网表进行分析编译，Avanwaves 是调用波形观察软件。当打开某一个网表文件以后，单击 Simulate 按钮，就可以进行编译分析。当编译结束时，Edit LL 和 Edit NL 两个按钮就从灰色变成亮色。

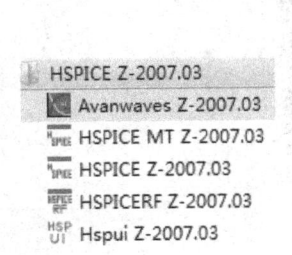

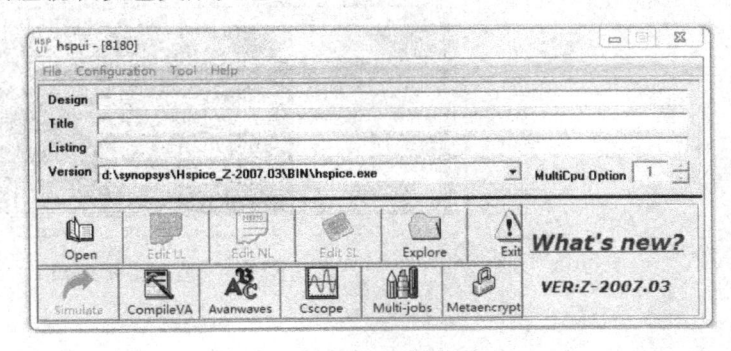

图 2.1　HSPICE 软件　　　　图 2.2　Hspui 的主界面

Edit LL 是刚编译过的网表生成的网络和参数列表，以及一些计算结果，从中可以看出各 MOS 管的工作区域、静态工作点、库文件列表、网表等。Edit NL 就是刚编译的网表，这个网表是用 SPICE 语言来描述的，它可以由电路工程师手工编写，但这样既费时费力又容易出错，也可以从各种电路设计软件导出，如 Cadence、Tanner 等。导出的网表在添加库文件和各种仿真激励后，就可以进行仿真。

如果网表出错、库文件不匹配或其他一些原因导致网表 Simulate 失败，则会在 Edit LL 中以"error"的形式体现出来。

仿真后单击 Avanwaves，就会启动波形观察器，一共有两个窗口，一个是 Results Browser 窗口，如图 2.3 所示，另一个是波形显示窗口。在 Results Browser 窗口选择需要观察的节点，如双击输出节点 v(out)后就可以得到需要观察的变量波形，如图 2.4 所示。

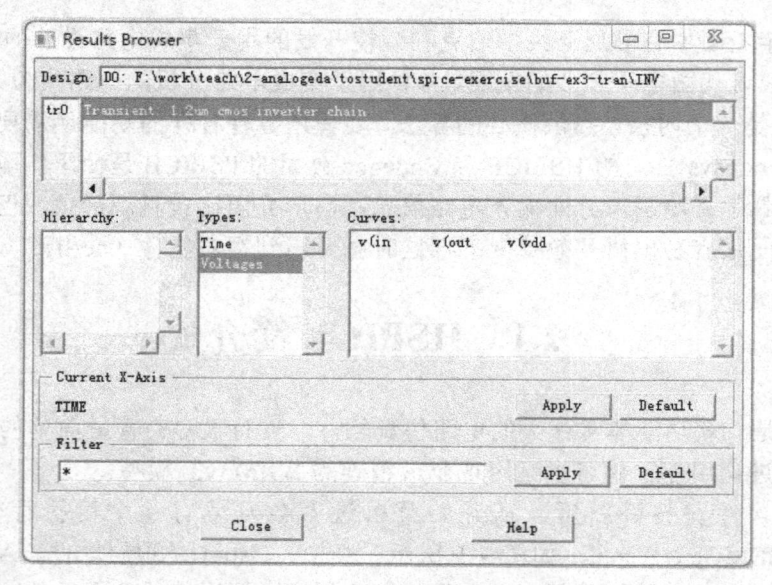

图 2.3 Results Browser 窗口

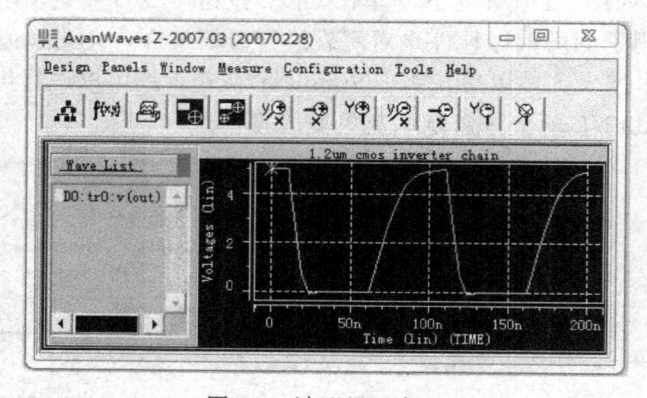

图 2.4 波形显示窗口

2.2 MOS 管特性分析

本例采用 HSPICE 工具对 MOS 管的直流特性进行分析。首先采用 SPICE 语句对于给定尺寸的晶体管进行源漏电压扫描，得到输出电流曲线。网表文件如下：

```
.options list node post
.protect
.lib "h05mix.lib" tt
```

```
.unprotect
.options   post=2 list

VDS 2 0 dc 2V
VGS 1 0 dc 2V

MN0   2   1   0   0   mn   L=1u   W=2.5u   M=1.0

.dc  VDS  0  5  0.1
.print   V(2)   V(1)   I(MN0)
.PLOT    V(2)   V(1)   I(MN0)
.end
```

网表文件的后缀名为.sp，VGS 取值为 2V，对 VDS 进行扫描，经过仿真后得到的波形如图 2.5 所示，可以看出，当 VDS 约为 1.2V 时，MOS 管进入了饱和区，MOS 管输出电流固定在 190μA 左右。

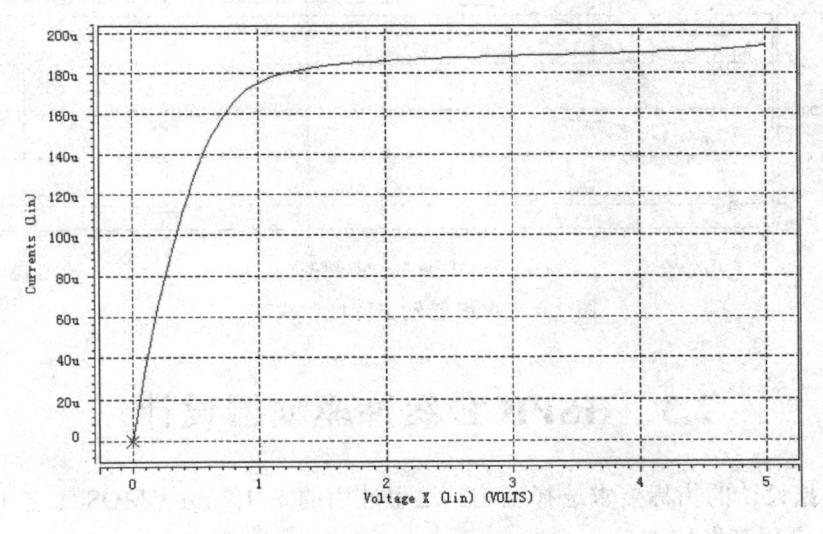

图 2.5 MOS 管输出特性曲线

对上述的网表文件进行修改，增加一个扫描变量 VGS，使得 VGS 在 0～5V 范围内变化，变化步长为 1V。网表文件如下：

```
.options list node post
.protect
.lib "h05mix.lib" tt
.unprotect
.options   post=2 list

VDS 2 0 dc 2v
VGS 1 0 dc 2v

MN0   2 1 0   0   mn   L=1u   W=2.5u   M=1.0
```

```
.dc VDS 0 5 0.1 VGS 0 5 1
.print V(2) V(1) I(MN0)
.PLOT V(2) V(1) I(MN0)

.end
```

在 Hspui 中再次进行仿真，得到的输出结果如图 2.6 所示。

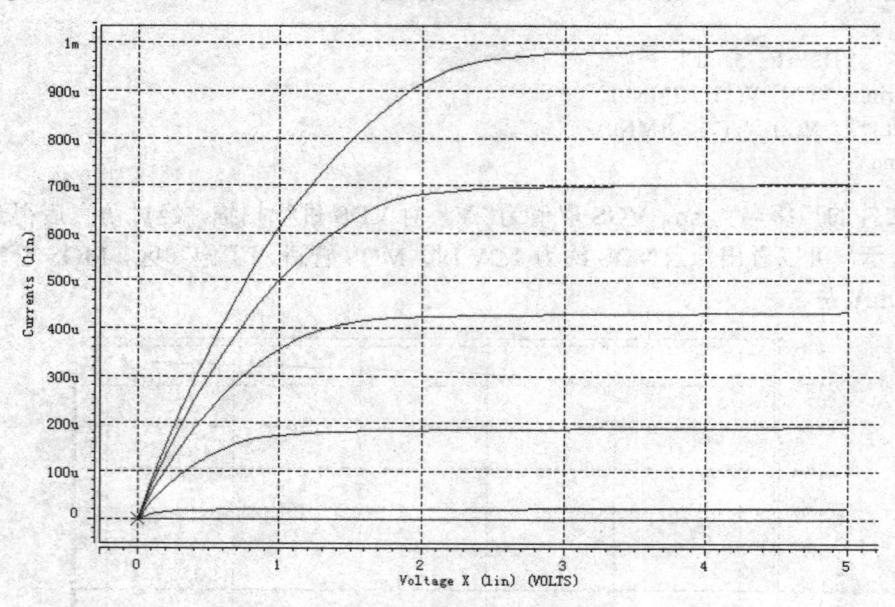

图 2.6 MOS 管输出特性曲线族

2.3 HSPICE 缓冲驱动器设计

首先，根据设计的指标要求选择工艺。这里选用的是 1.2μm CMOS 工艺 level Ⅱ 模型（Models.sp）。模型文件如下：

```
.model nmos nmos level=2 ld=0.15u tox=200.0e-10 vto=0.74 kp=8.0e-05
+nsub=5.37e+15 gamma=0.54 phi=0.6 u0=656 uexp=0.157 ucrit=31444
+delta=2.34 vmax=55261 xj=0.25u lambda=0.037 nfs=1e+12 neff=1.001
+nss=1e+11 tpg=1.0 rsh=70.00 pb=0.58
+cgdo=4.3e-10 cgso=4.3e-10 cj=0.0003 mj=0.66 cjsw=8.0e-10 mjsw=0.24

.model pmos pmos level=2 ld=0.15u tox=200.0e-10 vto=-0.74 kp=2.70e-05
+nsub=4.33e+15 gamma=0.58 phi=0.6 u0=262 uexp=0.324 ucrit=65720
+delta=1.79 vmax=25694 xj=0.25u lambda=0.061 nfs=1e+12 neff=1.001
+nss=1e+11 tpg=-1.0 rsh=121.00 pb=0.64
+cgdo=4.3e-10 cgso=4.3e-10 cj=0.0005 mj=0.51 cjsw=1.35e-10 mjsw=0.24
```

其次，准备基本反相器单元的电路网表文件。这一步主要是根据模型参数和设计要求设定晶体管尺寸，即晶体管的宽度 W 和长度 L。反相器的网表文件如下：

```
.title 1.2um cmos inverter chain
.include "models.sp"
.global vdd
mn out in 0 0 nmos W=1.2u L=1.2u
mp out in vdd vdd pmos W=3u L=1.2u
cl out 0 0.5p
vcc vdd 0 5
vin in 0 pulse(0 5 10ns 1n 1n 50n 100n)
...
```

2.3.1 直流传输特性分析

增加直流传输特性分析语句后的网表文件如下：

```
.title 1.2um cmos inverter chain
.include "models.sp"
.global vdd
.option probe
mn out in 0 0 nmos W=1.2u L=1.2u
mp out in vdd vdd pmos W=1.2u L=1.2u
cl out 0    0.5p
vcc    vdd 0 5
vin    in 0 pulse(0 5v 10ns 1n 1n 50n 100n)
.dc vin    0 5 0.1
.op
.probe    dc v(out)
.end
```

输出的直流传输特性曲线如图 2.7 所示。

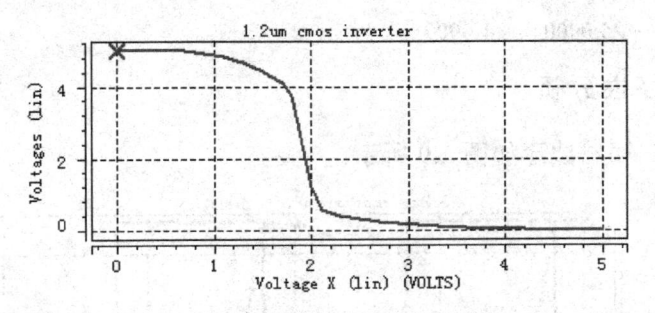

图 2.7 输出的直流传输特性曲线

然后，利用含参数的子电路组成反相器链：

```
.title 1.2um cmos inverter chain
.include "models.sp"
.global vdd
.subckt inv in out wn=1.2u wp=1.2u
mn out in 0 0 nmos W=wn L=1.2u
mp out in vdd vdd pmos W=wp L=1.2u
.ends

x1 in 1    inv wn=1.2u    wp=3u
```

```
x2 1 2      inv wn=1.2u wp=3u
x3 2 out    inv wn=1.2u wp=3u
cl out 0    1p
vcc  vdd 0 5
vin  in 0
...
```

进行直流特性分析，温度选择常温，输出波形如图 2.8 所示。

```
...
.dc vin     0 5 0.1
.measure dc   ttrans when v(out)=2.5
...
.end
```

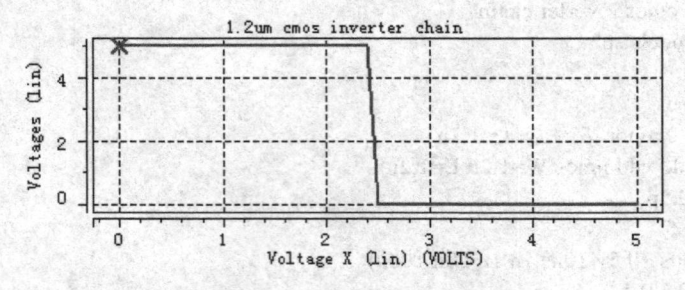

图 2.8 直流特性分析输出波形

分析结果如下：

```
...
ttrans temper alter#
   2.4500    25.0000    1.0000
```

2.3.2 时序特性分析

进行时序分析，输出波形如图 2.9 所示。

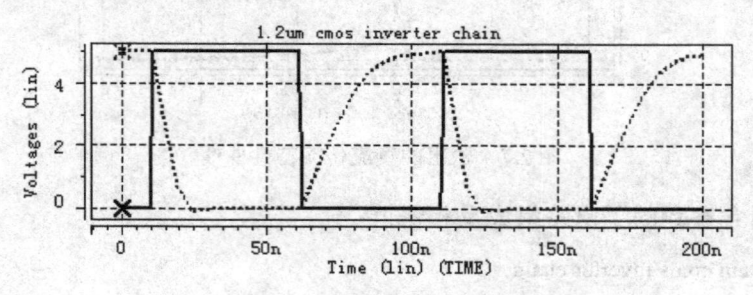

图 2.9 时序分析输出波形

```
...
vin     in 0 pulse(0 5v 10ns 1n ＋1n 50n 100n)
*.dc vin    0 5 0.1
.tran  1n 200n
.measure tran tdelay trig v(in) val=2.5 td=8ns rise=1 targ v(out) val=2.5 td=9n fall=1
```

```
.print v(out)
.end
```

2.3.3 驱动能力分析

通过扫描负载电容，观察输出波形，考察驱动能力，根据输出波形选择合适的负载：

```
...
.param cload=1p
...
.data cv
cload
0.5p
1p
2p
.enddata
...
cl      out   0   cload
vin  in 0 pulse(0 5 10ns 1n 1n 50n 100n)
.tran   1n 200n sweep data=cv
...
```

负载电容输出波形如图 2.10 所示。

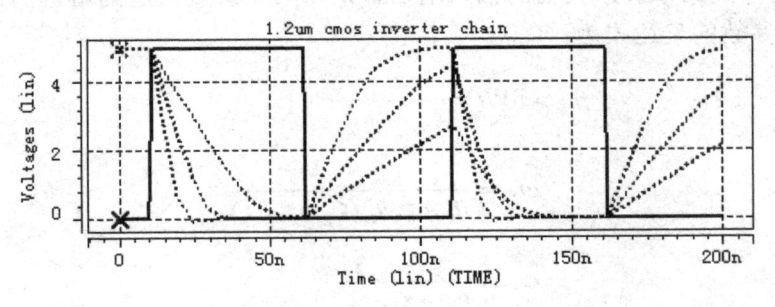

图 2.10 负载电容输出波形

最后，固定负载，扫描管子尺寸。根据扫描结果，来获得管子合适的 W 和 L。

```
...
.param wu=1.2u
.param wpt='2.5*wu'
...
.data cv
wu
1.2u 2.4u 3u
.enddata
x1 in 1    inv wn=wu   wp=wpt
x2 1 2 inv wn=wu  wp=wpt
x3 2 out inv wn=wu wp=wpt
cl out 0    1p
...
```

```
.tran 1n 200n sweep data=cv
.measure tran td trig v(in) val=2.5 td=8ns  rise=1    targ v(out) val=2.5 td=9n fall=1
.end
```

扫描结果如下：

```
$data1 source='hspice' version='1999.4'
.title '.title 1.2um cmos inverter chain'
  index wu td     temper alter#
    1.0000  1.200e-06  9.121e-09 25.0000    1.0000
    2.0000  2.400e-06  4.724e-09 25.0000    1.0000
    3.0000  3.000e-06  3.891e-09 25.0000    1.0000
```

2.4 HSPICE 跨导放大器设计

设计一个简单的跨导放大器，对该跨导放大器电路进行偏置电流与功耗、开环增益、GBW 与相位裕度、压摆率、Swing Range、失调、噪声、工艺 corner 分析和温度特性分析等。

设计的电路如图 2.11 所示，该跨导放大器的关键参数包括单位增益带宽 GBW、主极点频率 ω_{P1}、第二极点频率 ω_{P2} 和零点频率 ω_Z 等。主极点在第一级放大器的输出端，米勒补偿电容 C_c 折算到第二级放大器的输入端后，乘以第二级放大器的增益的倍数 $g_{m3}R_O$。根据分析可得各参数的表达式为：

$$GBW \approx \frac{g_{m1}}{C_c + G_{GD3}}$$

$$\omega_{P1} \approx \frac{1}{R_{O1}g_{m3}R_O(C_c + C_{GD3})}$$

$$\omega_{P2} \approx \frac{g_{m3}}{C_L + C_O}$$

$$\omega_Z \approx \frac{1}{(C_c + C_{GD3})\left(\frac{1}{g_{m3}} - R_Z\right)}$$

式中，g_{m1} 为输入管 M_U1 的跨导，g_{m3} 为第二级输入管 M_M3 的跨导。

根据电路写出网表文件，文件保存在下面的 ota.net 中。

```
V_Vp vdd 0 5
V_Vac vin 0 DC 2.5 AC 1 0
V_Vdc vip 0 2.5
R_Rz vo1 N_0001   rzv
C_Cc N_0001 vo    ccv
C_CL 0 vo    clv
C_Cb 0 vb    10p
R_Rb vb vdd    100k
M_U2 vo1 vip N_0002 0 nm L=0.6u W=12u M=2
```

M_M1 N_0003 N_0003 vdd vdd pm   L=2u W=12u M=2
M_M3 vo vo1 vdd vdd pm L=0.6u W=12u M=8
M_U1 N_0003 vin N_0002 0 nm L=0.6u W=12u M=2
M_U4 vo vb 0 0 nm L=5u W=12u M=8
M_U5 vb vb 0 0 nm L=5u W=12u M=1
M_U3 N_0002 vb 0 0 nm L=5u W=12u M=4
M_M2 vo1 N_0003 vdd vdd pm L=2u W=12u M=2

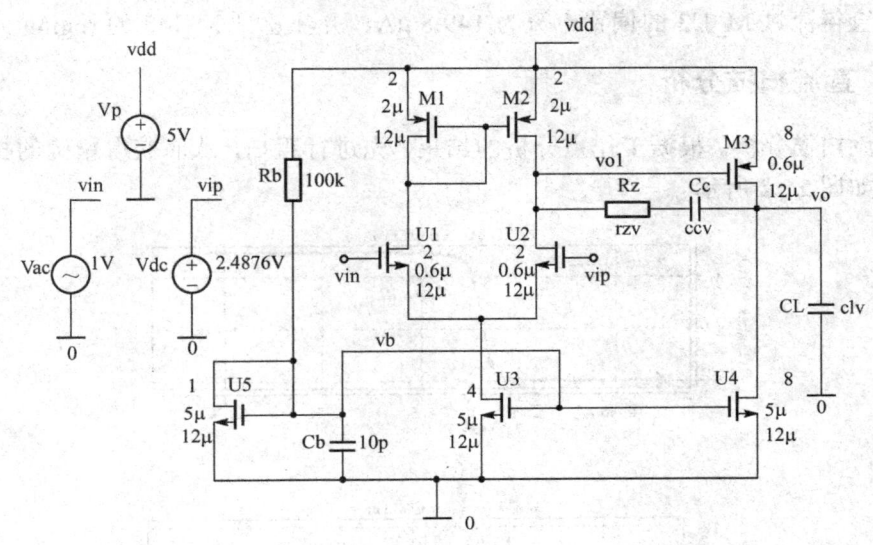

图 2.11　跨导放大器电路

2.4.1　直流工作点分析

先进行工作点分析，根据分析结果得到电路的偏置电流和功耗：

```
    ota simulation
    .prot
    .lib 'LIB_PATH\csmc.lib' tt
    .unprot
    *.option post probe
    *.probe ac v(vo1) v(vo) vp(vo)
    .op
    *.dc v_vdc 2.48 2.5 0.0001
    *.trans 10ns 200ns 20ns 0.1ns
    *.ac dec 10 1k 100meg $sweep rzv 0 2k 0.2k
    .para rzv=1k ccv=1p clv=1p
    .inc 'NETLIST_PATH\ota.net'
    .end
```

根据分析结果进行判断，得到相关数据：
（1）浏览并分析仿真后生成的.lis 文件的内容；
（2）使用.prot 与.unprot，使得二者中间的内容不在.lis 中出现；

（3）用 oper 查找，即可找到 operating point information 这一段，可看到电路各节点的电压和各元件的工作状态；

（4）注意此时 vo=4.8916；

（5）对于提供电源的电压源 v_vp，注意其功耗就是电路功耗，因此可查得电路功耗为 2.47mW；

（6）对于 MOS 管，注意各参量 region、id、vgs、vds、vth、vdsat、gm、gmb、gds 等的含义，可查得流过 M_U3 的偏置电流为 149.8 μA，并注意到 M_M3 的 region 为 Linear。

2.4.2 直流扫描分析

进行直流扫描分析。根据工作点分析的结果，先进行粗扫，从而获得精确的扫描范围。粗扫的结果如图 2.12 所示。

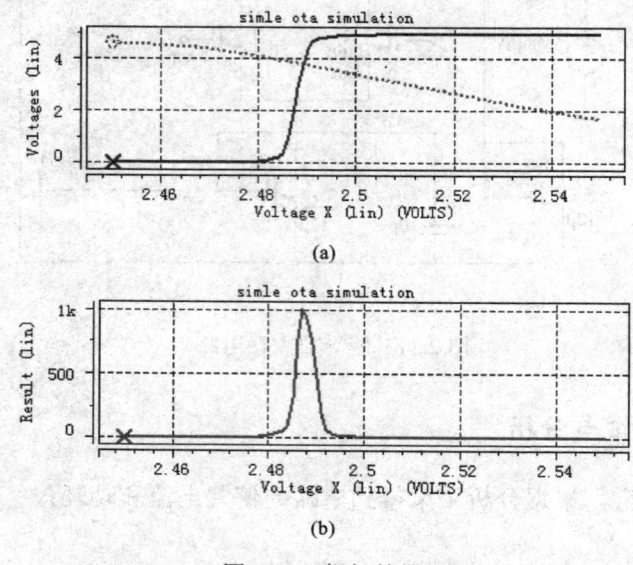

图 2.12 粗扫结果

```
ota simulation
.prot
.lib 'LIB_PATH\csmc.lib' tt
.unprot
.option post probe
.probe dc v(vo1) v(vo)
.op
.dc v_vdc 2.45 2.55 0.001
*.trans 10ns 200ns 20ns 0.1ns
*.ac dec 10 1k 100meg $sweep rzv 0 2k 0.2k
.para rzv=1k ccv=1p clv=1p
.inc 'NETLIST_PATH\ota.net'
.end
```

对图 2.12(a) 求导得到增益，小信号增益 Gain= d(vo)/d(v_vdc)，结果如图 2.12(b) 所示。求导的步骤如图 2.13 所示，分为 3 步：

第 2 章 HSPICE 模拟集成电路仿真实例

（1）按住中键拖动求导的函数表达式 derivative 到 Expression 窗口；
（2）按住中键拖动待求导的变量；
（3）将求导的结果进行变量命名，并回车。

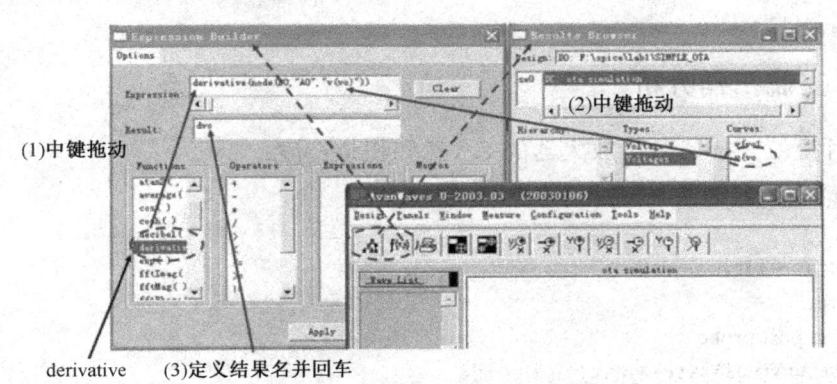

图 2.13 对输出变量的求导步骤

根据粗扫结果确定精确扫描范围，再进行精确扫描，扫描结果如图 2.14 所示。

```
ota simulation
.prot
.lib 'LIB_PATH\csmc.lib' tt
.unprot
.option post probe
.probe dc v(vo1) v(vo)
.op
.dc v_vdc 2.48 2.495 0.0001
*.trans 10ns 200ns 20ns 0.1ns
*.ac dec 10 1k 100meg $sweep rzv 0 2k 0.2k
.para rzv=1k ccv=1p clv=1p
.inc 'NETLIST_PATH\ota.net'
.end
```

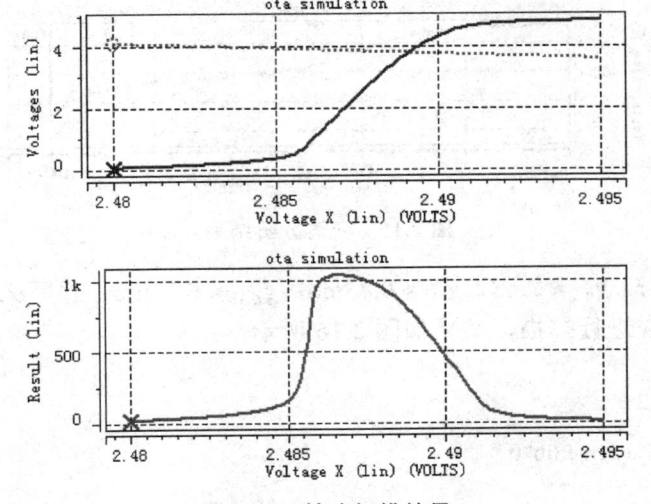

图 2.14 精确扫描结果

对于增益要求 G_0，存在对应的输出 swing range，若用小信号增益 gain>G_0 作为 swing range，则一定满足增益要求。例如 G_0=500，则根据图 2.14 所示 swing range ≈ (0.485, 4.29)。若取输出中心电压为 vdd/2，而令 vo=vdd/2 时，可测得 v_dc=2.4876V，故 ota 的系统失调：vos=12.4mV。

2.4.3 交流扫描分析

下面进行交流扫描，分析放大器的 GBW 和相位裕度：

```
ota simulation
.prot
.lib 'LIB_PATH\csmc.lib' tt
.unprot
.option post probe
.probe ac v(vo1) v(vo) vp(vo)
.op
*.dc v_vdc 2.48 2.495 0.0001
*.trans 10ns 200ns 20ns 0.1ns
.ac dec 10 1k 200meg $sweep rzv 0 2k 0.2k
.para rzv=0 ccv=1p clv=1p
.inc 'NETLIST_PATH\ota.net'
.end
```

此时假设补偿电阻为零，将 ota.net 中的 v_vdc 值设为 v_vdc vip 0 2.4876V。进行分析，结果如图 2.15 所示。根据分析结果可知 GBW=99.8MHz，相位裕度为 34.6°。

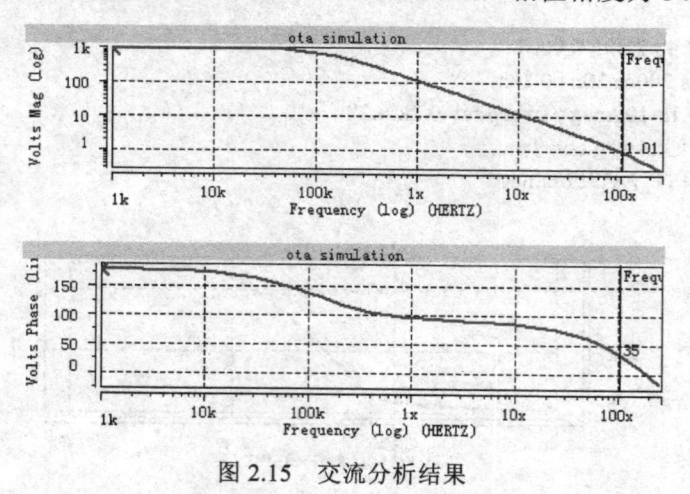

图 2.15 交流分析结果

查看.lis 文件可知 g_{m3} ≈ 2mS，g_{m1} ≈ 0.83mS，g_{m1b} ≈ 0.13mS。接下来进行米勒补偿效应的分析，对补偿电容进行扫描，结果如图 2.16 所示。

```
ota simulation
.prot
.lib 'LIB_PATH\csmc.lib' tt
.unprot
.option post probe
```

```
.probe ac v(vo1) v(vo) vp(vo)
.op
*.dc v_vdc 2.48 2.495 0.0001
*.trans 10ns 200ns 20ns 0.1ns
.ac dec 10 1k 500meg sweep ccv 0 5p 1p
.para rzv=0 ccv=1p clv=1p
.inc 'NETLIST_PATH\ota.net'
.end
```

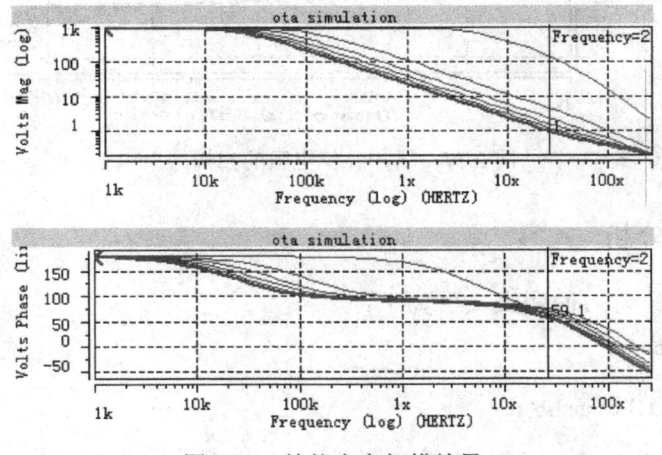

图 2.16 补偿电容扫描结果

根据扫描结果可知，增大 C_c，ω_{P1} 向下移动，GBW 减小，相位裕度增加。增大 C_c 到 5pF 时，相位裕度增大到约 59°，而 GBW 已经减小到 24.8MHz。为减小零点的影响，提高相位裕度，可以通过调节补偿电阻来实现。增大 R_Z，可减弱零点的作用，提高相位裕度。当达到零极点抵消时，应满足 $R_Z \approx (C_L+C_c)/(g_{m3}C_c)$，得出 $R_Z \approx 1\text{k}\Omega$。下面对补偿电阻进行扫描，结果如图 2.17 所示。

```
ota simulation
.prot
.lib 'LIB_PATH\csmc.lib' tt
.unprot
.option post probe
.probe ac v(vo1) v(vo) vp(vo)
.op
*.dc v_vdc 2.48 2.495 0.0001
*.trans 10ns 200ns 20ns 0.1ns
.ac dec 10 1k 500meg sweep rzv 0 2k 0.2k
.para rzv=0 ccv=1p clv=1p
.inc 'NETLIST_PATH\ota.net'
.end
```

根据图 2.17 所示的扫描结果可知，当 R_Z 增大到 0.6kΩ 时，相位裕度增大到约 55°，GBW 约为 76MHz；当 R_Z 增大到 1kΩ 时，相位裕度增大到约 67°，GBW 约为 103MHz。

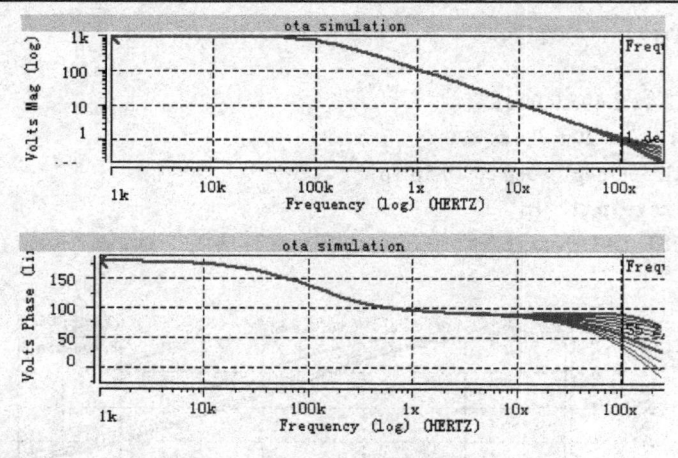

图 2.17 增加补偿电阻的扫描结果

2.4.4 噪声分析

加入噪声分析语句后的网表文件如下：

```
ota simulation
.prot
.lib 'LIB_PATH\csmc.lib' tt
.unprot
.option post probe
.probe ac v(vo1) v(vo) vp(vo)
.op
*.dc v_vdc 2.48 2.495 0.0001
*.trans 10ns 200ns 20ns 0.1ns
.ac dec 10 1k 500meg $sweep rzv 0 2k 0.2k
.noise v(vo) v_vac 10
.para rzv=1k ccv=1p clv=1p
.inc 'NETLIST_PATH\ota.net'
.end
```

在.lis 文件中会给出每个频率采样点上的噪声频谱密度，以及从开始频率到该频率点的等效噪声电压等。

分析结果如下：

```
**** the results of the sqrt of integral (v**2 / freq)
    from fstart upto   100.0000x     hz. using more freq points
    results in more accurate total noise values.
**** total output noise voltage    =    2.5009m    volts
**** total equivalent input noise  =    64.7944u
```

注意：将.lis 文件中各 MOS 元件的噪声大小进行对比，并根据电路图进行对应的分析。

2.4.5 失调分析

假定两个匹配的 MOS 晶体管有同样的漏极工作点电流 I_D，如果晶体管是理想元件，那么它们会有同样的栅极-源极电压 V_{GS}。而实际上，由于不匹配造成这两个电压之间存在电压差$\Delta V_{GS}=V_{GS1}-V_{GS2}$。假定晶体管工作在饱和状态，电路图中输入差分对 U1 和 U2、电流镜 M1 和 M2 的失调电压可以表示如下。

U1、U2 电压失调为：

$$V_{os1} \approx \Delta V_{tN} - \frac{V_{GSN}}{2}\left(\frac{\Delta W}{W}\right)_N$$

M1、M2 带来的失调为：

$$V_{os2} \approx \left[\Delta V_{tP} - \frac{V_{GSP}}{2}\left(\frac{\Delta W}{W}\right)_P\right] \times \left(\frac{g_{mP}}{g_{mN}}\right)$$

式中，ΔV_{tP} 和 ΔW 为元件间的阈值电压和跨导之差。

在良好的版图设计条件下，阈值电压（mV）失配的标准偏差 S_{V_t} 可表示为：

$$S_{V_t} \approx \frac{0.1 t_{ox}}{\sqrt{MWL}}$$

式中，M 为晶体管并联的个数；t_{ox} 的单位为 Å；对 NMOS 有 $t_{ox}=1.25\times10^{-8}+t_{oxn}$，对 PMOS 有 $t_{ox}=1.3\times10^{-8}+t_{oxp}$；$t_{oxn}$ 和 t_{oxp} 的值与模型的工艺角有关，在 tt 情况下，$t_{oxn}=t_{oxp}=0$。

栅宽 W（μm）的失配可表示为：

$$\frac{s_{\Delta W}}{W} \approx \frac{0.04}{\sqrt{MWL}}$$

式中，0.04 是根据类似工艺得出的一个估计值。可见，阈值电压和栅宽均与栅面积的平方根成反比。

在 MOS 晶体管的参数中考虑失配。例如，原有的 W=12u，M=2 修改为：

W='12u+12u*0.04u*alfa/sqrt(2*12um*5um)' M=2 delvto='12.5n*alfa/sqrt(2*12um*5um) '

这里，alfa 为(0,1)高斯分布变量。依次将网表 ota.net 的内容按照上面的方法修改，并进行 30 次蒙特卡罗仿真，仿真结果如图 2.18 所示。

```
ota simulation
.prot
.lib 'LIB_PATH\csmc.lib' tt
.unprot
.option post probe
.probe dc v(vo1) v(vo)
.op
.dc v_vdc 2.45 2.51 0.0001 sweep monte = 30
*.trans 10ns 200ns 20ns 0.1ns
*.ac dec 10 1k 500meg $sweep ccv 0 5p 1p
*.noise v(vo) v_vac 20
.para rzv=1k ccv=1p clv=1p alfa=agauss(0,3,3)
.inc 'NETLIST_PATH\ota.net'
.end
```

根据图 2.18 所示的仿真结果可知，ota 的失调分布可达(-10~10mV)，可通过增大晶体管来减小 V_{os}，但是会带来速度问题。

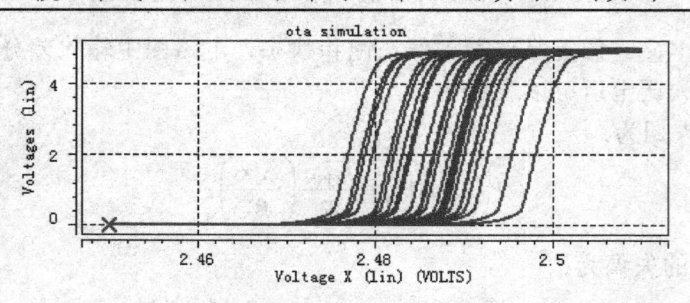

图 2.18 30 次蒙特卡罗仿真结果

2.4.6 压摆率分析

通过在输入端输入一个较大的脉冲信号，以观察输出端的压摆率。方法是：在 ota.net 中将 v_vac 的定义换成 v_vpulse vin 0 PULSE 2 3 20ns 0.1n 0.1n 100n 200n。用瞬态仿真来进行分析，仿真结果如图 2.19 所示。

```
ota simulation
.prot
.lib 'LIB_PATH\csmc.lib' tt
.unprot
.option post probe
.probe tran v(vo1) v(vo)
.op
*.dc v_vdc 2.45 2.51 0.001 sweep monte = 30
.trans 0.1ns 1000ns
*.ac dec 10 1k 500meg $sweep ccv 0 5p 1p
*.noise v(vo) v_vac 20
.para rzv=1k ccv=1p clv=1p $alfa=agauss(0,3,3)
.inc 'NETLIST_PATH\ota.net'
.end
```

由图 2.19 可测得，ota 的上升压摆率和下降压摆率分别为 146V/μs 和 132V/μs。

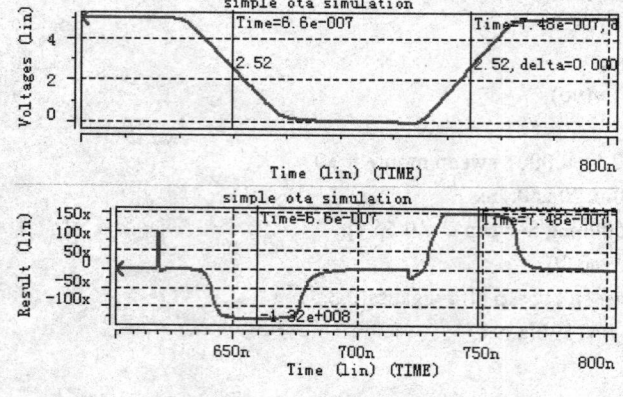

图 2.19 压摆率仿真结果

2.4.7 模型 corner 仿真

下面进行工艺角仿真。在 ota.net 中将 v_vpulse 的定义换回来：v_vac vin 0 DC 2.5V AC 1V 0。首先做 DC 扫描，分析各种 corner 下的增益和失调的变化，仿真结果如图 2.20 所示。

```
ota simulation
.prot
.lib 'LIB_PATH\csmc.lib' tt
.unprot
.option post probe
.probe dc v(vo)
.op
.dc v_vdc 2.45 2.51 0.0001 $sweep monte = 30
*.trans 0.1ns 1000ns
*.ac dec 10 1k 500meg $sweep ccv 0 5p 1p
*.noise v(vo) v_vac 20
.para rzv=1k ccv=1p clv=1p $alfa=agauss(0,3,3)
.inc 'NETLIST_PATH\ota.net'
.end
```

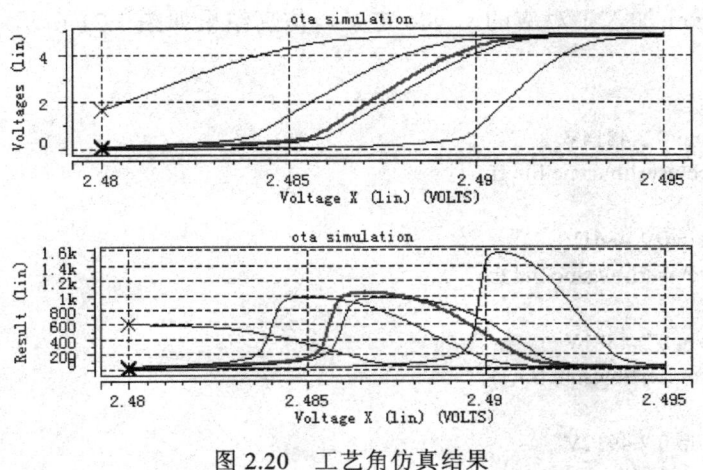

图 2.20 工艺角仿真结果

在 .end 前插入 .alter 语句，如下：

```
ota simulation
...
.alter
.lib 'LIB_PATH\csmc.lib' ff
.alter
.lib 'LIB_PATH\csmc.lib' fs
.alter
.lib 'LIB_PATH\csmc.lib' sf
.alter
.lib 'LIB_PATH\csmc.lib' ss
.end
```

在图 2.20 中,各条曲线从左到右依次为 ff、fs、tt、sf、ss 下的仿真结果。可见,ff 时增益最小,ss 时增益最大。vo=vdd/2 分别对应于 v_vdc 为:2.4876、2.4814、2.4861、2.4881、2.4912。

知道了各种 corner 下的失调后,就可以设置 v_vdc 做 AC 扫描,分析各种 corner 下的增益和 GBW 的变化:

```
ota simulation
.prot
.lib 'LIB_PATH\csmc.lib' tt
.unprot
.option post probe
.probe ac v(vo) vp(vo)
.op
*.dc v_vdc 2.45 2.51 0.0001 $sweep monte = 30
*.trans 0.1ns 1000ns
.ac dec 10 1k 500meg $sweep ccv 0 5p 1p
*.noise v(vo) v_vac 20
.para rzv=1k ccv=1p clv=1p $alfa=agauss(0,3,3)
.inc 'NETLIST_PATH\ota.net'
.end
```

对于各种 corner 加入了对应的 v_vdc 定义,仿真结果如图 2.21 所示。

```
...
.alter
v_vdc    vip 0 2.4814V
.lib 'f:\spice\userlib\csmc.lib' ff
.alter
v_vdc    vip 0 2.4861V
.lib 'f:\spice\userlib\csmc.lib' fs
.alter
v_vdc    vip 0 2.4881V
.lib 'f:\spice\userlib\csmc.lib' sf
.alter
v_vdc    vip 0 2.4912V
.lib 'f:\spice\userlib\csmc.lib' ss
.end
```

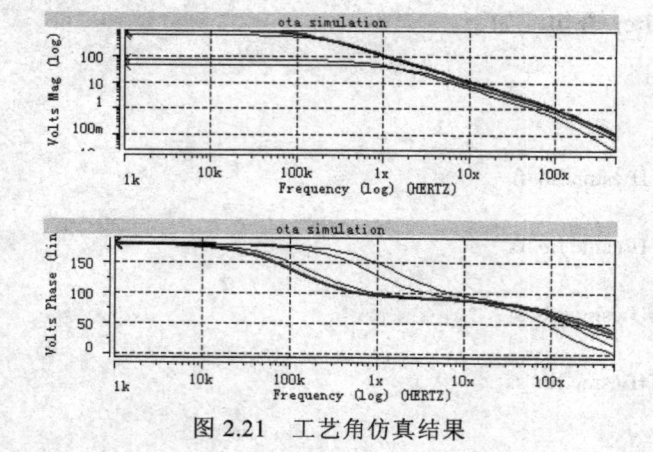

图 2.21 工艺角仿真结果

仿真结果如表 2.1 所示。

表 2.1 不同模型 corner 仿真结果

	gain	GBW	Phase margin
tt	989	103MHz	67.2
ff	585	122MHz	75.9
fs	922	108MHz	64.8
sf	939	97.9MHz	71.2
ss	1.46 k	87.4MHz	62.4

2.4.8 温度分析

最后进行温度分析。首先做温度扫描，分析各种温度下增益和失调的变化。其中，vo=vdd/2 分别对应于 v_vdc 为：2.4882、2.4877、2.4873、2.4868、2.4863、2.4858，分析结果如图 2.22 所示。

```
ota simulation
.prot
.lib 'LIB_PATH\csmc.lib' tt
.unprot
.option post probe
.probe dc v(vo)
.op
.dc v_vdc 2.45 2.51 0.0001 sweep temp 0 100 20
*.trans 0.1ns 1000ns
*.ac dec 10 1k 500meg $sweep ccv 0 5p 1p
*.noise v(vo) v_vac 20
.para rzv=1k ccv=1p clv=1p $alfa=agauss(0,3,3)
.inc 'NETLIST_PATH\ota.net'
.end
```

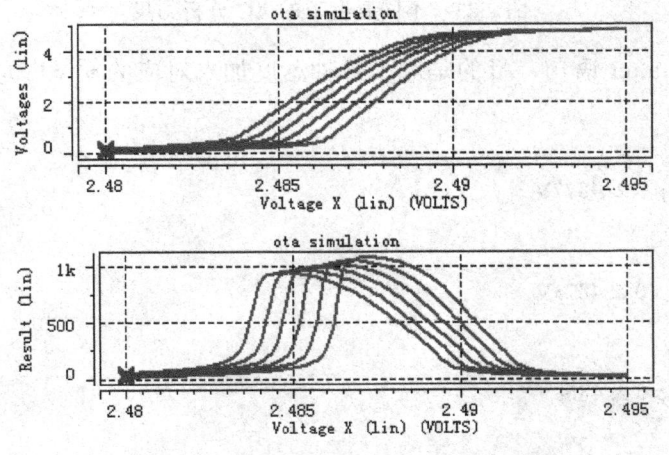

图 2.22 温度变化对系统失调和增益的影响

知道了各种温度的失调后,就可以设置 v_vdc 做 AC 扫描,分析各种温度下的增益和 GBW 的变化。不同温度下的 AC 分析结果如图 2.23 所示。

```
ota simulation
.prot
.lib 'LIB_PATH\csmc.lib' tt
.unprot
.option post probe
.probe ac v(vo) vp(vo)
.temp 0
v_vdc vip 0 2.4882V
*.dc v_vdc 2.45 2.51 0.0001 $sweep monte = 30
*.trans 0.1ns 1000ns
.ac dec 10 1k 500meg $sweep ccv 0 5p 1p
*.noise v(vo) v_vac 20
.para rzv=1k ccv=1p clv=1p $alfa=agauss(0,3,3)
.inc 'NETLIST_PATH\ota.net'
.end
```

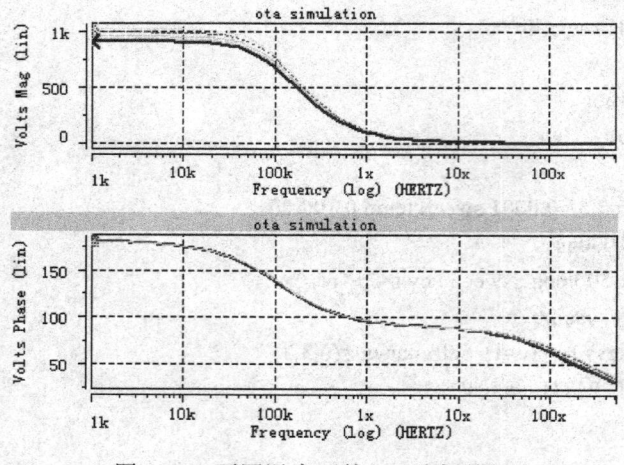

图 2.23 不同温度下的 AC 分析结果

在.end 前插入.alter 语句,目的是对于各种温度加入对应的 v_vdc 定义,具体如下:

```
.alter
.temp 20
v_vdc    vip 0 2.4877V
.alter
.temp 40
v_vdc    vip 0 2.4873V
.alter
.temp 60
v_vdc    vip 0 2.4868V
.alter
.temp 80
v_vdc    vip 0 2.4863V
.alter
```

```
.temp 100
v_vdc    vip 0 2.4858V
.end
```

仿真结果如表 2.2 所示。

表 2.2 温度分析仿真结果

temp	gain	GBW	Phase margin
0	1.03 k	109MHz	68.3
20	998	104MHz	67.4
40	962	98.3MHz	66.8
60	936	94.5MHz	66.2
80	913	90.7MHz	65.7
100	890	86.7MHz	65.4

由表 2.2 可见，温度升高，电路性能变差。

思 考 题

1．对跨导放大器进行设计时，需要进行哪些类型的分析？

2．构思一个基本电路如一个放大器，给出 HSPICE 电路网表，执行分析，观察输出结果。

本章参考文献

[1] 王志功，陈莹梅. 集成电路设计（第 3 版）. 北京：电子工业出版社，2013.

第 3 章　PSPICE 模拟集成电路仿真实例

3.1　PSPICE 简介

PSPICE 是一个 PC 版的 SPICE（Personal-SPICE），可以从属于 Cadence 设计系统公司的 OrCAD 公司获得，本书随书奉送学生版（功能受限）软件光盘。PSPICE 采用自由格式语言的 5.0 版本，自 20 世纪 80 年代以来在我国得到广泛应用，并且从 6.0 版本开始引入图形界面，图表描述形式具有了直观易懂的优点，使得 PSPICE 具有强大的电路图绘制功能、电路模拟仿真功能、图形后处理功能和元件符号制作功能，以图形方式输入，自动进行电路检查，生成图表，模拟和计算电路。另外，PSPICE 有标准元件的模拟和数字电路库，如 NAND、NOR、触发器、多选器、FPGA、PLDs 和许多数字元件，这使得它成为一种广泛用于模拟和数字应用的有用工具，不仅可以用于电路分析和优化设计，还可用于电子线路、电路和信号与系统等课程的计算机辅助教学，与印制电路板设计软件配合使用，还可实现电子设计自动化，被公认为是通用电路模拟程序中最优秀的软件，具有广阔的应用前景。

1.　电路图编辑器界面

首先对本书配套的 PSPICE 学生版软件进行安装，安装过程中注意增加勾选电路图编辑选项，安装完毕后在任务栏中单击 Schematics 选项，生成电路编辑器窗口界面，如图 3.1 所示，此时在窗口的标题栏中显示 Schematics。可以在菜单 File 中选择 New，创建新的电路图。

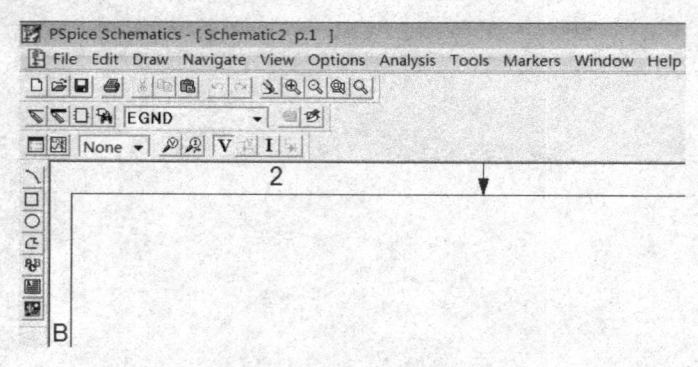

图 3.1　PSPICE 电路编辑器界面

2.　元件放置

（1）在菜单 Draw 中选择 Get New Part，打开的元件浏览对话框如图 3.2 所示。通过右下角的按钮<<Basic 或者 Advanced>>可以让用户在两种不同的界面中使用该对话框。

（2）在元件名称（Part Name）选择需要的元件。

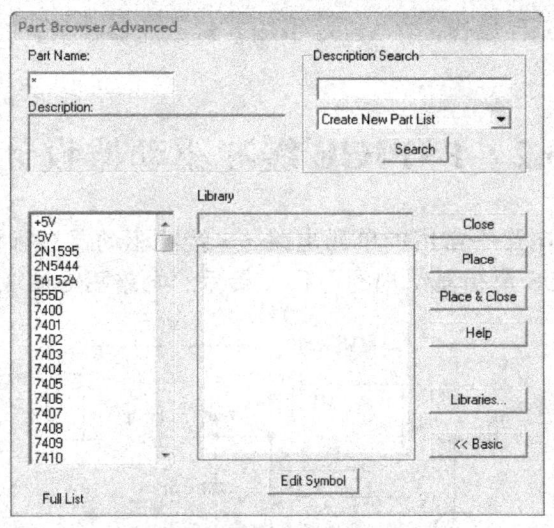

图 3.2　元件浏览对话框

（3）单击 Place & Close 按钮。

（4）用鼠标将元件放置在合适的位置，再单击左键（单击右键表示放弃）。按组合键 Ctrl+R 可以使元件旋转到合适的位置，然后放置，也可以选用菜单 Edit 中的 Rotate 或 Flip 选项对元件进行旋转或镜像。

3．连接线

（1）在菜单 Draw 中选择 Wire，光标变成铅笔的形状。

（2）在一个元件的一端单击左键，然后到另一个元件的一端单击左键，就可以把这两个元件连接起来，单击右键表示这根导线结束，否则可以将这根导线继续连下去。

4．元件移动

用鼠标左键单击选中元件，然后拖动到合适的位置单击左键放置。

5．元件删除

用鼠标左键单击选中元件，然后按 Del 键即可删除该元件。

6．元件属性的修改

（1）双击元件可打开元件的属性窗口，有关该元件的所有属性都在这个列表中，图 3.3 所示为 VDC 的属性窗口。

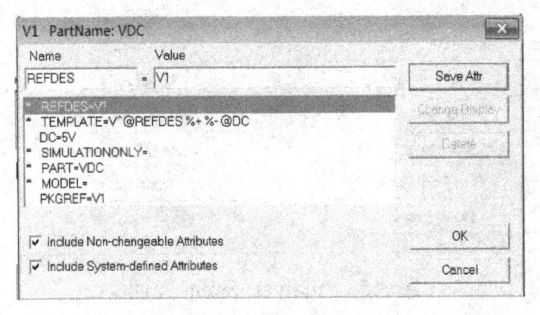

图 3.3　VDC 的属性窗口

（2）选择要修改的元件属性，在 Value 中输入希望的参数值，如 MOS 管的栅长、栅宽等参数。

3.2　PSPICE 缓冲驱动器设计

本节对模拟和数字电路中常用的单元电路——缓冲驱动器进行设计，首先，在电路图编辑器窗口中绘制 CMOS 反相器结构的电路，最后的电路图如图 3.4 所示。

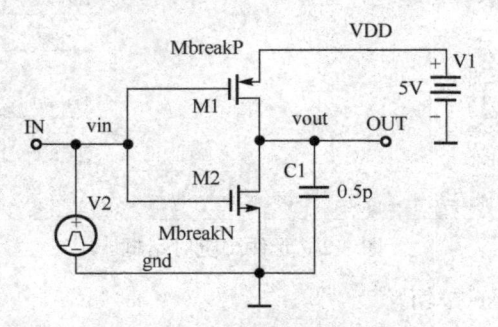

图 3.4　反相器的电路图

在 Schematics 的菜单 Analysis 中选择 Create Netlist，然后选择 Examine Net。可以查看到输入网单文件如下：

```
* Schematics Netlist *
M_M2         VDD IN OUT VDD MbreakP
V_V1         VDD 0 5V
M_M1         OUT IN 0 0 MbreakN  L=1.2u   W=1.2u
V_V2         IN 0 PULSE 0 5v 10n 1n 1n 50n 100n
```

可以看出，Schematics 自动生成的网单文件实际上是由各元件语句组成的，其中各节点的名称为在电路原理图中定义的节点或导线的名称，各元件的名称由该元件的类型关键字加上电路原理图中定义的名称组成。

3.2.1　直流传输特性分析

（1）在菜单 Analysis 中选择 Setup，选择 DC Sweep，如图 3.5 所示。

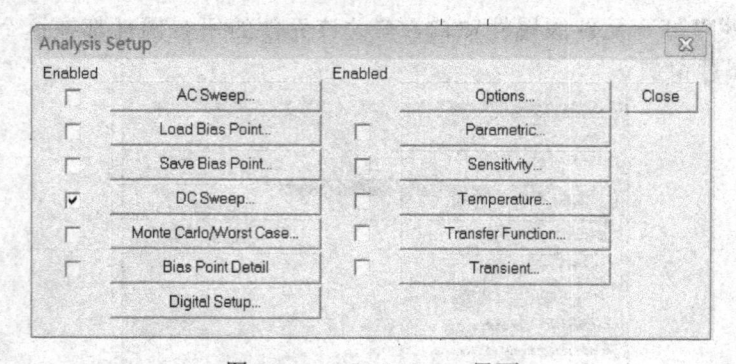

图 3.5　Analysis Setup 界面

第 3 章 PSPICE 模拟集成电路仿真实例

（2）单击 DC Sweep 按钮，弹出一个窗口，如图 3.6 所示。

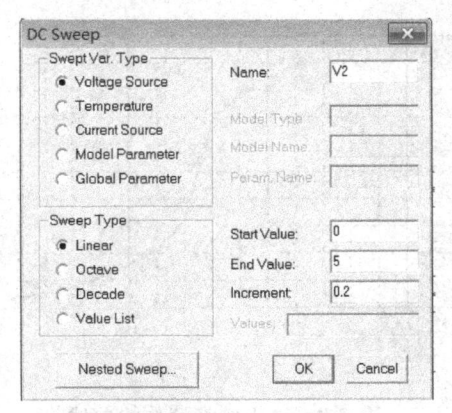

图 3.6 设置直流扫描特性

（3）选中 Voltage Source，然后在 Name 框中填写 V2，在 Sweep Type 中选中 Linear，Start Value、End Value 和 Increment 中分别填写 0、5 和 0.2，单击 OK 按钮确认。

（4）在菜单 Analysis 中选择 Simulate，Schematics 就会自动调用 PSpice A/D 对产生的网单输入文件进行模拟，如果文件中有 .probe，就会自动调用 PROBE，如图 3.7 所示。

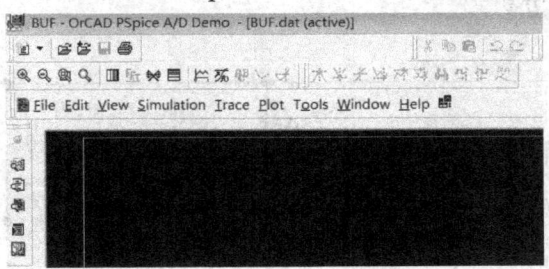

图 3.7 仿真自动调用的 PROBE

（5）在 PROBE 界面中选择 Add Traces 按钮，单击后会出现输出选择界面，如图 3.8 所示。选择 V(OUT)，单击 OK 按钮确认。

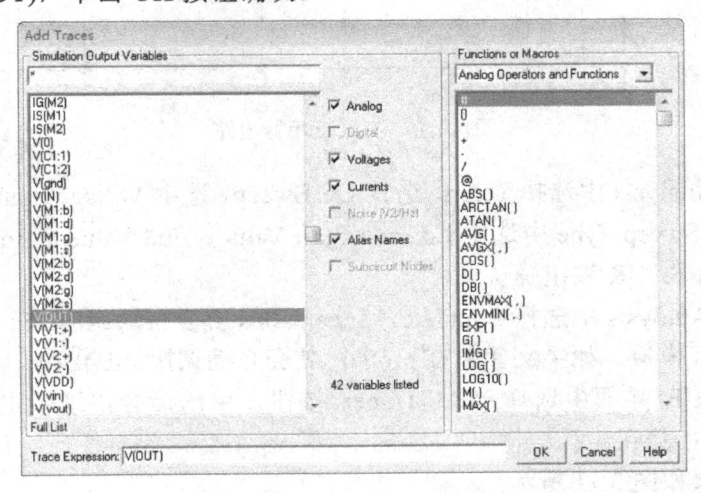

图 3.8 PROBE 输出选择界面

（6）输出结果如图 3.9 所示。

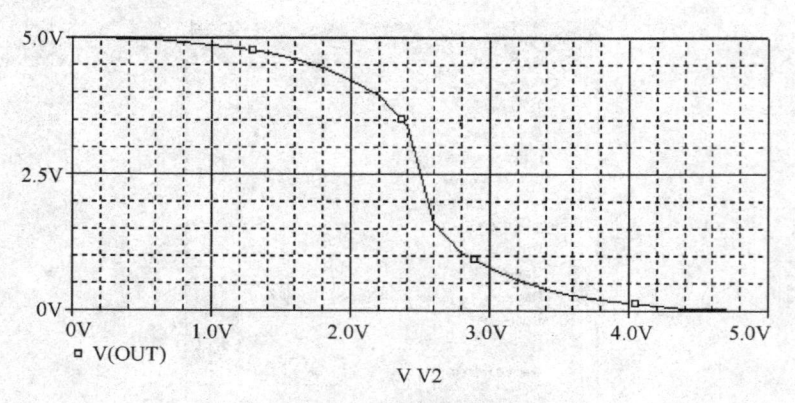

图 3.9 输出的直流传输曲线

3.2.2 多级反相器直流传输特性分析

将单级反相器电路进行级联构成三级反相器，电路图如图 3.10 所示，下面对三级反相器的直流传输特性进行分析。

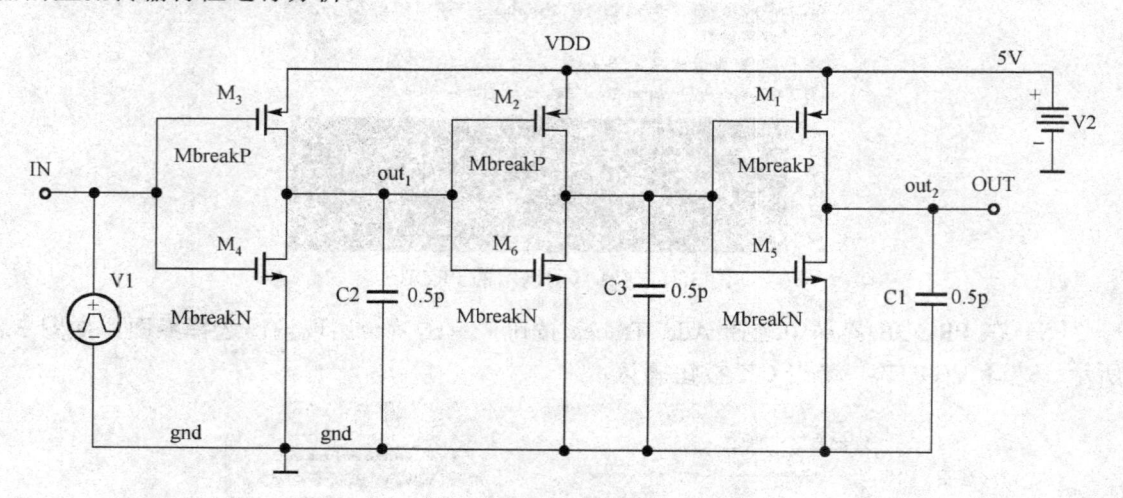

图 3.10 三级反相器电路

（1）在菜单 Analysis 中选择 Setup，选择 DC Sweep，选中 Voltage Source，然后在 Name 框中填写 v1。在 Sweep Type 中选中 Linear，Start Value、End Value 和 Increment 中分别填写 0、5 和 0.2，单击 OK 按钮确认。

（2）在菜单 Analysis 中选择 Simulate，Schematics 就会自动调用 PSpice A/D 对产生的网单输入文件进行模拟，如果文件中有 .probe，就会自动调用 PROBE。

（3）在 PROBE 界面中选择 Add Traces 按钮，单击后会出现输出选择界面，选择 V(OUT)，单击 OK 按钮确认。

（4）输出结果如图 3.11 所示。

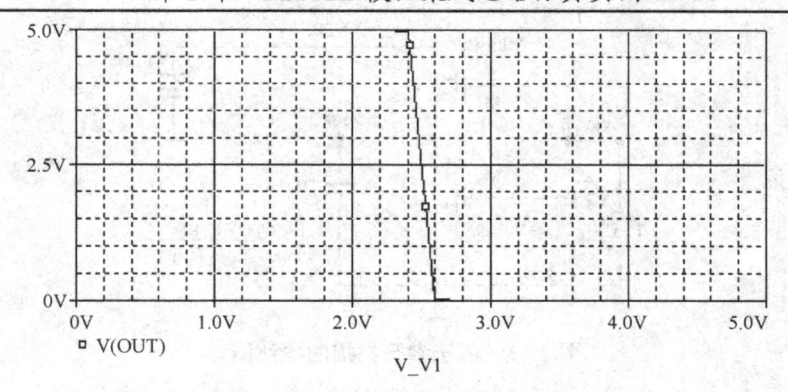

图 3.11 输出的直流传输曲线

3.2.3 时序特性分析

（1）激活 Schematics，在菜单 Analysis 中选择 Setup。

（2）在 Analysis Setup 中选择 Transient 按钮，设置 Print Step 为 1ns，Final Time 为 200ns，单击 OK 按钮确定。

（3）在菜单 Analysis 中选择 Simulate，仿真结束后出现 PROBE 界面。在 PROBE 界面中选择 Add Traces 按钮，单击后会出现输出选择界面，选择 V(OUT) 和 V(IN)，单击 OK 按钮确认。

（4）输出结果如图 3.12 所示。

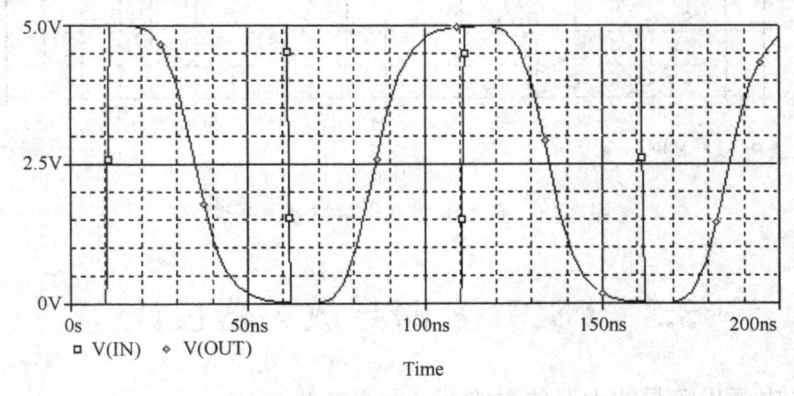

图 3.12 时序特性分析

3.2.4 驱动能力分析

（1）把电路图中的电容 C1 的电容值设置为参数 cload，并在电路里插入 PARAM，并设置初值为 0.5p，电路图如图 3.13 所示。

（2）激活 Schematics，在菜单 Analysis 中选择 Setup，在 Analysis Setup 中选择 Parametric 按钮，在 Sweep Var. Type 中选择 Global Parameter，然后在右边的 Name 中填入 cload，Sweep Type 选择 Linear，起始值和终止值分别设为 0.5p 和 2p，步长设为 0.5p。

（3）在 Analysis Setup 中选择 Transient 按钮，设置 Print Step 为 1ns，Final Time 为 200ns，单击 OK 按钮确认。

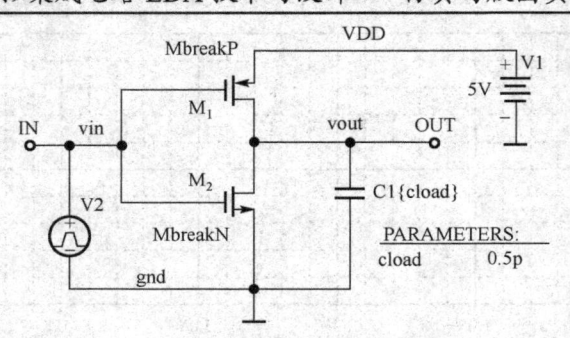

图 3.13 用于参数扫描的电路图

（4）在菜单 Analysis 中选择 Simulate，仿真结束后出现 PROBE 界面。在 PROBE 界面中选择 Add Traces 按钮，单击后会出现输出选择界面，选择 V(OUT)和 V(IN)，单击 OK 按钮确认。

（5）输出结果如图 3.14 所示。

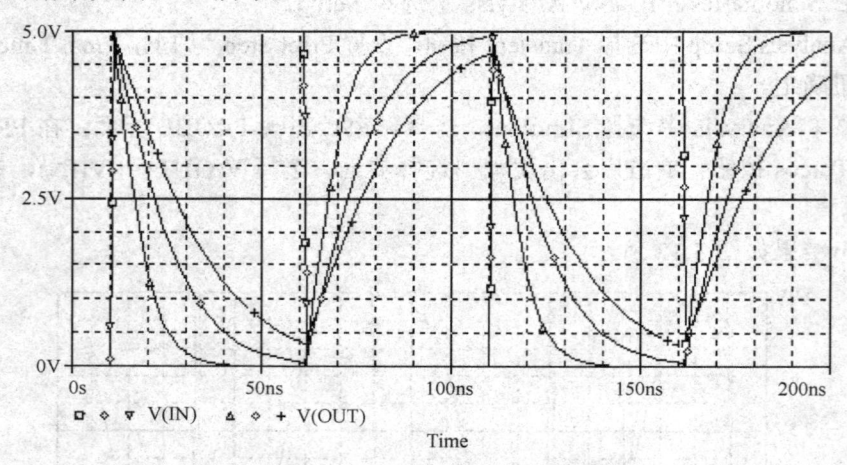

图 3.14 负载电容变化时的输出波形

3.3 PSPICE 跨导放大器设计

在 PSPICE 中画出跨导放大器的电路图，如图 3.15 所示。

3.3.1 直流工作点分析

先进行工作点分析，根据分析结果得到电路的偏置电流和功耗以及各器件的参数等。
（1）在菜单 Analysis 中选择 Setup，选择 Bias Point Detail。
（2）在菜单 Analysis 中选择 Simulate，Schematics 就会自动调用 PSpice A/D，对产生的网单输入文件进行模拟。
（3）在菜单 View 中选择 Output File，可以得到相关的直流输出数据。包括电路各节点的电压和各元件的工作状态等，如对于 MOS 管，给出了 id、vgs、vds、vth、vdsat、gm、gmb、gds 等各参量的值。

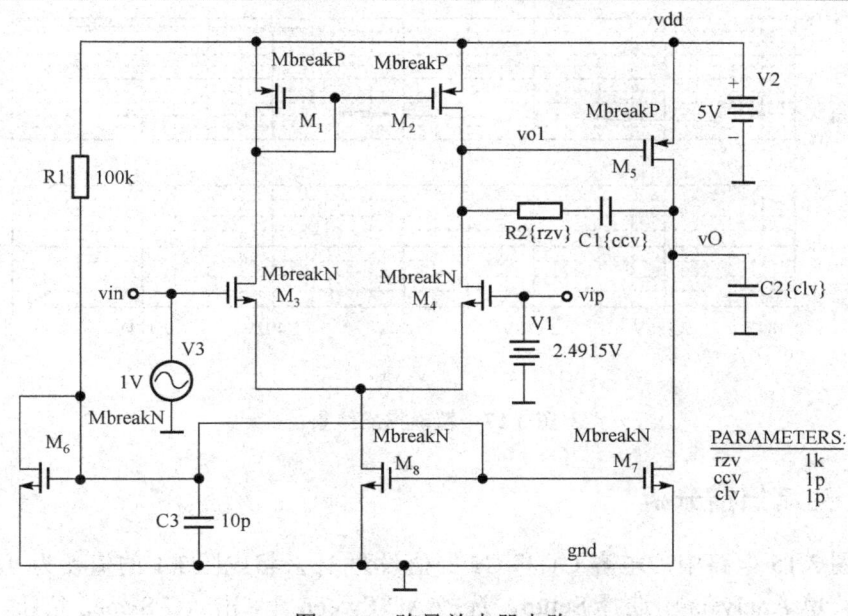

图 3.15 跨导放大器电路

3.3.2 直流扫描分析

（1）在菜单 Analysis 中选择 Setup，选择 DC Sweep，单击 DC Sweep 按钮，选中 Voltage Source，然后在 Name 框中填写 v1。Sweep Type 中选中 Linear，Start Value、End Value 和 Increment 中分别填写 2.45、2.55 和 0.001，单击 OK 按钮确认。

（2）在菜单 Analysis 中选择 Simulate，Schematics 就会自动调用 PSpice A/D，对产生的网单输入文件进行模拟，如果文件中有 .probe，就会自动调用 PROBE。

（3）在 PROBE 界面中单击 Add Traces 按钮，分别选择 V(o) 和 D(V(o))，单击 OK 按钮确认，输出结果如图 3.16 所示。

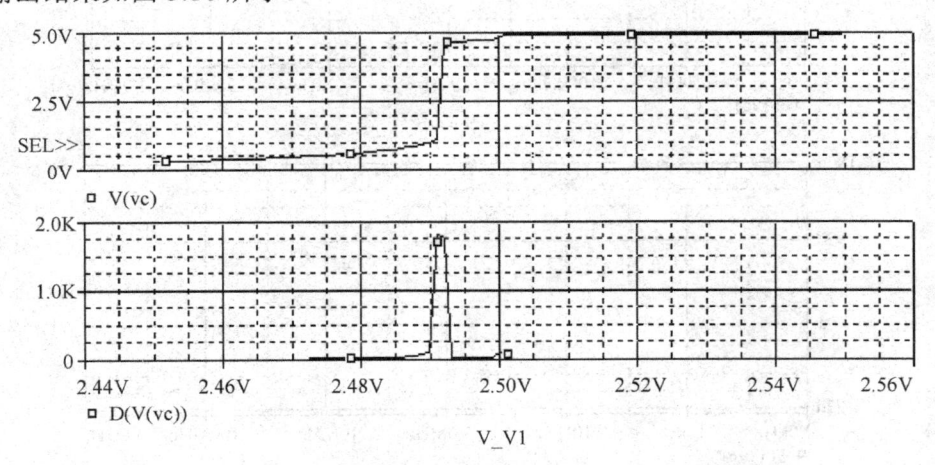

图 3.16 粗扫结果

（4）根据粗扫结果确定精确扫描范围，再进行精确扫描，扫描的结果如图 3.17 所示。

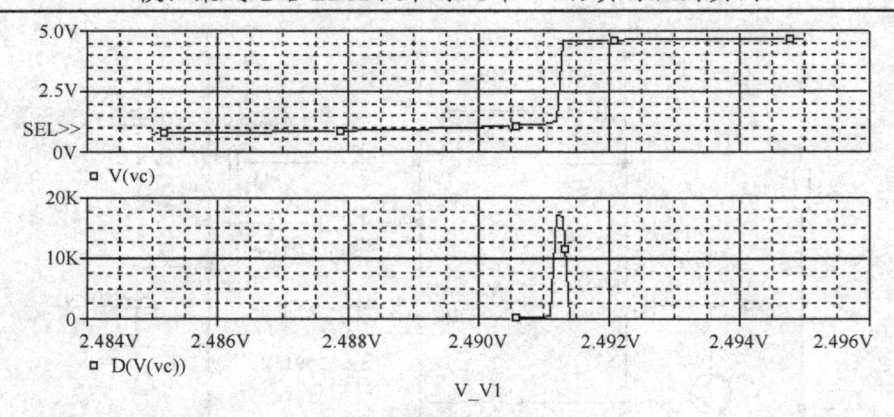

图 3.17 精确扫描结果

3.3.3 交流扫描分析

（1）将图 3.15 电路中的电容 C1 和 C2 的值设为 1p，将电阻 R1 的值设为 0。

（2）在菜单 Analysis 中选择 Setup，选择 AC Sweep，单击 AC Sweep 按钮，扫描类型设为 Decade，每个数量级扫描点数为 10，扫描的频率范围为 1k~200MEG。

（3）在菜单 Analysis 中选择 Simulate，Schematics 就会自动调用 PSpice A/D，对产生的网单输入文件进行模拟，如果文件中有 .probe，就会自动调用 PROBE。

（4）在 PROBE 界面中单击 Add Traces 按钮，分别选择 V(vo) 和 p(V(vo))，单击 OK 按钮确认，输出结果如图 3.18 所示。

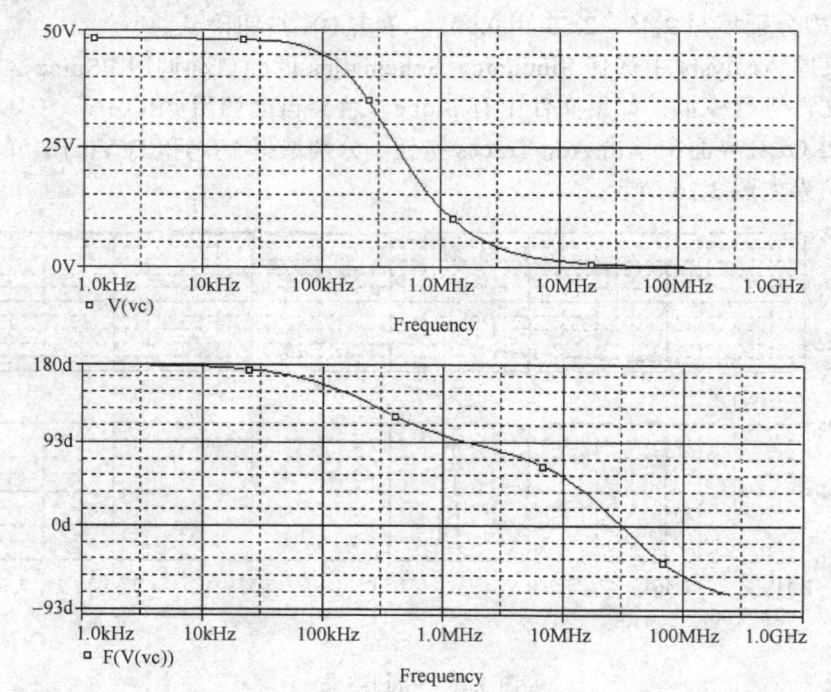

图 3.18 交流分析结果

下面进行密勒补偿效应的分析，首先对补偿电容进行扫描。

（1）在菜单 Analysis 中选择 Setup，选择 AC Sweep，单击 AC Sweep 按钮，扫描类型设为 Decade，每个数量级扫描点数为 10，扫描的频率范围为 1k~200MEG。

（2）在菜单 Analysis 中选择 Setup，在 Analysis Setup 中选择 Parametric 按钮，在 Sweep Var. Type 中选择 Global Parameter，然后在右边的 Name 中填入 clv，Sweep Type 选择 Linear，起始值和终止值分别设为 0 和 5p，步长设为 1p。

（3）在菜单 Analysis 中选择 Simulate，Schematics 就会自动调用 PSpice A/D，对产生的网单输入文件进行模拟，如果文件中有 .probe，就会自动调用 PROBE。

（4）在 PROBE 界面中单击 Add Traces 按钮，分别选择 V(vo)和 p(V(vo))，单击 OK 按钮确认，输出结果如图 3.19 所示。

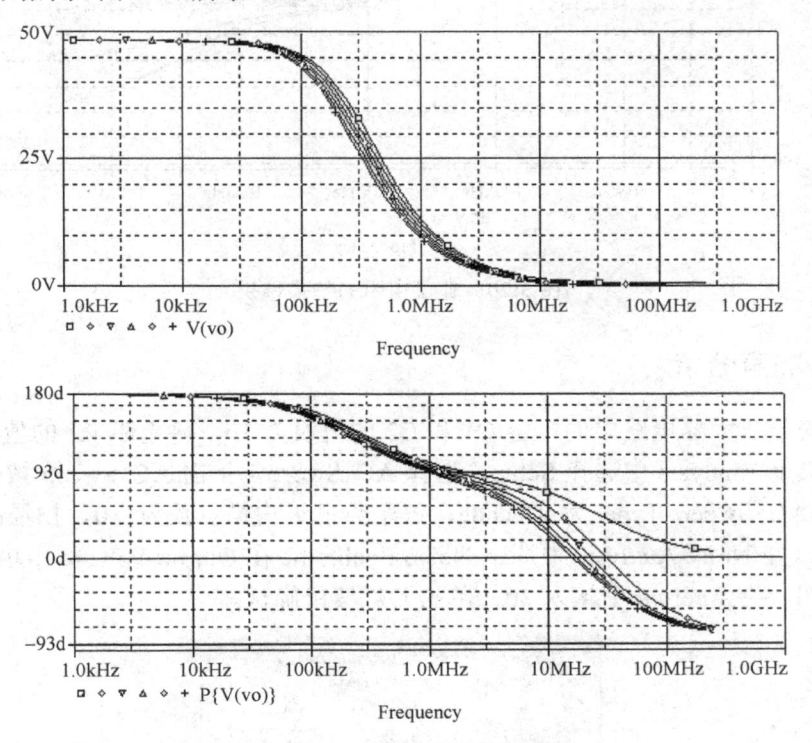

图 3.19 补偿电容扫描结果

下面对密勒补偿效应中的补偿电阻进行扫描分析。

（1）在菜单 Analysis 中选择 Setup，选择 AC Sweep，单击 AC Sweep 按钮，扫描类型设为 Decade，每个数量级扫描点数为 10，扫描的频率范围为 1k~200MEG。

（2）在电路图中画出电阻 R2，R2 的变量名为 rzv。在菜单 Analysis 中选择 Setup，在 Analysis Setup 中选择 Parametric 按钮，在 Sweep Var. Type 中选择 Global Parameter，然后在右边的 Name 中填入 rzv，Sweep Type 选择 Linear，起始值和终止值分别设为 1 和 51k，步长设为 5k。

（3）在菜单 Analysis 中选择 Simulate，Schematics 就会自动调用 PSpice A/D，对产生的网单输入文件进行模拟，如果文件中有 .probe，就会自动调用 PROBE。

（4）在 PROBE 界面中单击 Add Traces 按钮，分别选择 V(vo)和 p(V(vo))，单击 OK 按钮确认，输出结果如图 3.20 所示。

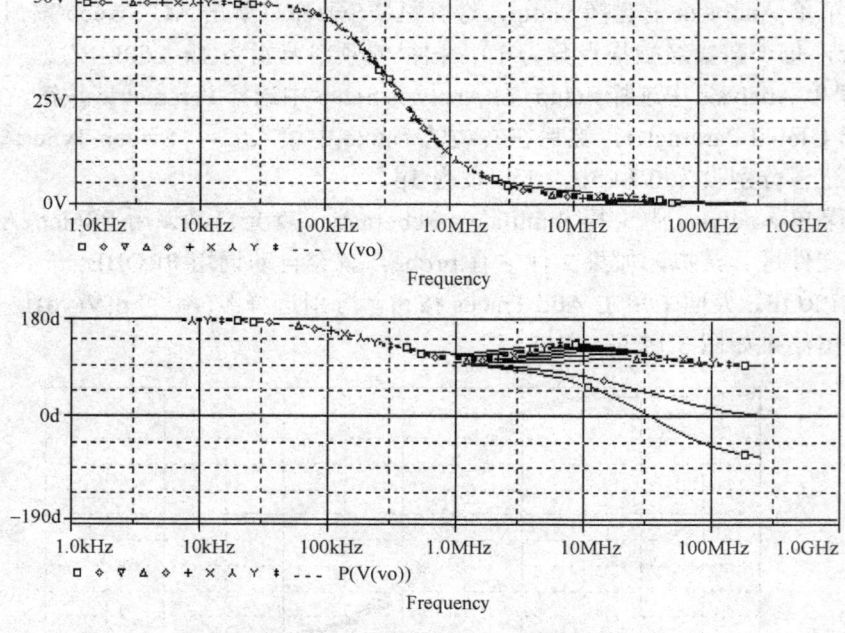

图 3.20 补偿电阻的扫描结果

3.3.4 噪声分析

（1）将跨导放大器电路中的电容 C1 和 C2 的值设为 1p，将电阻 R1 的值设为 1k。

（2）在菜单 Analysis 中选择 Setup，选择 AC Sweep，单击 AC Sweep 按钮，如图 3.21 所示。选择 AC Sweep Type 为 Decade，每个数量级扫描点数为 10，扫描的频率范围为 1k~200MEG。在 Noise Analysis 中选中 Noise Enabled，在 Output Voltage 中填入 V(vo)，在 I/V 中填入 V1，在 Interval 中填入 30，单击 OK 按钮确认。

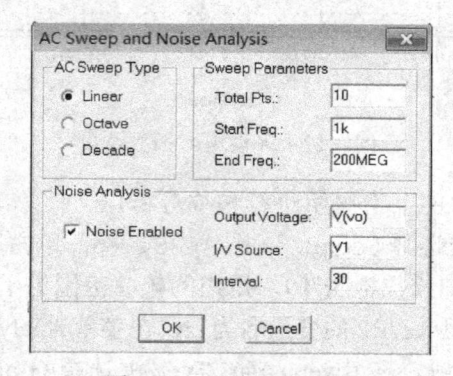

图 3.21 噪声分析设置

（3）在菜单 Analysis 中选择 Simulate，Schematics 就会自动调用 PSpice A/D，对产生的网单输入文件进行模拟。

（4）选择 View Output File，观察输出文件中有关噪声分析结果，包括总的等效输入噪声和总的输出噪声等，或者在 PROBE 界面中单击 Add Traces 按钮，查看用曲线形式给出的结果。

3.3.5 压摆率分析

（1）将电路中 vin 和地之间的交流电压源换成 0~5V 的脉冲信号，设置延迟时间为 10ns，上升时间为 10ns，下降时间为 10ns，脉冲宽度为 1000ns，周期为 2000ns。

（2）在 Analysis Setup 中选择 Transient 按钮，设置 Print Step 为 10ns，Final Time 为 2000ns，单击 OK 按钮确认。

（3）在菜单 Analysis 中选择 Simulate，仿真结束后出现 PROBE 界面。在 PROBE 界面中选择 Add Traces 按钮，单击后会出现输出选择界面，选择 V(vo)和 D(V(vo))，单击 OK 按钮确认。

（4）输出结果如图 3.22 所示，由图可得 ota 的上升、下降压摆率分别为 37V/μs 和 18V/μs。

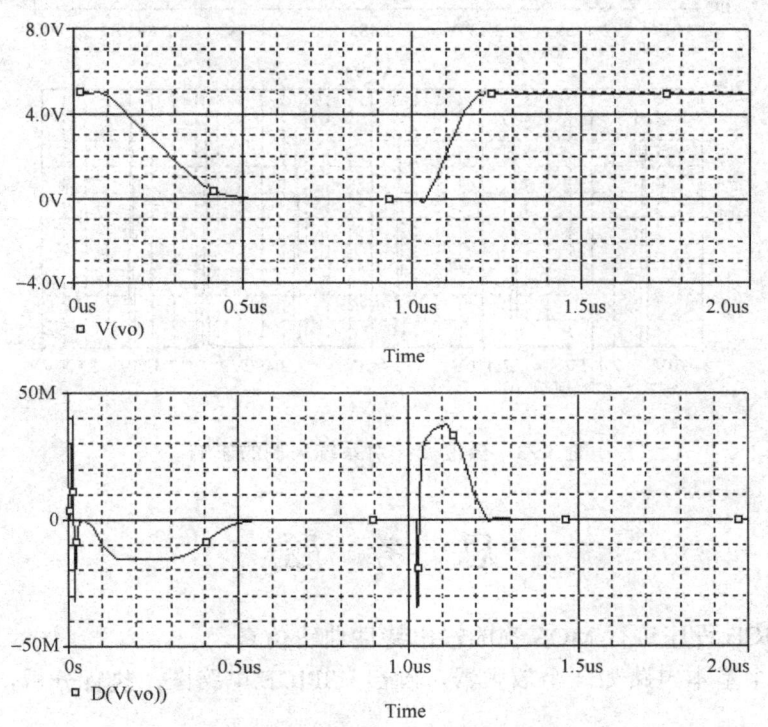

图 3.22 压摆率仿真结果

3.3.6 温度分析

可以进行温度扫描，分析各种温度下失调的变化，该步骤需要和直流扫描分析相结合。

（1）在菜单 Analysis 中选择 Setup，选择 DC Sweep，单击 DC Sweep 按钮，选中 Voltage Source，然后在 Name 框中填写 v1。Sweep Type 中选中 Linear，Start Value、End Value 和 Increment 中分别填写 2.48、2.52 和 0.001，单击 OK 按钮确认。

（2）在 Analysis Setup 中选择 Parametric 按钮，在 Sweep Var. Type 中选择 Temperature，Sweep Type 选择 Linear，起始值和终止值分别设为 0 和 100，步长设为 20。

（3）在菜单 Analysis 中选择 Simulate，Schematics 就会自动调用 PSpice A/D，对产生的网单输入文件进行模拟，如果文件中有.probe，就会自动调用 PROBE。

（4）在 PROBE 界面中单击 Add Traces 按钮，分别选择 V(vo)和 D(V(vo))，单击 OK 按钮确认，输出结果如图 3.23 所示。其中，vo=vdd/2 分别对应于 v1 为：2.4727、2.4785、2.4838、2.4884、2.4925、2.4960。

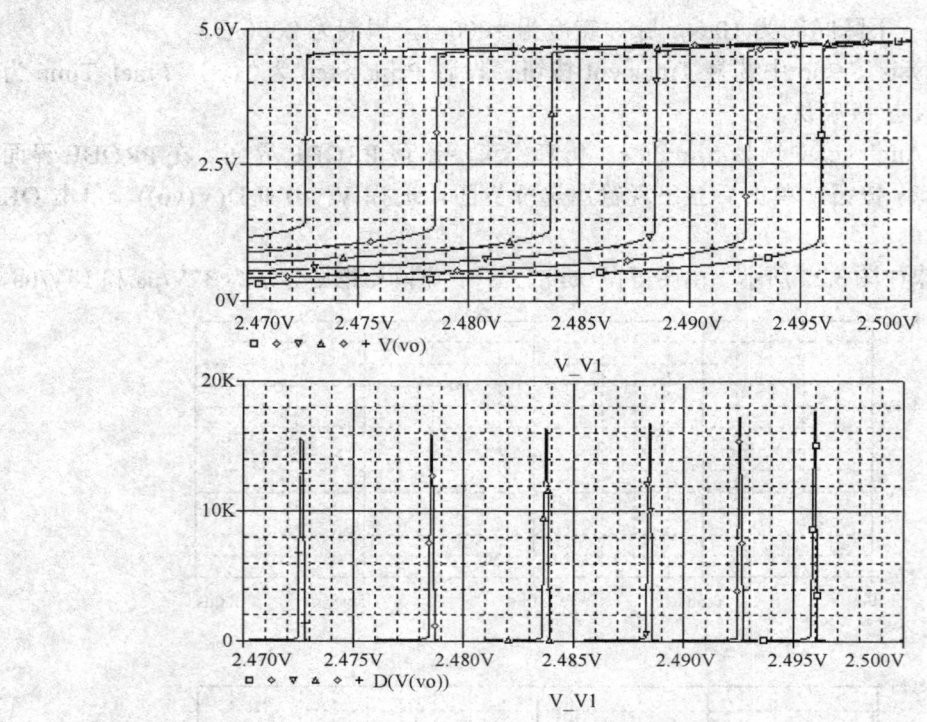

图 3.23　温度变化对系统失调的影响

思 考 题

1. 用 PSPICE 程序进行 MOS 管的输出特性曲线仿真。
2. 构思一个基本电路如一个放大器，画出 PSPICE 电路图，执行分析，观察结果。

本章参考文献

[1] 吴建强. PSPICE 仿真实践. 黑龙江：哈尔滨工业大学出版社，2001.
[2] 王志功，陈莹梅. 集成电路设计（第 3 版）. 北京：电子工业出版社，2013.

第 4 章 ADS 射频集成电路仿真实例

4.1 ADS 简介

ADS（Advanced Design System）是安捷伦（Agilent）科技有限公司设计开发的一款EDA软件，其在射频微波领域具有强大的功能，具有丰富的模板支持和高效准确的仿真能力，支持应用于通信、航空航天和国防微波毫米波集成电路（MMIC）应用领域的所有类型的射频设计，包括时域电路仿真、频域电路仿真、三维电磁仿真、通信系统仿真和数字信号处理仿真设计，是当今各高等学校和研究所使用最多的微波、射频电路和通信系统仿真软件。

ADS仿真分析方法具体介绍如下。

1. 高频 SPICE 分析和卷积分析

高频SPICE分析方法提供如SPICE仿真器的瞬态分析，可分析线性与非线性电路的瞬态效应。高频SPICE除了可以做低频电路的瞬态分析，也可以分析高频电路的瞬态响应、瞬态噪声，如振荡器或锁相环的抖动。

卷积分析方法为高级时域分析方法，可以更加准确地用时域的方法分析与频率相关的元件，如以 S 参数定义的元件、传输线和微带线等。

2. 线性分析

线性分析为频域的电路仿真分析方法，可以将线性或非线性的射频与微波电路做线性分析。软件针对电路中每个元件计算所需的线性参数，若为非线性元件，则计算其工作点的线性参数，再进行整个电路的分析、仿真。

3. 谐波平衡分析

谐波平衡分析提供频域、稳态、大信号的电路分析仿真方法，可以用来分析具有多频输入信号的非线性电路，得到非线性的电路响应，如噪声、功率压缩点、谐波失真等。另外针对高度非线性电路，ADS也提供了瞬态辅助谐波平衡（Transient Assistant HB）的仿真方法，在电路分析时先执行瞬态分析，并将此瞬态分析的结果作为谐波平衡分析时的初始条件进行电路仿真，可以有效地解决在高度非线性的电路分析时发生的不收敛情况。

4. 电路包络分析

电路包络分析包含了时域与频域的分析方法，可以使用于包含调频信号的电路或通信系统中。电路包络分析借鉴了SPICE与谐波平衡两种仿真方法的优点，将较低频的调频信号用时域SPICE仿真方法来分析，而较高频的载波信号则用频域的谐波平衡仿真方法进行分析。

5. 射频系统分析

射频系统仿真分析包含了上述的线性分析、谐波平衡分析和电路包络分析，分别用来验证射频系统的无源元件与线性化系统模型特性、非线性系统模型特性、具有数字调频信号的系统特性。

6. 拖勒密分析

拖勒密分析方法可以仿真同时具有数字信号与模拟、高频信号的混合模式系统能力。

7. 电磁仿真分析

ADS 软件的 Momentum 平面电磁仿真分析可以用来仿真微带线、带状线、共面波导等的电磁特性，天线的辐射特性，以及电路板上的寄生、耦合效应。

ADS 软件除了具有上述的仿真分析功能外，还包含设计指南、仿真向导、仿真与结果显示模板、电子笔记本等其他辅助设计功能。同时还提供了与其他 EDA 软件和测试设备间的连接，如 SPICE 电路转换器、电路与布局文件格式转换器、布局转换器、SPICE 模型产生器和设计模型工具箱等。

4.2 ADS 基本使用

下面以 ADS2008 为例，简述其基本使用步骤。

（1）首先启动 ADS，弹出图 4.1 所示的主窗口界面。

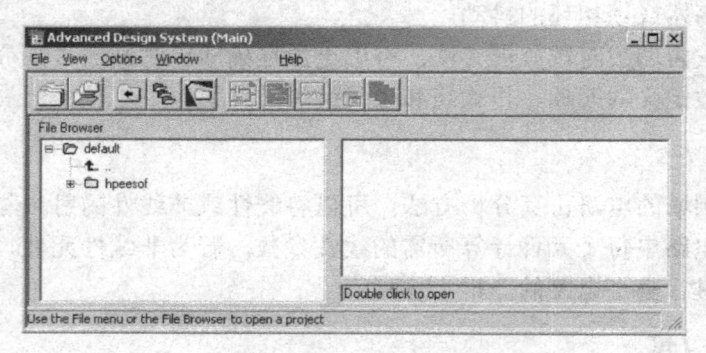

图 4.1 ADS 主窗口界面

（2）在主窗口界面的 File 菜单下，创建一个新的项目（Project），在弹出的窗口中，填入自己创建的项目 mytest 的文件夹路径与名称，如图 4.2 所示。

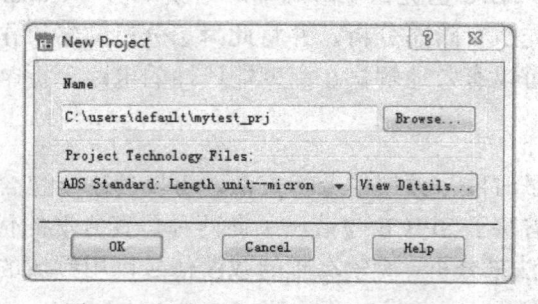

图 4.2 创建一个新的项目（Project）

第 4 章 ADS 射频集成电路仿真实例

新的 mytest 的 Project 建立完毕后，会出现一个空白的设计窗口。可以检查一下其中包括了 data、networks 等子路径。

在主窗口中，选择 DesignKit→Install ADS Design Kit，可以安装所需要的工艺库，如图 4.3 所示。

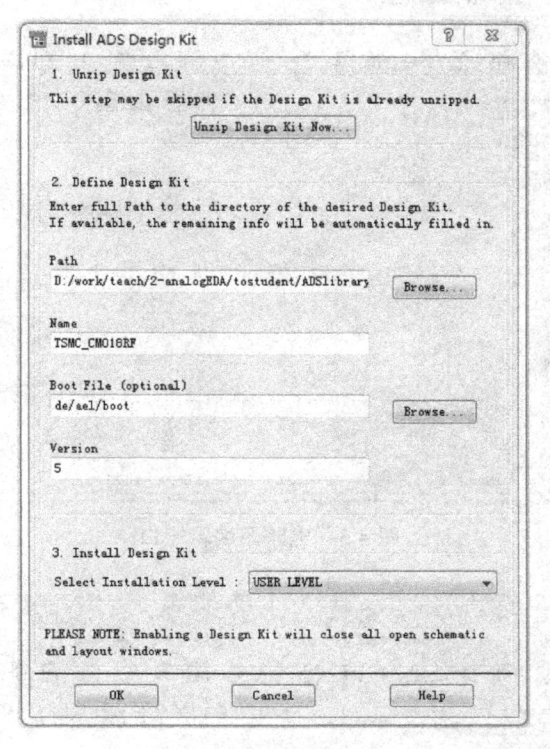

图 4.3　安装工艺库

（3）在新的 Project 中，创建一个新的设计（Design）。选择 File→New Design，弹出图 4.4 所示的窗口，填入所创建新设计的电路名称。

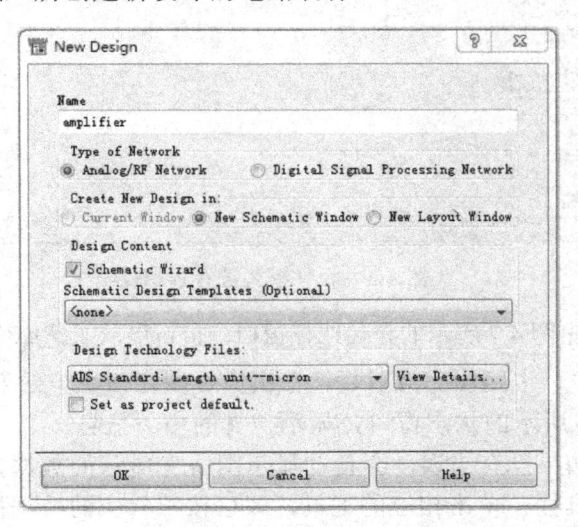

图 4.4　创建一个新的设计（Design）

单击 OK 按钮后，弹出新的电路图编辑窗口，如图 4.5 所示。图的左边的 Lumped-Components 中显示的为元件模型选择窗口，如图 4.6 所示，同时还有信号源选择窗口和仿真控制器选择窗口等。

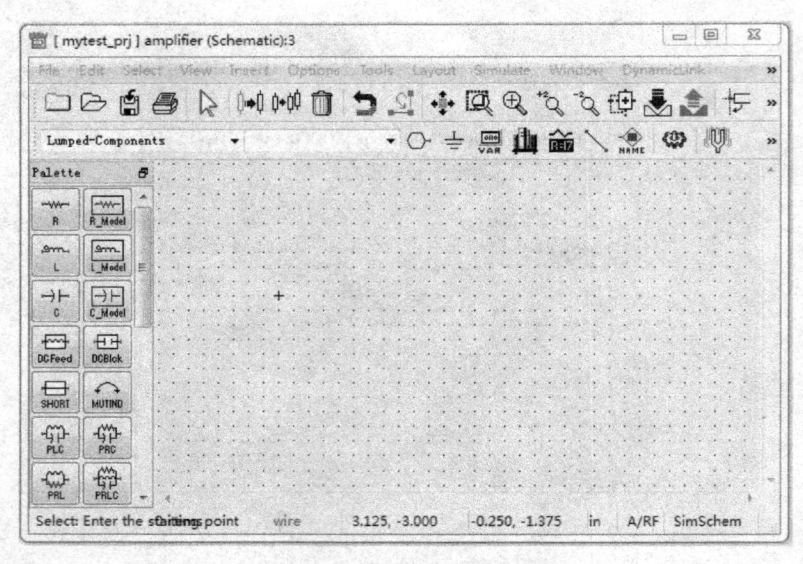

图 4.5　电路图编辑窗口

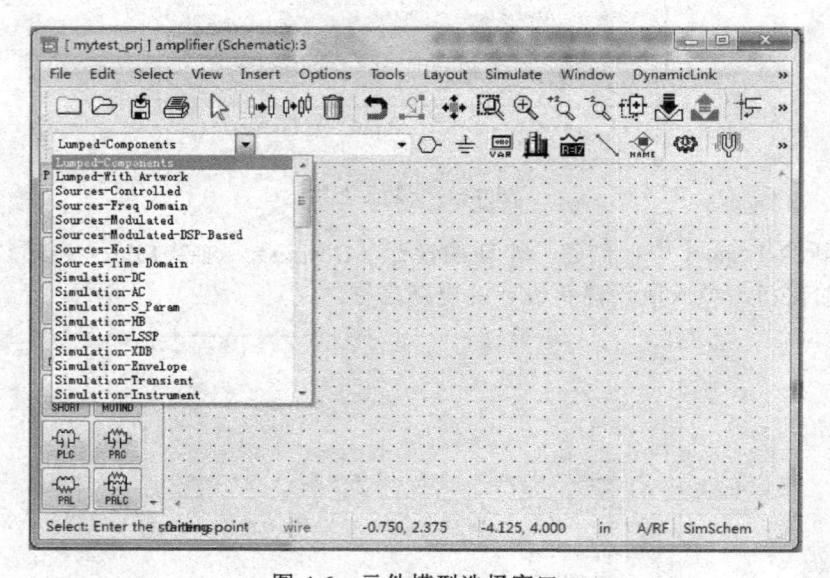

图 4.6　元件模型选择窗口

单击 图标，弹出图 4.7 所示的元件选择窗口，也可以从工艺库中选择所需要的元件。

（4）开始电路仿真。电路图完成以后，单击原理图窗口上方的 Simulate 图标，开始电路仿真。弹出图 4.8 所示的状态窗口，显示仿真的相关信息。

仿真完成以后，如果没有错误，会自动显示图 4.9 所示的数据显示窗口。其左侧为数据显示格式控制的工具栏，单击相应的工具，即可按照相应的数据格式输出仿真结果，如图形显示和数字显示等。

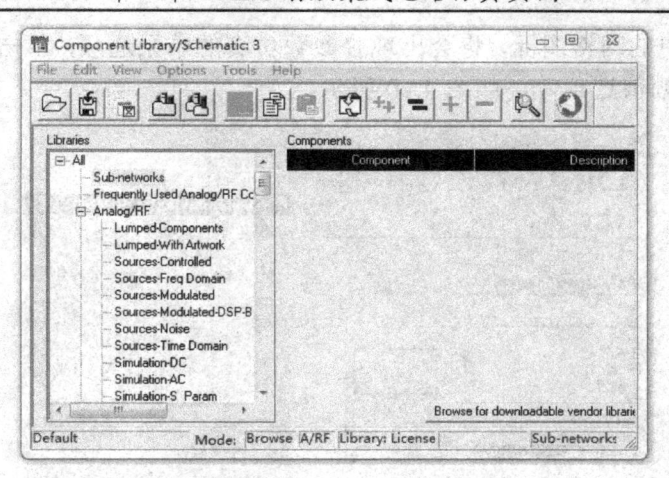

第 4 章 ADS 射频集成电路仿真实例

图 4.7 元件选择窗口

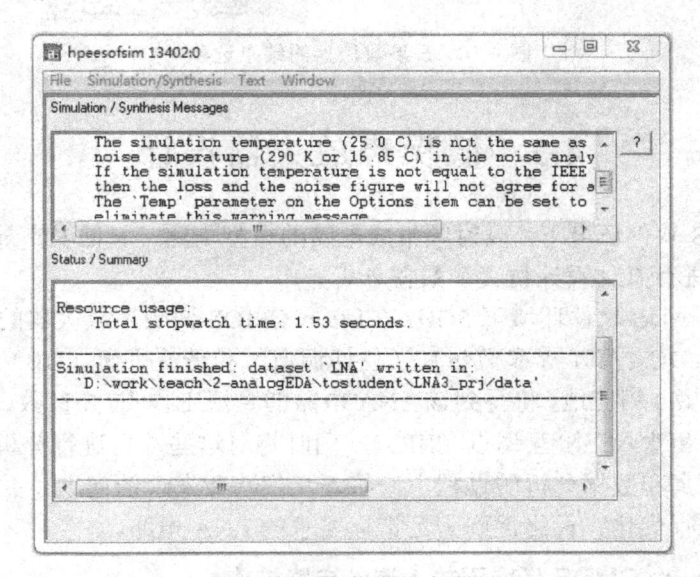

图 4.8 仿真信息状态窗口

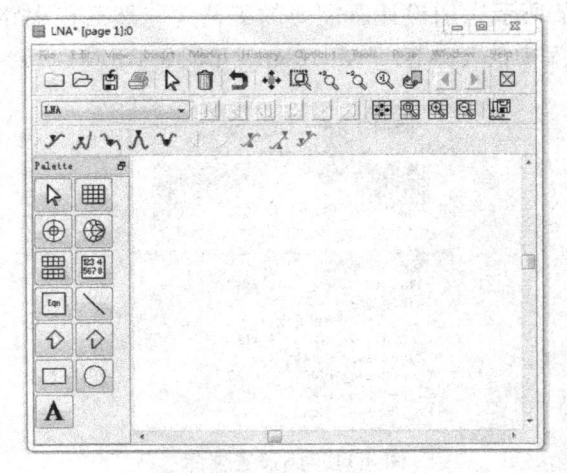

图 4.9 数据显示窗口

如单击图 4.9 中的网格图标,将会出现 S 参数仿真的结果选项,单击其中的 S(2,1),还将出现对数选项和幅值选项等,如图 4.10 所示。

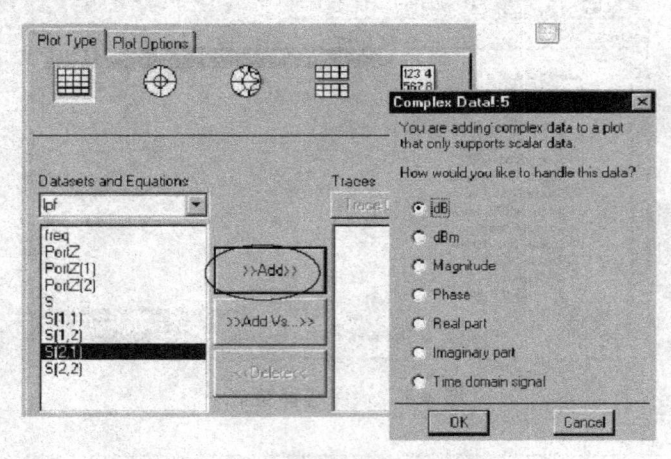

图 4.10 S 参数仿真的结果选项

4.3 低噪声放大器设计

本节将在 ADS 软件环境下,以射频集成电路的典型电路——低噪声放大器(LNA)为例,对 LNA 电路进行具体设计仿真和数据分析。

首先将给出在 ADS 软件环境下 5GHz 0.18μm CMOS 低噪声放大器的初步电路结构,然后对该电路进行 DC 仿真、S 参数仿真(包括调谐)和谐波平衡(HB)仿真,并根据设计指标逐步调整电路。相应地,将得到该 LNA 电路的直流工作点、S 参数、噪声系数、Smith 圆图、1dB 压缩点和输入三阶互调点(IIP3),同时将对这些数据进行分析。

在上述电路仿真和数据分析的过程中,将逐步解决所发现的问题,并及时修改电路元件参数,对电路进行优化,最终得到满足指标要求的 LNA 电路。

1. 5GHz 0.18μm CMOS 低噪声放大器的电路结构

首先,如本章 4.2 节所示添加设计所需要的工艺库,然后在电路图中添加图 4.11 所示工艺图标,选择该工艺库中的 TSMC_CM018RF_NMOS_RF MOS 管来构建基本电路。

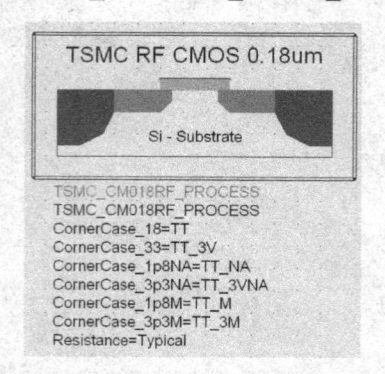

图 4.11 添加工艺库

第 4 章 ADS射频集成电路仿真实例

低噪声放大器初步电路如图 4.12 所示,LNA 选用差分共源共栅结构来获得低噪声和高增益的性能,考虑这个 LNA 电路具有窄频带的特点,而它的噪声特性和增益是需要经过优化才能达到较理想的值,因此在查阅了相关资料之后,取主放大晶体管的宽度为 2.5μm,这里共栅连接的晶体管具有与主放大晶体管相同的宽度。在主放大晶体管的源端分别加上源端负反馈电感 L1 和 L2,用来形成阻性的输入阻抗。显然,该输入阻抗只在一个特定谐振频率上才是纯电阻性的,正好可以利用这一方法提供窄带阻抗匹配。进一步,可以通过选择电感 L1 和 L2 的值来控制阻抗实数部分的值,即提供所希望的输入电阻。

由于输入阻抗只有在谐振时才是纯电阻性的,因此需要有一个由电感提供的附加的自由度来保证这一条件。考虑到这一点,加入电感 L6 和 L7 与主放大晶体管 M10 和 M12 的栅串联,使输入回路在所希望的工作频率下谐振。

共源共栅管 M9 和 M11 的作用是减少调谐输出与调谐输入之间的相互作用,并可以适当减小主放管的增益,从而减少主放管的 C_{gd} 所产生的密勒效应。在 M9 和 M11 漏端总的节点电容与电感 L8 和 L9 形成了谐振,此外,还加上了隔直电容 C13 和 C14,这两个电容同样与电感 L8 和 L9 构成谐振回路。另外,在输入和输出端并接了寄生效应产生的寄生电容 C9、C10 和 C16、C17,另外还有主器件源端的寄生电感 L3。这些寄生器件也会影响到输入/输出端的谐振特性。

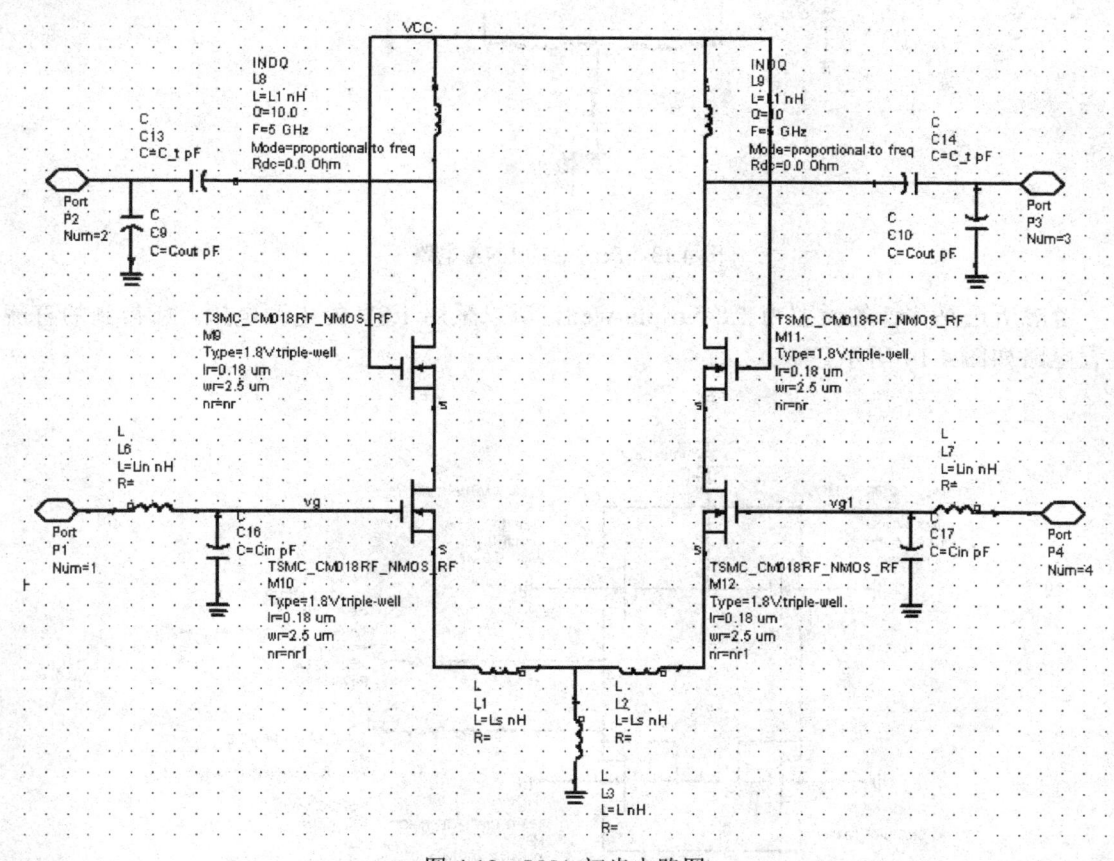

图 4.12 LNA 初步电路图

晶体管 M1 和 M2 的栅极输入端分别串接了一个 50Ω 的电阻来表示电路的源阻抗为

50Ω，对于两输入两输出的结构需要将输入和输出进行双转单。而源端和输出端的 50Ω 阻抗可以通过分别添加 Z=50Ω 的 Term 来解决。由此改进后的 LNA 电路，如图 4.13 所示。

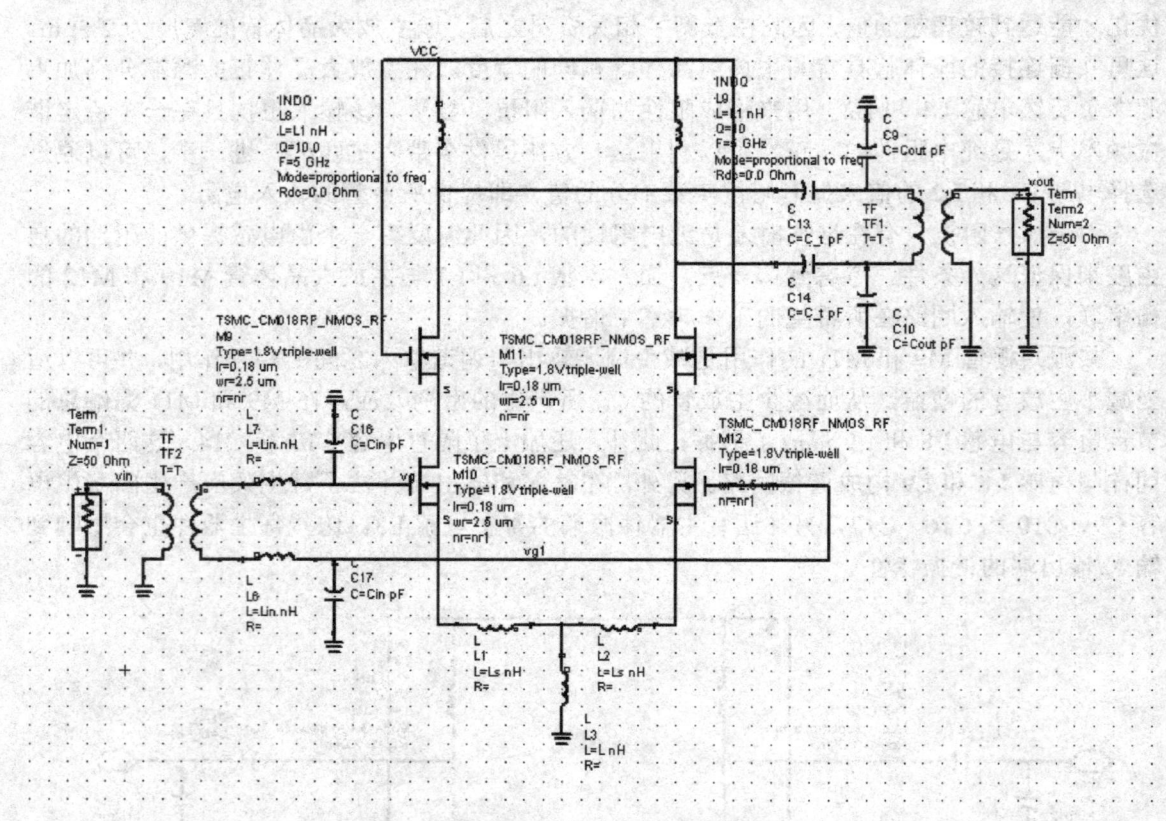

图 4.13 改进后的 LNA 电路

考虑所选晶体管的类型为 1.8V triple-well，所以采用 1.8V 的电源电压，所得到的直流偏置电路如图 4.14 所示。

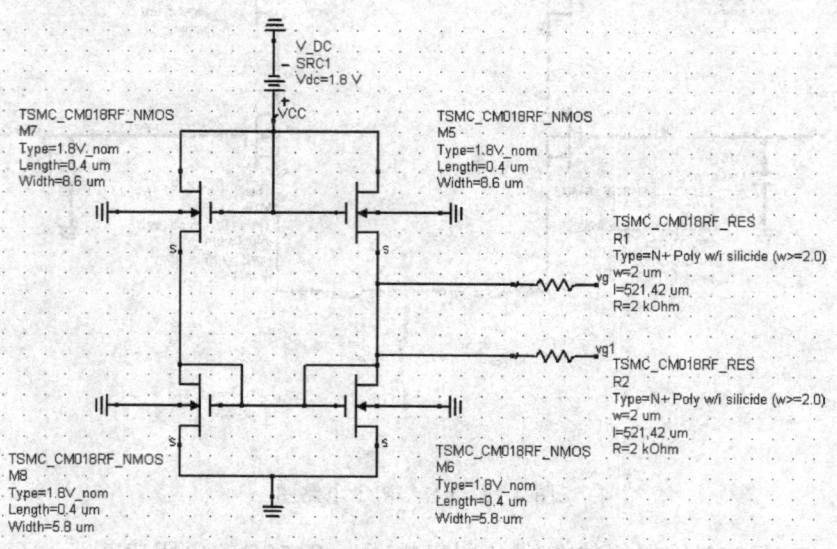

图 4.14 直流偏置电路

由此得到了 5GHz 0.18μm CMOS 低噪声放大器的初步电路。下面将对该电路进行 DC 仿真，S 参数仿真（包括调谐）和谐波平衡（HB）仿真，并在这个过程中逐步完善元件的参数。

2．DC 仿真

首先进行电路的直流仿真，在上述电路图中加入 DC 仿真控件后，就可对其进行直流仿真了。仿真结果如图 4.15 所示。

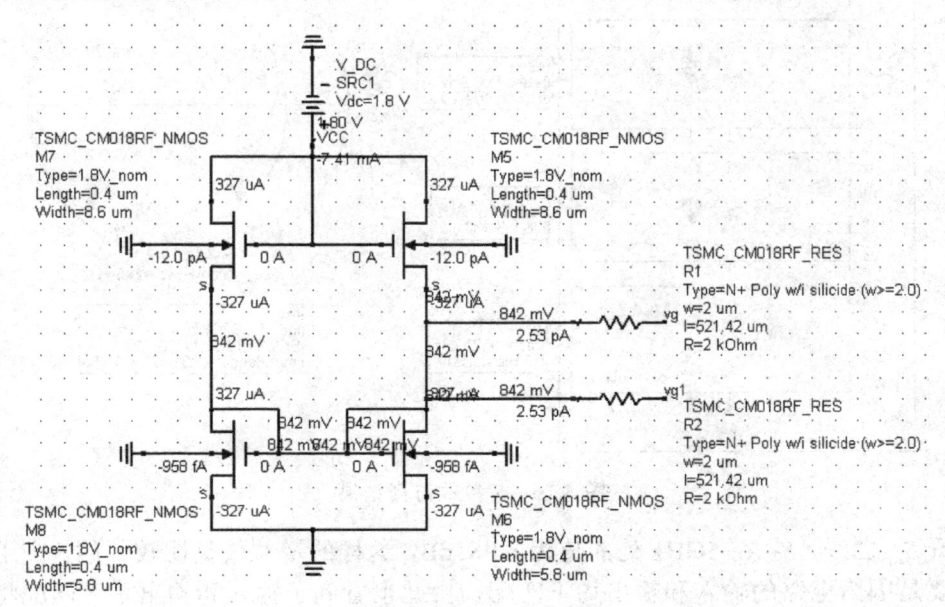

图 4.15　DC 仿真结果

可以看到，电路的输出偏置电压是 842mV。

3．S 参数仿真

（1）初步仿真

电路中很多元件的参数是有待优化的，因此需要用变量值来定义这些器件的参数。先定义 6 个待优化变量：输入端栅极电感 L_{in}=3nH，输入源端负反馈电感 L_s=0.9nH，输出漏端电感 L_1=3.8nH，输入端寄生电容 C_{in}=0.1pF，输出端寄生电容 C_{out}=0.1pF，输出端隔直电容 C_t=0.17pF。

将这些数值代入电路进行 S 参数仿真，取输入反射系数 S_{11}、正向传输系数（增益）S_{21}、输出反射系数 S_{22}、输出端噪声系数 nf2 和最小噪声系数 NF_{min} 作为仿真结果输出。仿真结果如图 4.16 所示。左边为设定的参数输出，右边为 S_{11} 和 S_{22} 在 Smith 图中的曲线。下面对其进行分析。

在 5GHz 处，S_{11} 值为−0.55dB，S_{22} 值为−2.726dB，而在 Smith 圆中，S_{11} 和 S_{22} 的值都远离中心点的特征阻抗。由这两个仿真结果都可以看出，LNA 电路的输入端和输出端的谐振频率偏离 5GHz 较远，输入匹配和输出匹配都不是很理想。必须调节这两端的电容值和电感值来改善其谐振的频率值。

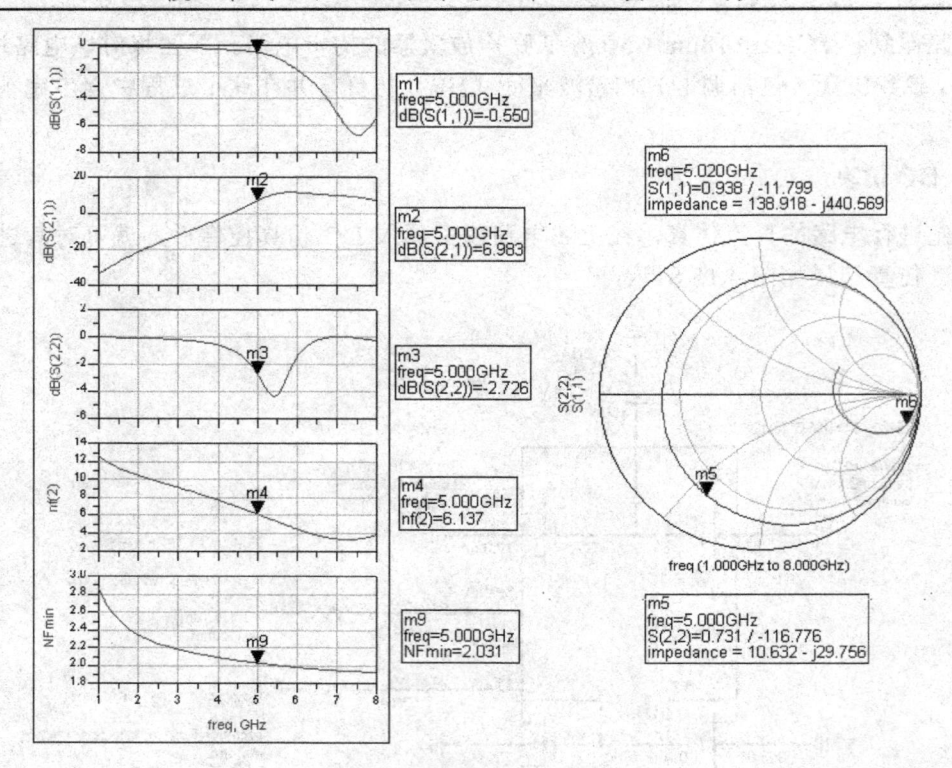

图 4.16　S 参数仿真结果

再看 S_{21} 曲线，S_{21} 在 5GHz 处的值为 6.983dB，这样的增益值是比较低的。产生这样的结果主要是因为电路的输入和输出均不匹配，由此也看到了输入和输出是否匹配将严重影响电路的增益性能。

下面看一下电路的噪声特性。在 5GHz 处，nf2 的值为 6.137dB，而 NF_{min} 的值为 2.031dB。二者的差距也很大的，原因是电路的谐振点远离了 5GHz，导致其阻抗值在 5GHz 处没有表现出纯电阻特性，从而使噪声特性变差。

（2）调谐优化

单击 (Tune) 图标，将进入图 4.17 所示的调谐模式。

图 4.17　调谐模式

选择要调谐的元件参数而非元件本身，按住 Ctrl 键可以选择多个要调谐的参数，如图 4.18 所示。

第 4 章 ADS 射频集成电路仿真实例

```
VAR                    VAR
VAR2                   VAR3
Lg=3.0e-9              Cout=0.05
Ls=0.9e-009            Cin=0.06
                       t_C=16.31 um
```

图 4.18 调谐参数选择

根据上面的初步仿真,选择上文提到的 6 个待优化变量作为参数来进行调谐,选完后将出现参数调谐优化窗口,如图 4.19 所示。

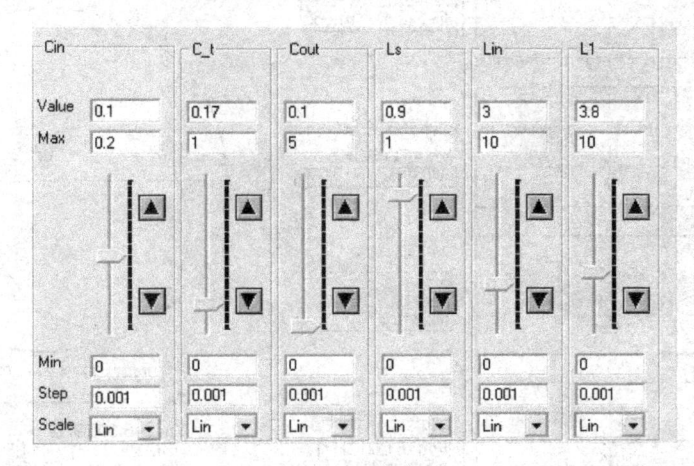

Cin	C_t	Cout	Ls	Lin	L1
Value 0.1	0.17	0.1	0.9	3	3.8
Max 0.2	1	5	1	10	10
Min 0	0	0	0	0	0
Step 0.001	0.001	0.001	0.001	0.001	0.001
Scale Lin	Lin	Lin	Lin	Lin	Lin

图 4.19 调谐优化窗口

由于每个参数对电路性能都有影响,且参数比较多,因此要达到比较理想的结果需要进行反复、耐心的调节。

对于输入匹配,可以通过改变源极负反馈电感 L_s 的大小来调节,由输入阻抗的公式 $Z_{in}=\omega_T \times L_s + sL_s + 1/(sC_{GS})$ 可知,增大和减小 L_s 的值可以增大和减小输入电阻。但是,同时还注意到谐振公式 $\omega_L=1/\omega_C$,在这个电路中 $L=L_{in}+L_s$,所以改变 L_s 的大小虽然可以使输入阻抗的值接近于匹配,然而却有破坏谐振频率点的危险,所以,有必要根据谐振频率点的偏移来改变 L_{in} 的大小,调节输入端的谐振频率点,使其向 5GHz 靠近。

对于输出匹配而言,主要通过改变两个电容的值,也即 C_{out} 和 C_t 的大小来调节输出阻抗,而调节输出谐振频率点则可以通过在保持 C_{out}/C_t 的值不变的条件下,改变其中一个电容的值来实现。

对于电路的噪声值特性,由于所设计 LNA 电路具有窄频带工作的特点,所以可以期望通过以上的谐振点调节,来使噪声值在 5GHz 附近降低到可接受的范围之内。

还有一个值得注意的问题是:在通过改变源极负反馈电感 L_s 和栅极电感 L_{in} 以调节输入匹配和调整输入端谐振频率点时,它所产生的影响不仅仅是对输入端而言的,而是对整个电路都会产生影响。实际的调谐过程也证明了,改变 L_s 和 L_{in} 的大小也会影响输出匹配和输出端的谐振频率点。同理,在改变 C_{out} 和 C_t 的大小以调节输出匹配和输出端的谐振频率点时,也会对输入端产生影响。所以在可能的情况下,只有同时改变上述参数,才能使整个电路的性能达到要求。

经过繁杂的调谐之后，得到了图 4.20 所示的调谐后的仿真结果。

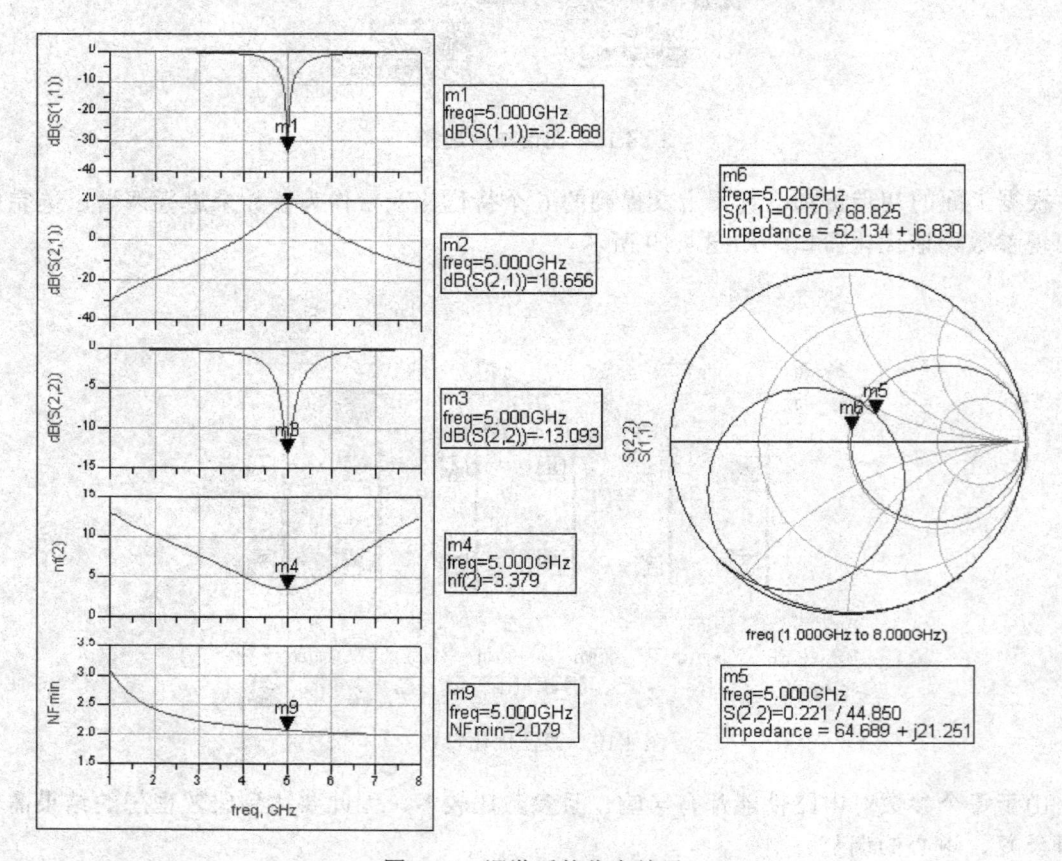

图 4.20 调谐后的仿真结果

可以看到，在 5GHz 处，输入反射系数 S_{11}=-32.868dB，已满足指标；电路的功率增益 S_{21}=18.656dB，也较为理想；输出反射系数 S_{22}=-13.093dB，还是不甚理想。然而与上面的初始电路相比，该 LNA 电路的输入匹配和输出匹配还是有了较为明显的改善，输入/输出谐振点也达到了 5GHz 附近。而噪声系数也从原来的 6.137dB 降到了 3.379dB，噪声性能有了很好的提高。另外，从 Smith 图中也可以看出，S_{11} 和 S_{22} 在 5GHz 处的值离中心点特征阻抗更近了，电路的输入/输出匹配和谐振频率点较初步电路有了改善。

上述结果为下面的参数优化工作提供了便利。

（3）控件优化

上面的调谐优化结果与本设计指标还有一定的差距，下面就将使用 ADS 软件中的 OPTIM 控件和 GOAL 控件来进行参数的进一步优化。

在上一步调谐优化中得到了 6 个参数值，这里将以它们各自为中心做适当的扩展，从而得到 6 个参数值范围，继而在这个范围内进行优化。

在左侧的 Component Palette List 中选择 Optim/stat/Yield/DOE，在原理图中加入优化控件和目标，如图 4.21 所示。

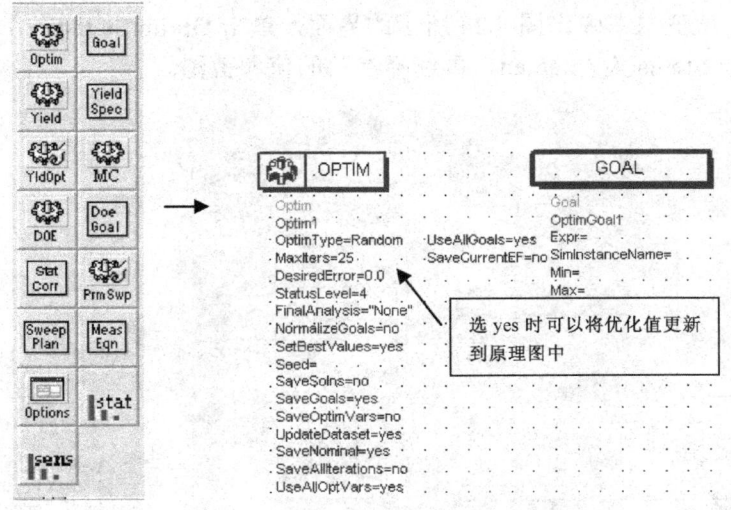

图 4.21 优化控件

双击可以打开图 4.22 所示的对话框。

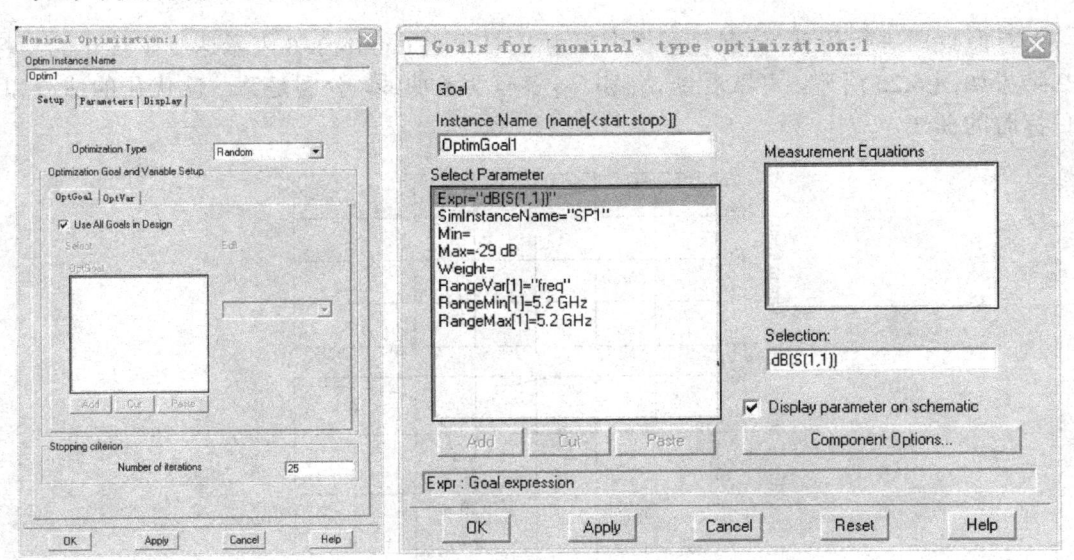

图 4.22 优化控件选项

图 4.22 是优化 S_{11} 的目标（小于-29dB），SP1 是 S_Param Simulation Controller 的名字。如果做其他的仿真，如 DC 仿真，则将它换成 DC Simulation Controller 的名字，再加入其他的仿真目标，如 S_{21}、S_{22}、nf2 等。为了节省仿真时间，只选择 S_{11} 和 S_{22} 来优化，目标同样是小于-29dB。左侧的 Optim Simulation Controller 只需将 MaxIter 改成 1000 次即可。

选择为达到目标需要进行优化的元件的参数，有如下两种方法。

① 在元件参数后加 opt{ } 函数，{ } 内是参数值的范围，如图 4.23 所示。

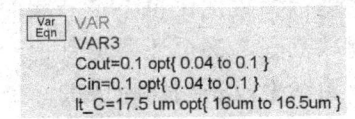

图 4.23 优化元件参数的函数表示

② 双击元件或变量，弹出图 4.24 所示的界面，单击 Optim/Statistics/DOE Setup 按钮，选择 Optimization Status 为 Enabled，再选择参数的值和范围。

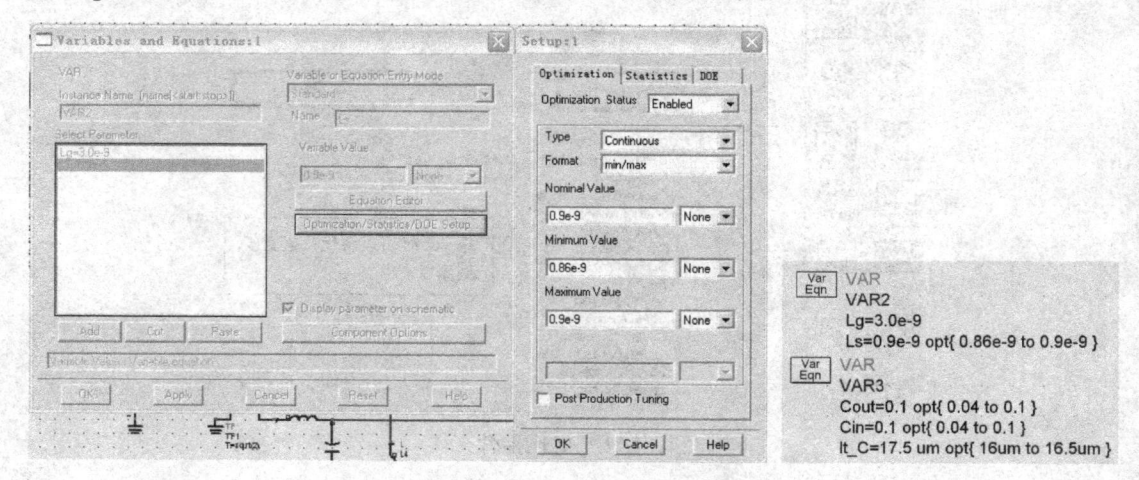

图 4.24 优化元件参数界面设定

保存原理图进行仿真，仿真状态栏中出现 EF(ErrorFunction)=0 表示达到了优化的目标。仿真结果如图 4.25 所示，可以看到 S_{11} 和 S_{22} 各有两条曲线，分别是第一次优化的曲线和达到目标时的曲线。

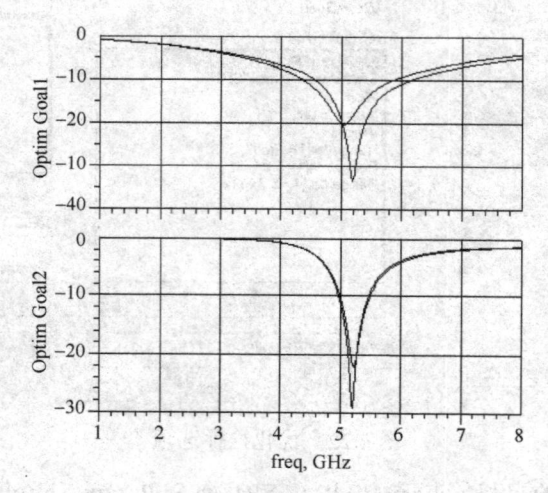

图 4.25 优化设计的 S 参数曲线

在 Optim Simulation Controller 中选择 Save data for iteration(s):Last，可以只保存最后达到目标时的曲线。

因为选择的是随机的优化类型，而且有 1000 次的限制，所以优化得到的参数和调谐得到的是有区别的。在菜单中选择 Simulate→Update Optimization Values，可以将优化的数据更新到原理图中。使用优化控件进行参数优化也不是一蹴而就的事情，在每一轮的优化过程后，都需要人为调整参数的测试范围，甚至还要退到上一步的手动调谐中进行调整。总之，控件优化与调谐优化这两种调试手段是相辅相成的。

经过反复的调整与测试之后，得到了仅考虑 S 参数与噪声系数的 LNA 电路参数，由这些参数仿真得到的电路性能如图 4.26 所示。

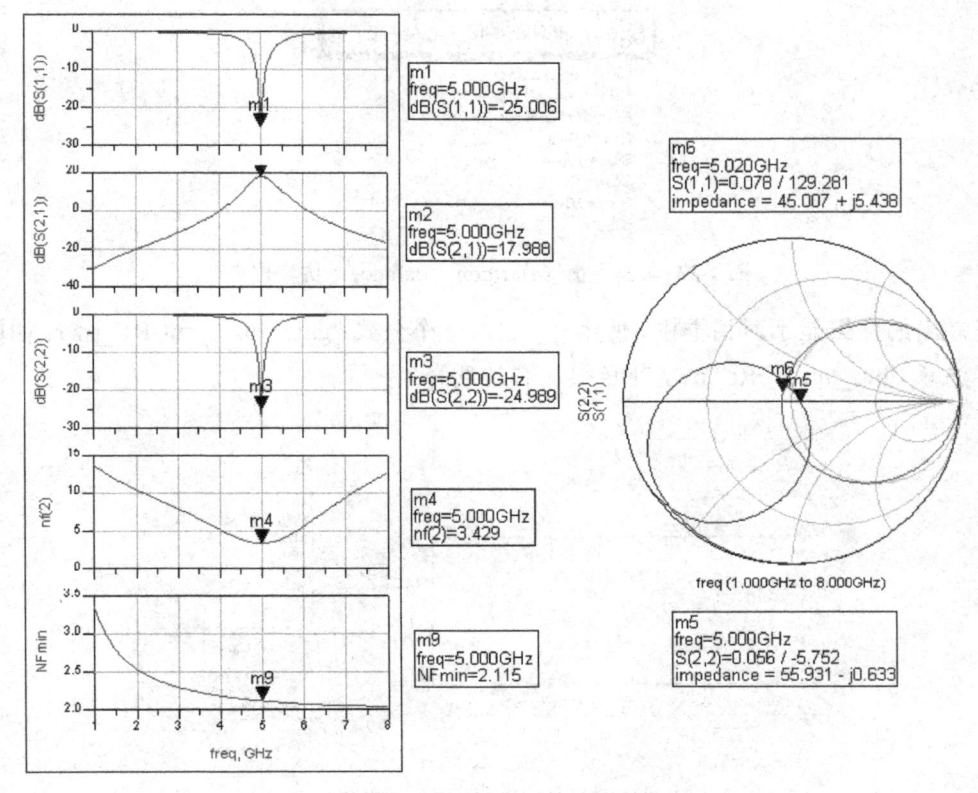

图 4.26 控件优化后的仿真结果

在 5GHz 处，输入反射系数 $S_{11}=-25.006$dB，已满足指标；电路的功率增益 $S_{21}=17.988$dB，也较为理想；输出反射系数 S_{22} 也从原来的-13.093dB 降低到了-24.989dB，有了很大的改善。说明该 LNA 电路的输入匹配和输出匹配有了更好的提高，输入/输出谐振也更加完善。虽然电路的噪声系数由原来的 3.379dB 变成了 3.429dB，但却换来了输出端反射系数 S_{22} 值的极大改善。

另外在 Smith 图中，S_{11} 和 S_{22} 在 5GHz 处的值已离中心点特征阻抗很近了。这同样说明电路的输入/输出端的匹配已经较为理想。

然而这仅是考虑 S 参数与噪声系数的优化结果，在下面的 1dB 压缩点仿真中，将会发现电路的线性度特性并不符合设计指标的要求，需要继续进行电路的优化。

4．1dB 压缩点仿真

（1）1dB 压缩点初步仿真

1dB 压缩点是度量电路线性度的重要指标之一，如果用对数来表示放大器的输入和输出信号幅度（功率），可以清楚地看到输出功率随输入功率的增大而偏离线性关系的情况。当输出功率与理想的线性情况偏离达到 1dB 时，放大器的功率增益也下降了 1dB，此时的输入信号功率（或幅度）值称为 1-dB 增益压缩点（1-dB Gain Compression Point）。

使用上述参数，采用谐波平衡（Harmonic Balance）控件进行仿真，设置 HB Simulation Controller，如图 4.27 所示。

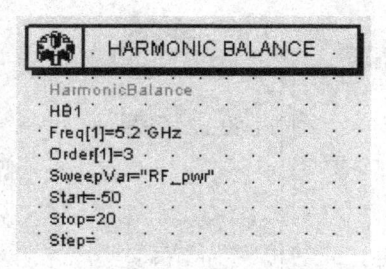

图 4.27 谐波平衡（Harmonic Balance）仿真控件

在弹出的数据显示对话框中，使用 [Eqn] 加入一个公式：gain=dbm_out-RF_pwr，如图 4.28 所示，注意 dbm_out 和 RF_pwr 都必须从右边选择。

图 4.28 增益表达式设置

作出 gain 与扫描变量 RF_pwr 的关系图，如图 4.29 所示。

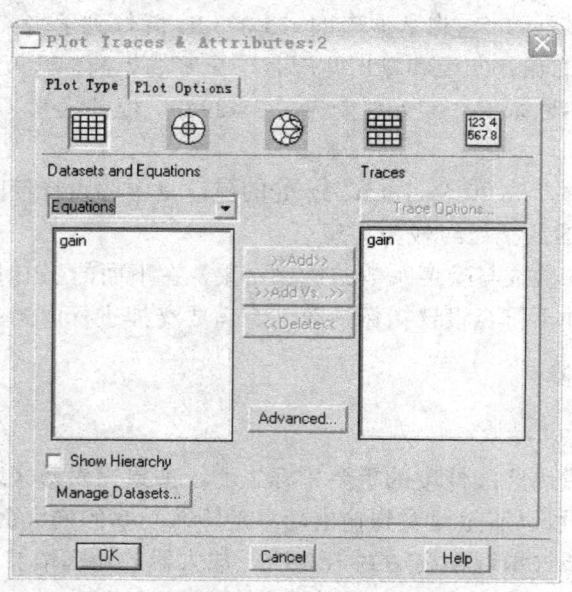

图 4.29 增益关系式

第4章 ADS射频集成电路仿真实例

注意 Datasets and Equations 下拉菜单中应选择 Equations，不同于原理图中的 Measurement Equation:dbm_out，gain 是一个根据仿真数据算出来的值，而 dbm_out 是一个仿真数据，得到的 gain 曲线如图 4.30 所示。

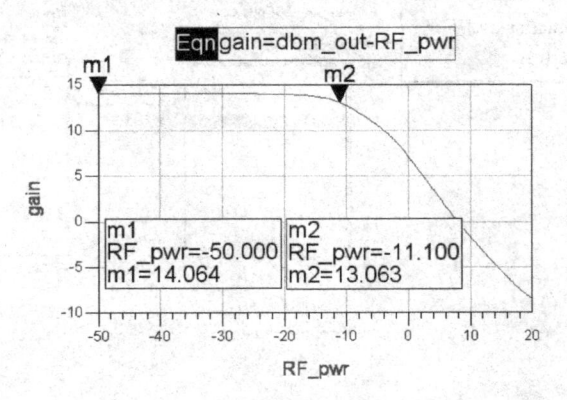

图 4.30 增益与输入功率的关系曲线

在曲线上加入 maker，m1 和 m2，从图中可以清楚地看到，随着 RF_pwr 的增加，LNA 产生了增益压缩现象，1dB 压缩点为-11.1dBm。

保存数据显示文件，再添加 dbm_out，作出输出功率随 RF_pwr 变化的曲线，如图 4.31 所示。

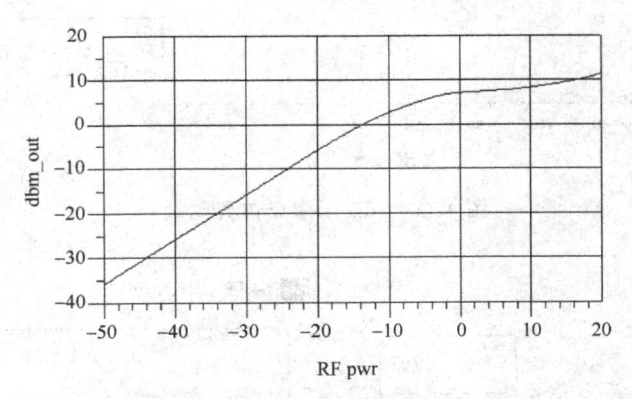

图 4.31 输出功率与输入功率的关系曲线

同样可以看到，输出功率随输入功率的变化为非线性，下面在图 4.32 中添加一条参考直线，加入变量名为 line 的公式。

Eqn line=RF_pwr+gain[0]

添加后的图如图 4.33 所示，在两条曲线上加入 marker，读出相差 1dB 时的 RF_pwr 值，即为 1dB 压缩点。最终分别得到增益与输入功率、输出功率与输入功率的关系曲线，如图 4.34 所示。

可以看出，1dB 压缩点位于-17.88dBm 处，表示当输入功率达到-17.88dBm 时，输出功率与理想的线性情况偏离达到了 1dB，此时放大器的增益下降了 1dB。显然该值不满足不低于-10dBm 的设计指标。因此下面将在保持原有输入/输出特性的基础上，调整个别元件的参数，必要时添加一些元件，结合 ADS 软件的优化控件功能来改善电路的 1dB 压缩点。

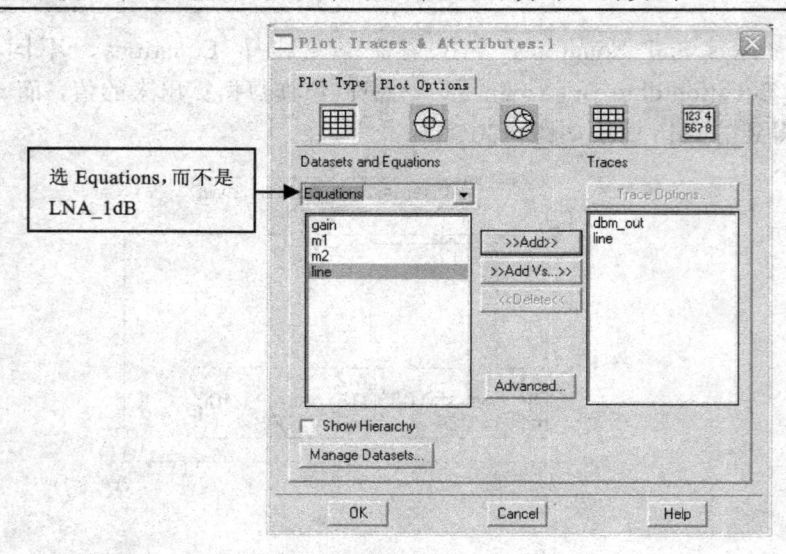

图 4.32　参考曲线设置

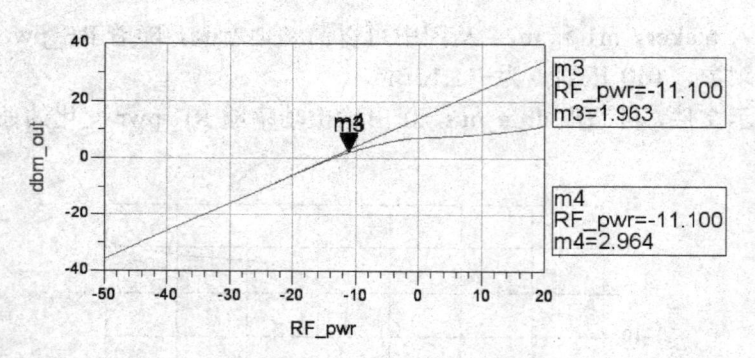

图 4.33　1dB 压缩点仿真设置

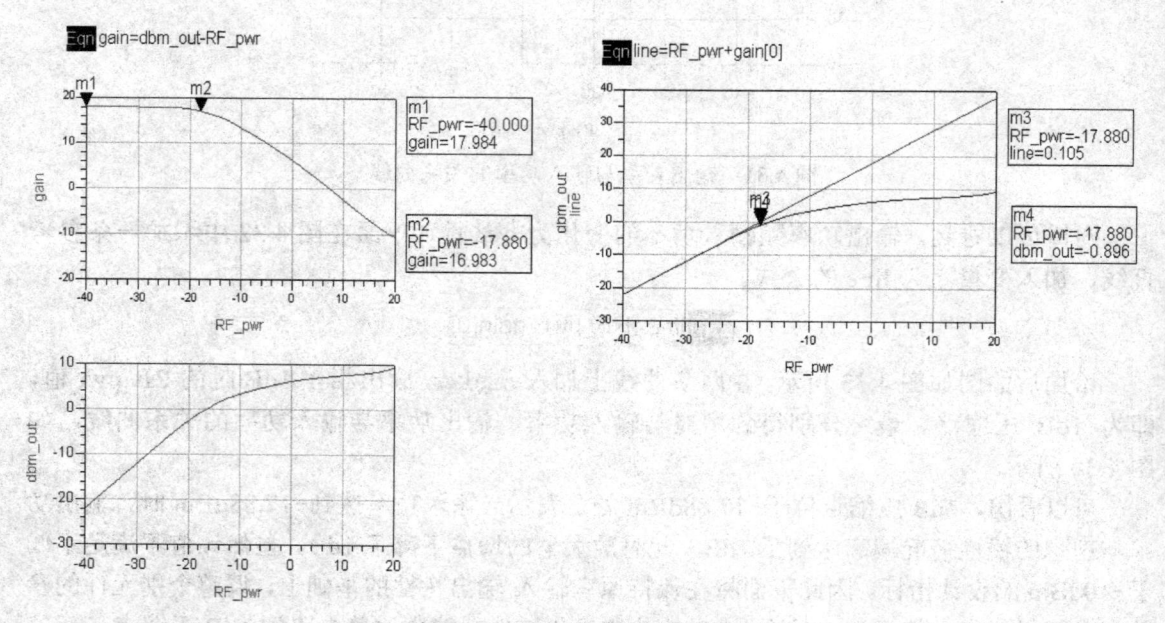

图 4.34　1dB 压缩点仿真结果

（2）进一步的参数优化

根据负反馈的理论，增大源极负反馈电感的值可以改善电路的线性度，但会在一定程度上降低系统的增益。因此可以通过适当增大 L_s 的值来增大 1dB 压缩点。另一方面，由于在输出端由 L_{in}、L_s 和主放大晶体管 MOS 管中电容 C_{GS} 形成谐振网络，所以改变 L_s，谐振网络中其他的电感、电容元件必须要改变。考虑到晶体管尺寸已选定，C_{GS} 的值无法调节。为了抵消 L_s 增大所带来的对谐振频率的影响，在主放大晶体管 MOS 管的源极和栅极之间加上一个电容 C_n，调节 C_n 的值就相当于调节了 C_{GS} 的值，如图 4.35 所示。

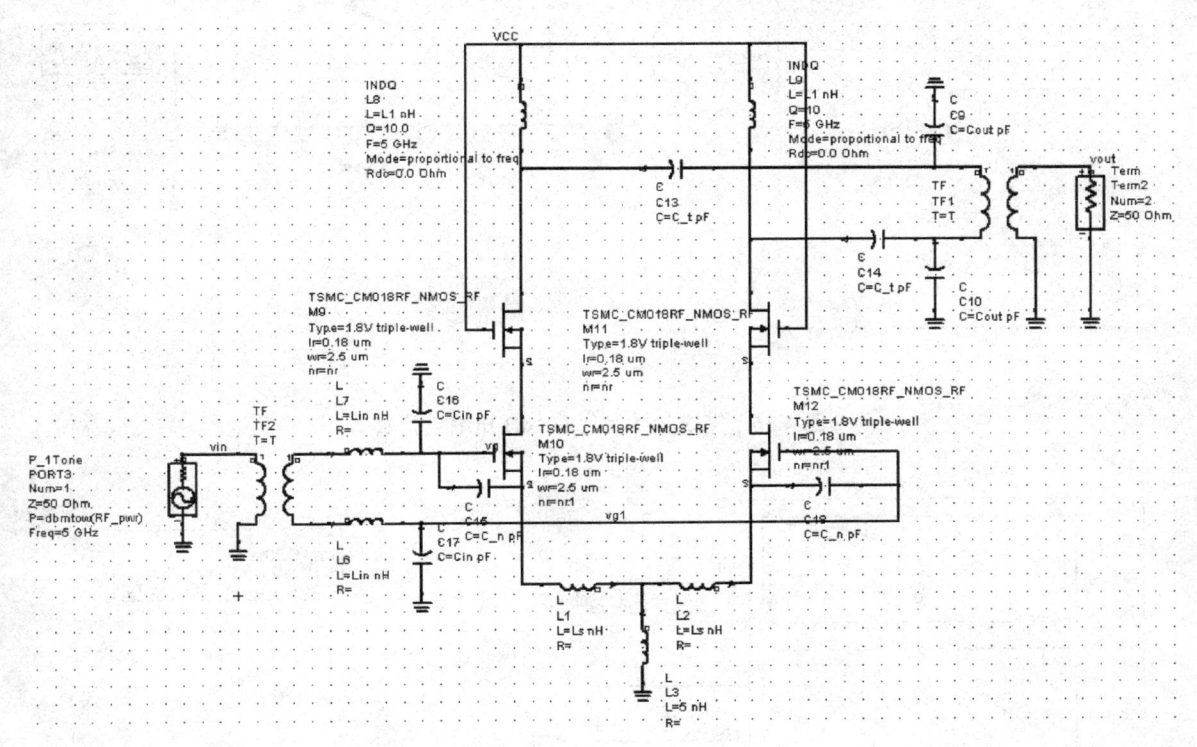

图 4.35 加入 C_n 后的 LNA 电路图

电路中各参数是一个有机整体，它们会不同程度地影响整个电路的性能。在调整参数时，很有可能满足了某几个性能，而另一些性能却得不到满足。因此在调整电路参数时，需要有整体的思想，应从全局的高度去把握整个电路的性能，从而对其合理地进行优化。

经过繁杂的调谐、参数优化和多次仿真，最终得到了符合设计指标的 1dB 压缩点性能。仿真结果如图 4.36 所示。

经过调整后，1dB 压缩点从原来的-17.88dBm 处上升到了-8.746dBm 处，这表示当输入功率达到-8.746dBm 时，输出功率与理想的线性情况才偏离 1dB，此时放大器的增益下降了 1dB，该值完全满足设计指标。

再来看一下调整后电路的 S 参数及噪声系数性能，对上述电路进行仿真后得到图 4.37。在 5GHz 处，输入反射系数 S_{11} 从原来的-25.006dB 下降到了-26.060dB；电路的功率增益 S_{21}=8.975dB；输出反射系数 S_{22} 也从原来的-24.989dB 下降到了-28.443dB。这说明该 LNA

电路的输入匹配和输出匹配有了更好的提高，输入/输出谐振也更加完善。电路的噪声系数由原来的 3.429dB 改善为 3.086dB。

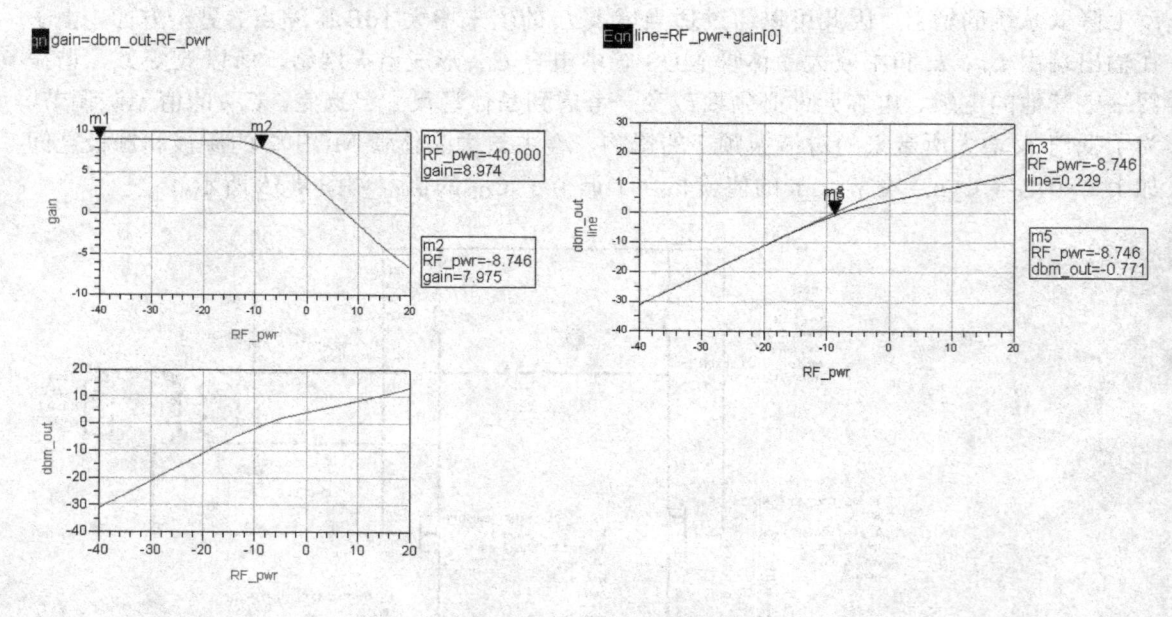

图 4.36 完成参数优化的 1dB 压缩点仿真

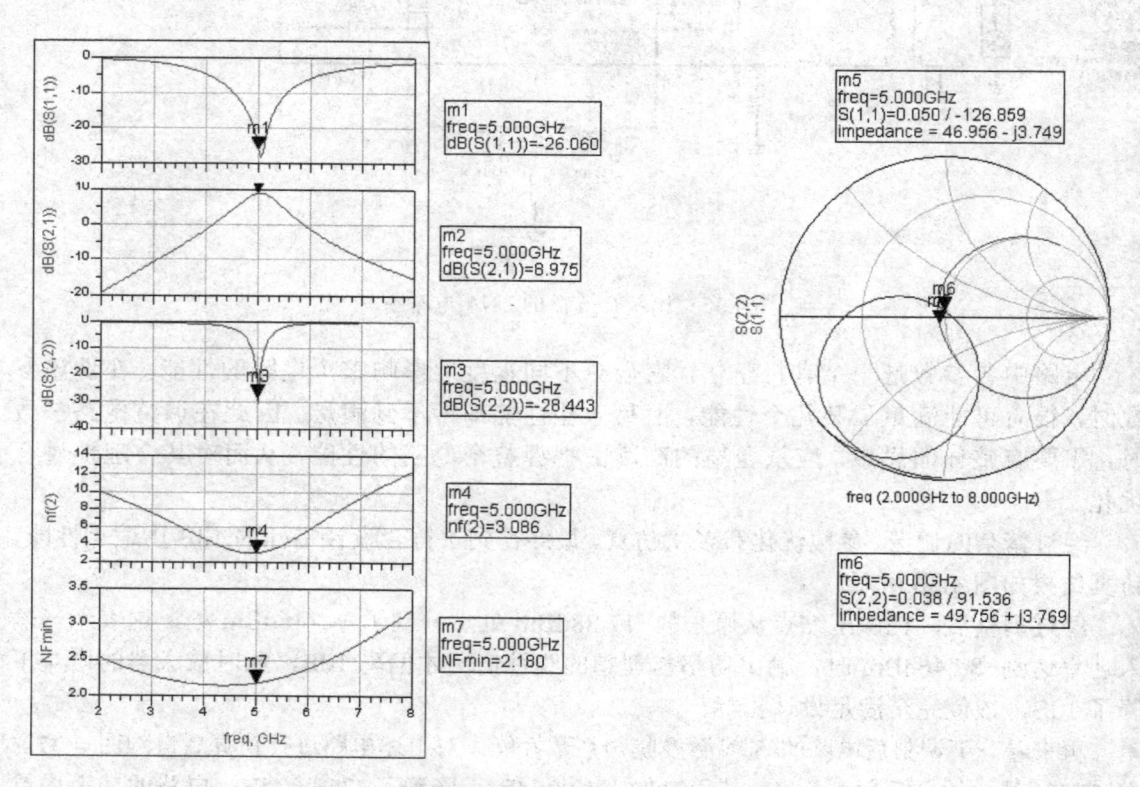

图 4.37 完成参数优化的 S 参数及噪声系数仿真

第4章 ADS射频集成电路仿真实例

虽然电路增益值较调整之前有所下降，但换来了线性度的极大提高。LNA 处于射频接收机的最前端，后面还有一系列器件要级联，根据级联系统的增益与线性度关系

$$\text{IIP3} = \cfrac{1}{\left[\cfrac{1}{\text{IIP3}_1} + \cfrac{A_{v1}}{\text{IIP3}_2} + \cfrac{(A_{v1}A_{v2})^2}{\text{IIP3}_3}\right]}$$

可知，要提高模块的线性度，除了提高各级电路的线性度之外，各级的增益不能太高，用适当降低增益来换取电路的线性度是可取的。

另外在 Smith 图中可以看出，S_{11} 和 S_{22} 在 5GHz 处的值已经几乎在中心点特征阻抗处了，这从另一个角度说明，电路的输入/输出端的匹配已经较为理想。

从上述仿真结果可以看出，该 LNA 电路的 S 参数、1dB 压缩点性能都已经满足了设计的指标。

5．输入三阶互调阻断点（IIP3）仿真

下面将对该 LNA 电路的另一个线性度指标——输入三阶互调阻断点（IIP3）进行仿真。

在上述电路图中加入 IP3out 控件，同时将输入端的 50Ω 终端换为双频的源，并建立新的变量作为该源的频率。经仿真后，得到图 4.38 所示的一组曲线，分别沿一次互调量曲线和三次项互调量曲线的线性部分各作出一条直线，由定义可知，这两条直线的斜率比近似为 1:3；它们交点处的输入功率即为输入三阶互调点（IIP3）。由图 4.38 可以看出，该 LNA 电路输入三阶互调阻断点的值大约为 2.182dBm。

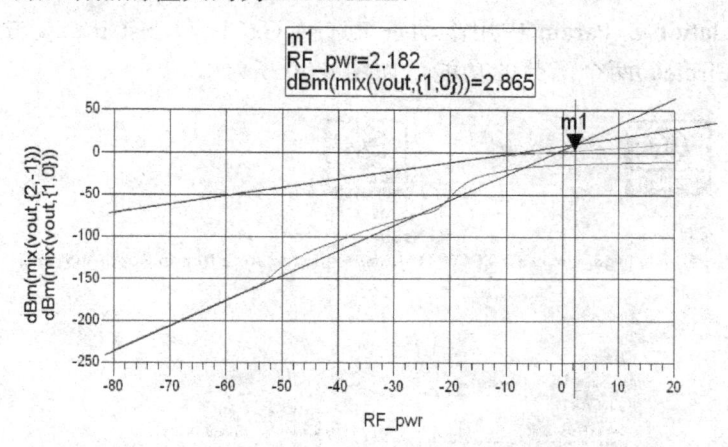

图 4.38 输入三阶互调阻断点（IIP3）仿真（1）

由于图中的直线都是手工绘制的，因此精确度必然较低。为了更加准确地得到电路的输入三阶互调阻断点，用 ADS 软件中的公式编辑器进行仿真。这里编辑公式 tone1 和 tone3，分别得出一次互调量和三次项互调量两条直线，如图 4.39 所示。

在图中加入 maker，m1 和 m2，可以读出输入三阶互调阻断点（IIP3）的精确值为 2.282dBm。上文中得到的系统 1dB 压缩点的值为-8.746dBm，二者相差 11.028dB。该结果与输入三阶互调点比 1dB 压缩点高 10dB 左右的理论值是一致的。

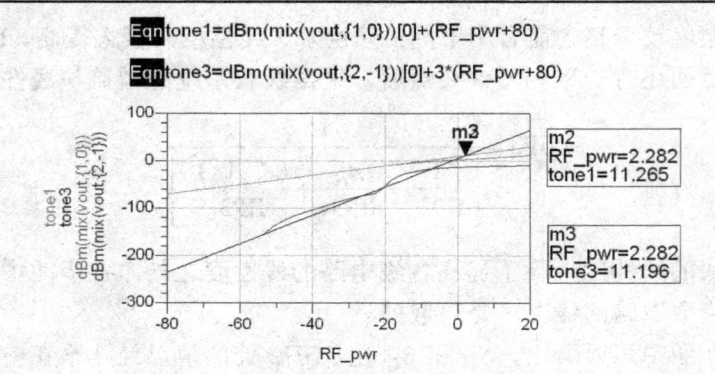

Eqn tone1=dBm(mix(vout,{1,0}))[0]+(RF_pwr+80)

Eqn tone3=dBm(mix(vout,{2,-1}))[0]+3*(RF_pwr+80)

m2
RF_pwr=2.282
tone1=11.265

m3
RF_pwr=2.282
tone3=11.196

图 4.39　输入三阶互调阻断点（IIP3）仿真（2）

本次设计得到的最终仿真结果如表 4.1 所示。

表 4.1　低噪声放大器最终仿真结果

S_{11}	−26.060dB
S_{21}	8.975dB
S_{22}	−28.443dB
nf2	3.086dB
1dB 压缩点	−8.746dBm
输入三阶互调阻断点（IIP3）	2.282dBm

6．LNA 的等增益圆与等噪声系数圆

（1）在 Simulation-S_Param 中用滚动条来选择 GaCir 和 NsCir，双击它们，可以看到 GaCircle( )和 NsCircle( )两个函数的功能，如图 4.40 所示。

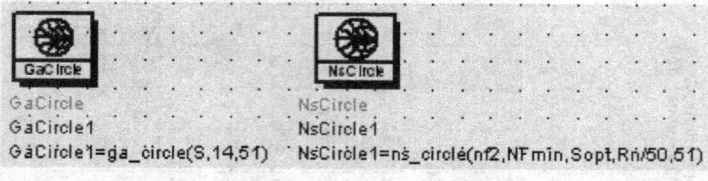

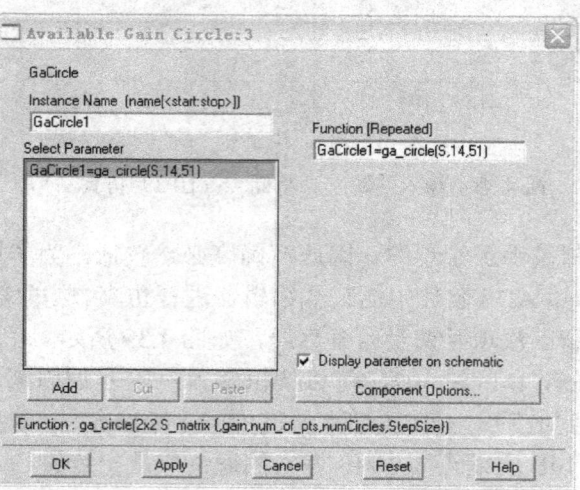

图 4.40　等增益圆与等噪声系数圆设置

第 4 章 ADS 射频集成电路仿真实例

（2）进行 Simulation Setup，如图 4.41 所示。

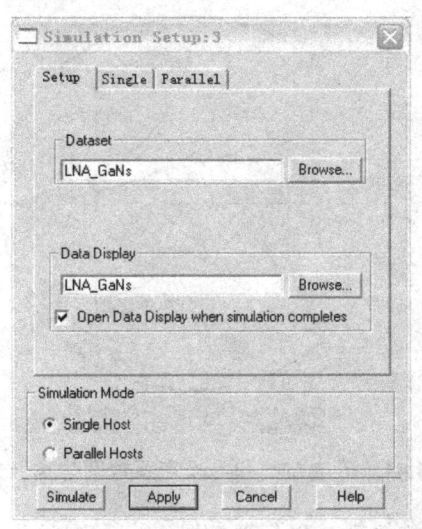

图 4.41 仿真设置

（3）仿真后在新打开的显示窗口中添加等增益（资用功率增益 Available Gain）圆和等噪声系数圆的图，如图 4.42 所示。

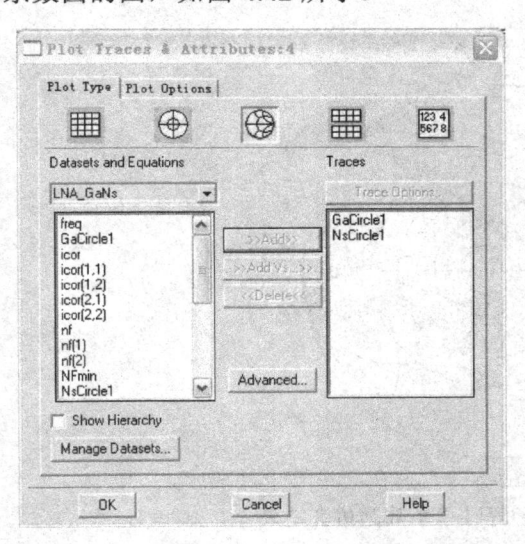

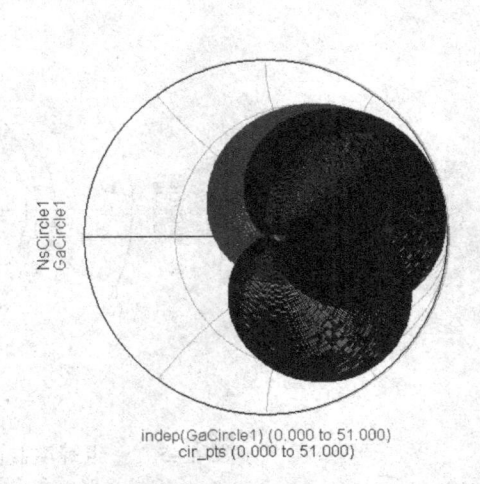

图 4.42 等增益圆和等噪声系数圆初次仿真结果

（4）将 S_Param Simulation Controller 中的频率范围缩小在所关心的频率上，如图 4.43 所示。

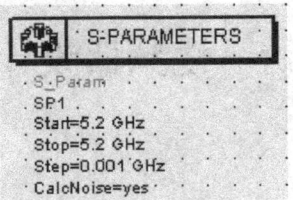

图 4.43 S 参数频率设置

（5）再次仿真，这样只得到两个需要的圆了，如图 4.44 所示。

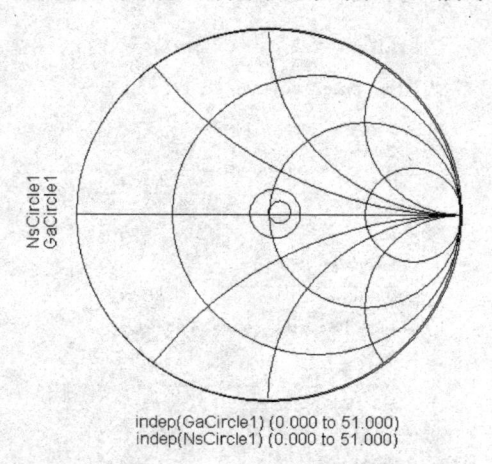

图 4.44　等增益圆和等噪声系数圆仿真结果

（6）也可以通过如下设置来得到一组等增益圆和等噪声系数圆，仿真结果如图 4.45 所示。

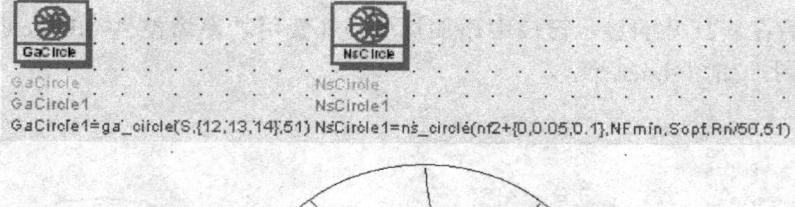

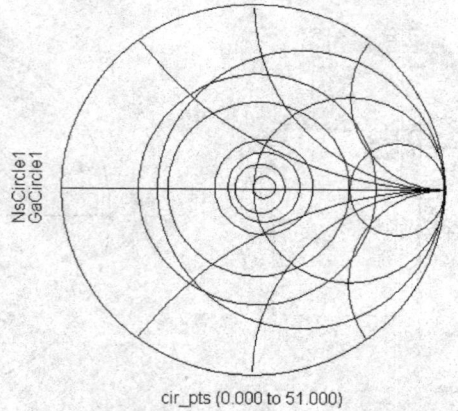

GaCircle1=ga_circle(S,{12,13,14},51) NsCircle1=ns_circle(nf2+{0,0.05,0.1},NFmin,Sopt,Rn/50,51)

图 4.45　一组等增益圆和等噪声系数圆仿真结果

一般来说，最小噪声系数和最大增益所需要的 Γ_s 是不同的，噪声系数越小，得到的等噪声系数圆越小；增益越大，得到的等增益圆越大。根据设计要求在增益和噪声系数之间进行折中，可以得到相应的反射系数。

4.4　混频器设计

1. Mixer 原理图编辑

（1）新建 Mixer_prj，建立命名为 Mixer_cell 的原理图，进行参数设置，如图 4.46 所示。

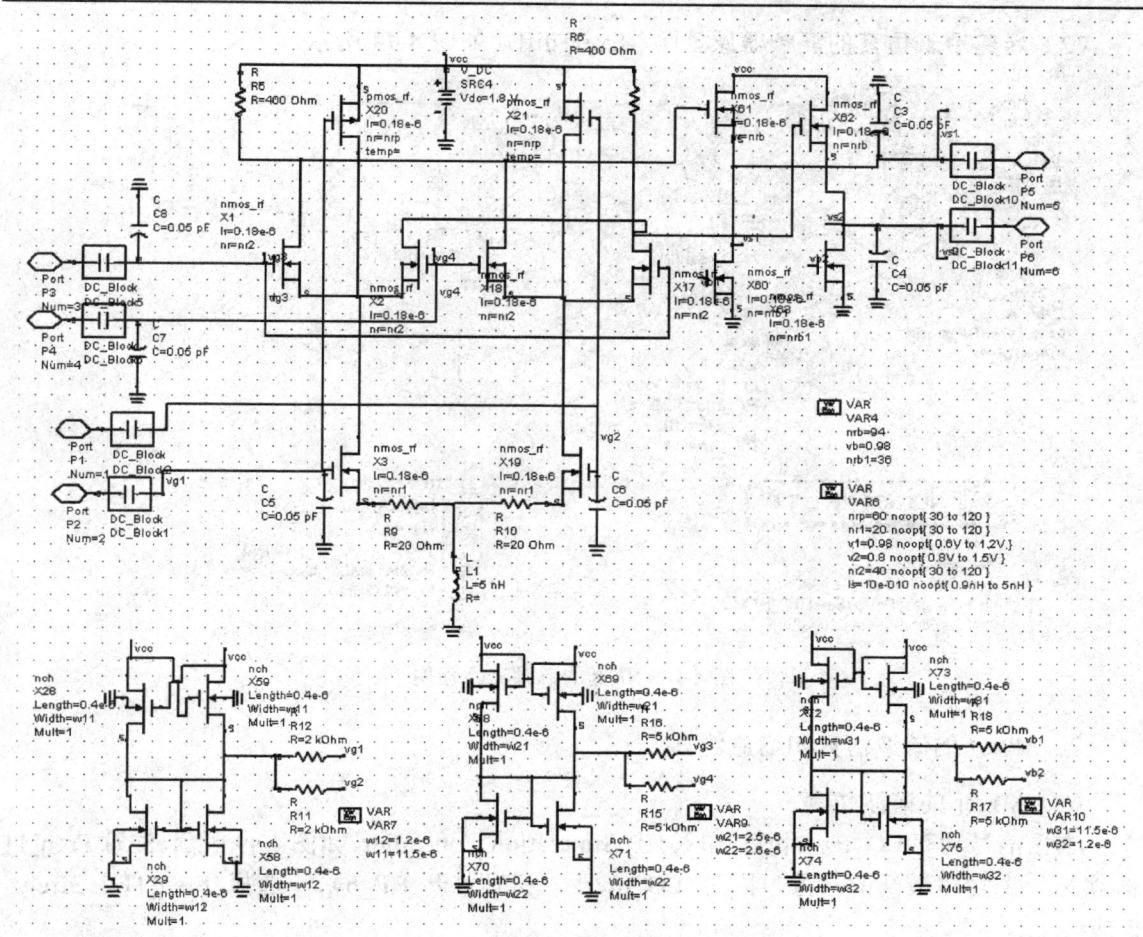

第4章 ADS射频集成电路仿真实例

图 4.46 混频器电路图

选择菜单 View→Create/Edit Schematic Symbol，生成图 4.47 所示的 Mixer_cell 的 Symbol。

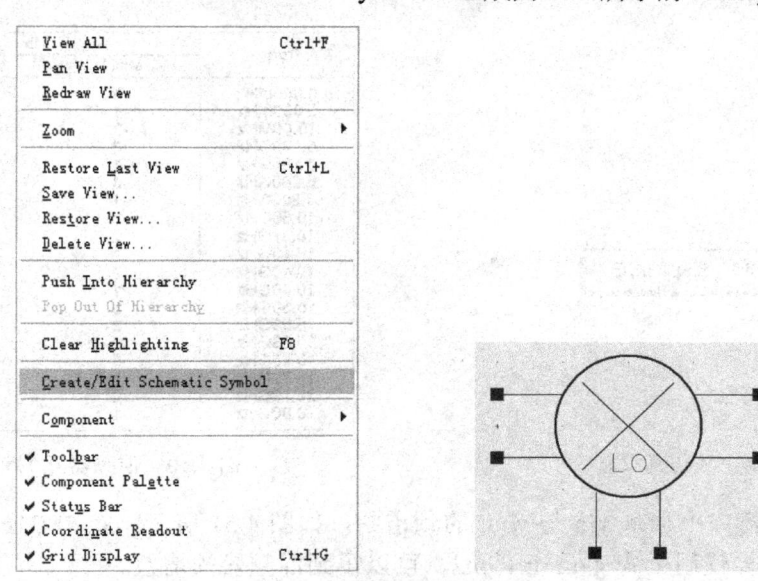

图 4.47 混频器的符号生成

(2) 新建用于仿真的混频器原理图 Mixer_diff，如图 4.48 所示。

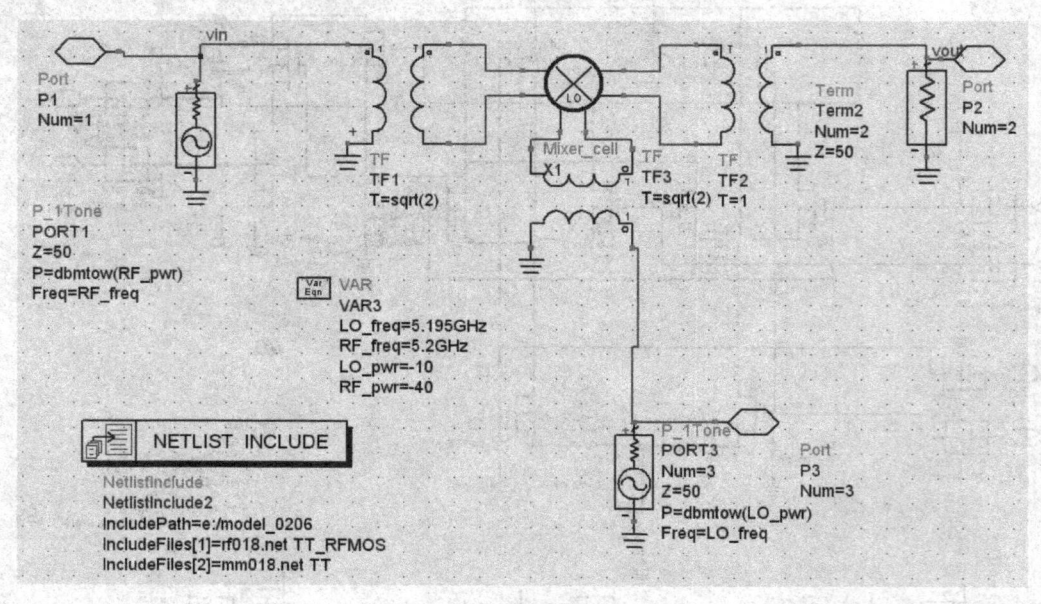

图 4.48　仿真的混频器原理图

2. Mixer 的谐波仿真和增益仿真

（1）Mixer 的谐波仿真

本振信号功率 LO_pwr 不变，加入 HB Simulation Controller，如图 4.49 所示。注意 Freq[1] 必须是一个功率最高的信号，因为 LO_pwr 一般都大于 RF_pwr，选择 Freq[1]=LOfreq= 5.195GHz。

仿真后在数据显示窗口中加入 List，显示互调频率。其中中频（IF）是 5MHz，由 RF_freq-LO_freq 得到。

freq	Mix(1)	Mix(2)
0.0000 Hz	0	0
5.000MHz	-1	1
10.00MHz	-2	2
5.190GHz	2	-1
5.195GHz	1	0
5.200GHz	0	1
5.205GHz	-1	2
10.39GHz	3	-1
10.39GHz	2	0
10.40GHz	1	1
10.40GHz	0	2
10.40GHz	-1	3
15.59GHz	3	0
15.59GHz	2	1
15.59GHz	1	2
15.60GHz	0	3
20.79GHz	3	1
20.79GHz	2	2
20.80GHz	1	3

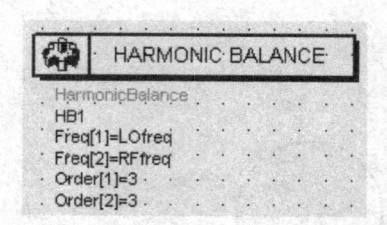

图 4.49　混频器 HB 仿真设置　　　　图 4.50　混频器互调频率

在数据显示窗口中加入 vin 与 vout 的频谱图，如图 4.51 所示。在 5MHz 和 5.2GHz 处加入 marker，这样使用公式 gain=m1-m2，可以得到混频器的增益。

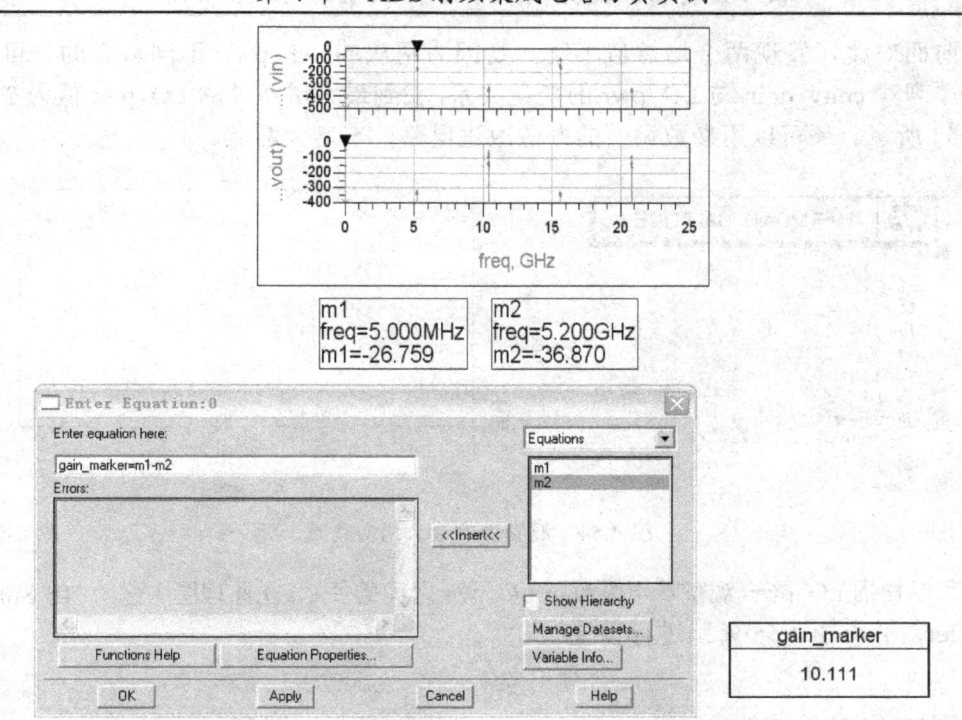

第4章 ADS射频集成电路仿真实例

图 4.51 混频器的谐波仿真

可以使用 mix( ) 函数来得到单独频率分量的值,如图 4.52 所示。

（2）Mixer 的增益仿真

使用 Measure Equation 来得到增益,加入两个等式 IF_pwr 和 conv_gain 后仿真,加入 List,观察它们的值,如图 4.53 所示。

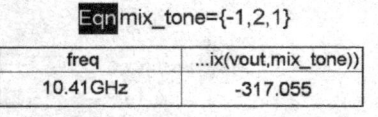

图 4.52 单独频率分量的值

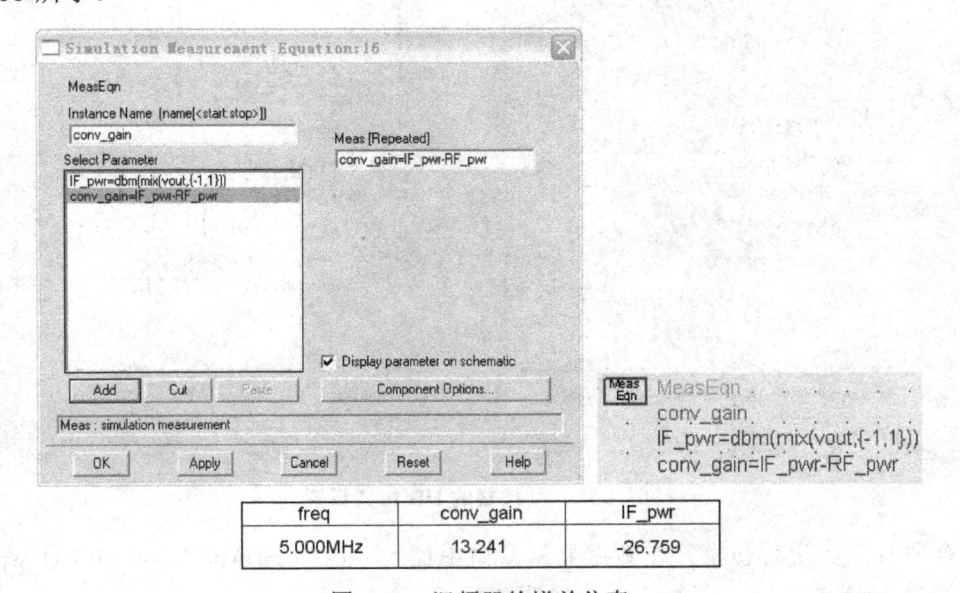

图 4.53 混频器的增益仿真

和前面对比,发现两个增益值不同,是因为两次的 RF_pwr 不同造成的。可以扫描 LO_pwr,观察 conv_gain 与 LO_pwr 的变化关系,找到最大增益处的 LO_pwr 值为 2.5dBm,如图 4.54 所示。还可以用参数调谐的办法改进电路,来增大增益。

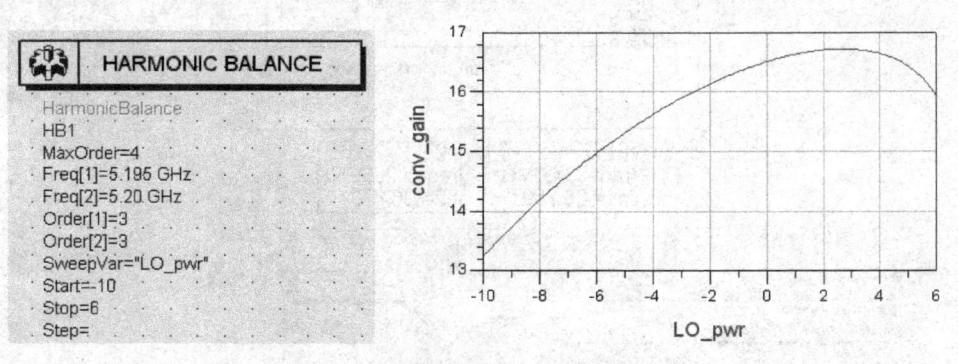

图 4.54 混频器的最大增益仿真

还可以扫描 LO_pwr,观察噪声系数与 LO_pwr 之间的关系。在原理图中修改 HB Simulation Controller,并按图 4.55 所示进行设置。

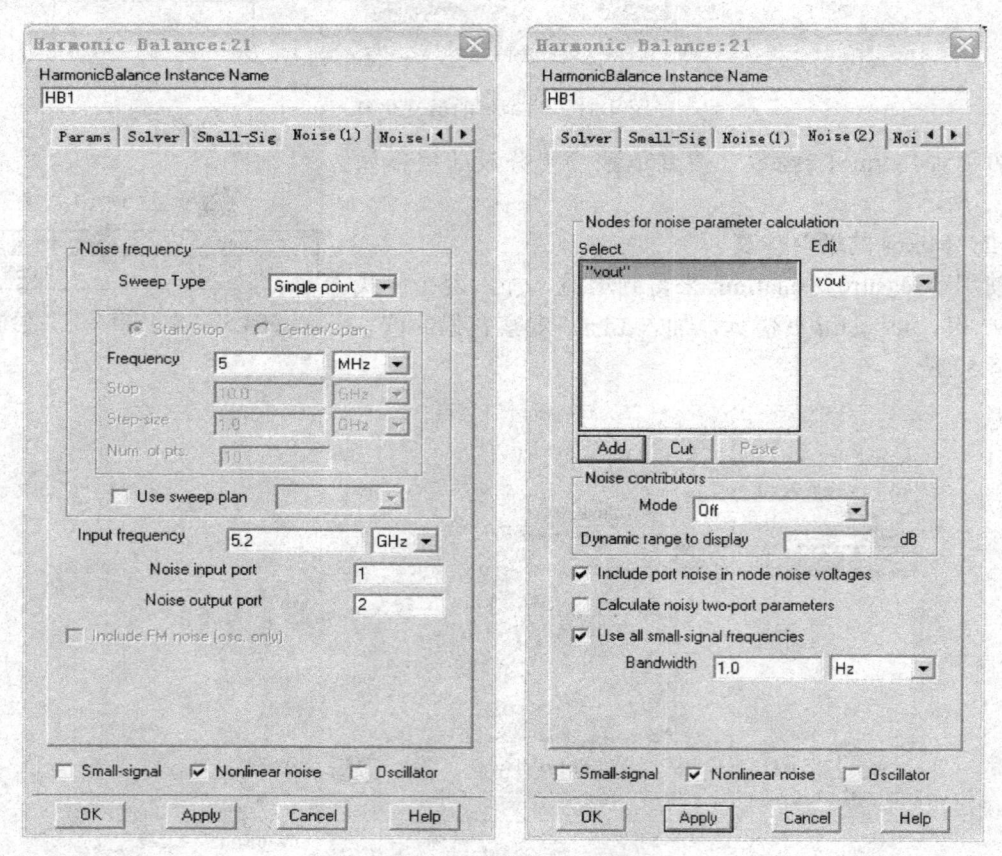

图 4.55 混频器的 HB 仿真设置

保存原理图,进行仿真。在数据显示窗口中加入 nf(2)(选 Add Vs=>HB.LO_pwr),观察噪声系数 nf(2)与 LO_pwr 的关系,如图 4.56 所示。

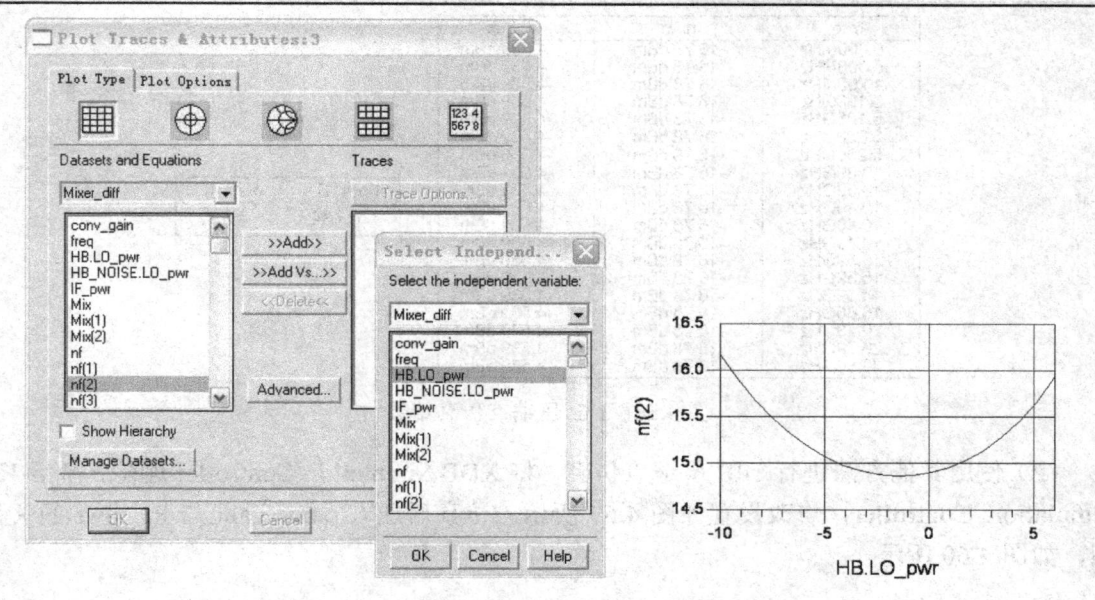

图 4.56 混频器的最小噪声系数仿真

由图 4.56 可见，达到最小噪声系数的 LO_pwr 为-1.5dBm，要达到最大增益和最小噪声系数所需的 LO_pwr 是不同的，采用什么数值需要根据设计要求在增益和噪声性能间折中。

3. Mixer 的 1dB 压缩点仿真

（1）使用 GAIN COMPRESSION 进行 1dB 压缩点仿真。在原理图中加入 XDB Simulation Controller，并按图 4.57 所示进行设置，将 HB Simulation Controller 变为无效，进行仿真设置。

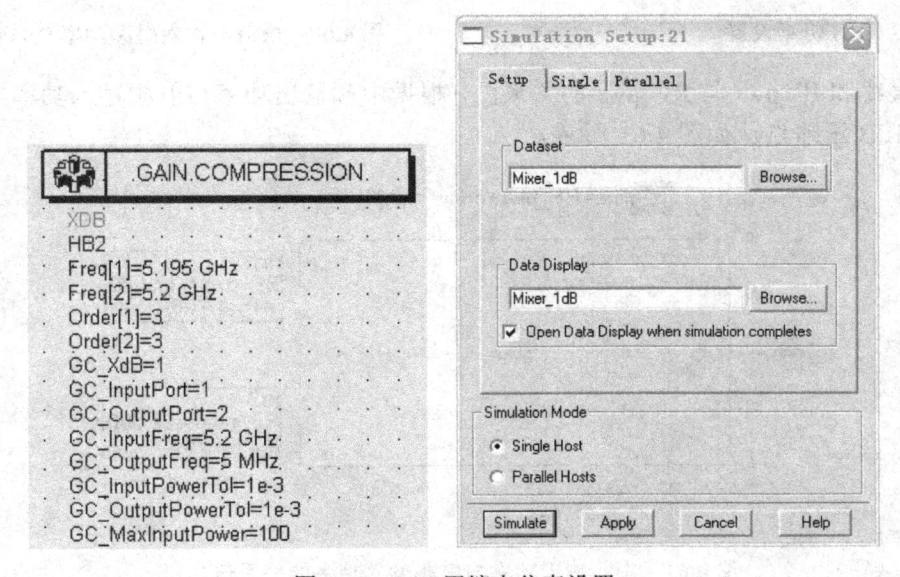

图 4.57 1dB 压缩点仿真设置

仿真结束后，在 List 中加入 inpwr 和 outpwr，即可读出 1dB 压缩点，如图 4.58 所示。

freq	inpwr	outpwr
0.0000 Hz	-16.78 dBm	-4.539 dBm
5.000MHz	-16.78 dBm	-4.539 dBm
10.00MHz	-16.78 dBm	-4.539 dBm
5.190GHz	-16.78 dBm	-4.539 dBm
5.195GHz	-16.78 dBm	-4.539 dBm
5.200GHz	-16.78 dBm	-4.539 dBm
5.205GHz	-16.78 dBm	-4.539 dBm
10.39GHz	-16.78 dBm	-4.539 dBm
10.39GHz	-16.78 dBm	-4.539 dBm
10.40GHz	-16.78 dBm	-4.539 dBm
10.40GHz	-16.78 dBm	-4.539 dBm
10.40GHz	-16.78 dBm	-4.539 dBm
15.59GHz	-16.78 dBm	-4.539 dBm
15.59GHz	-16.78 dBm	-4.539 dBm
15.59GHz	-16.78 dBm	-4.539 dBm
15.60GHz	-16.78 dBm	-4.539 dBm
20.79GHz	-16.78 dBm	-4.539 dBm
20.79GHz	-16.78 dBm	-4.539 dBm
20.80GHz	-16.78 dBm	-4.539 dBm

inpwr[1]	outpwr[1]
-16.784	-4.539

图 4.58 1dB 压缩点仿真结果

（2）使用其他方法进行 1dB 压缩点仿真。将 XDB Simulation Controller 删除，激活 HB Simulation Controller，修改设置如图 4.59 所示。仿真后加入 conv_gain 与 RF_pwr 的关系图，如图 4.60 所示。

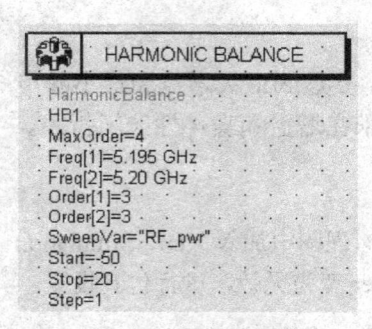

图 4.59 HB 仿真设置

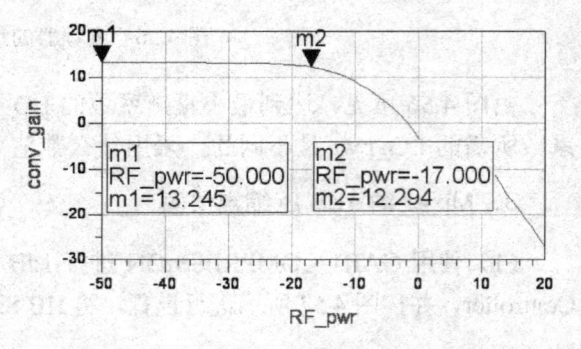

图 4.60 增益与输入射频功率关系仿真

加入直线和 IF_pwr 与 RF_pwr 的关系图，根据中频输出功率与射频输入功率的关系也可以读出 1dB 压缩点，如图 4.61 所示。

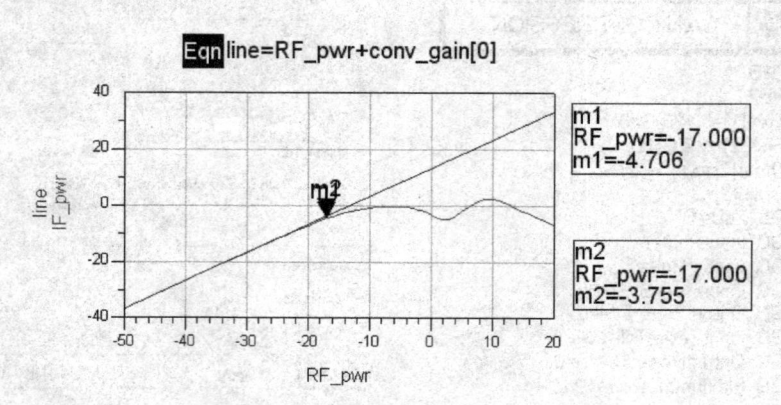

图 4.61 中频输出功率与射频输入功率的关系仿真

4．Mixer 的三阶互调仿真

（1）首先加入新的信号源，设置 Channel Spacing 变量，如图 4.62 所示。

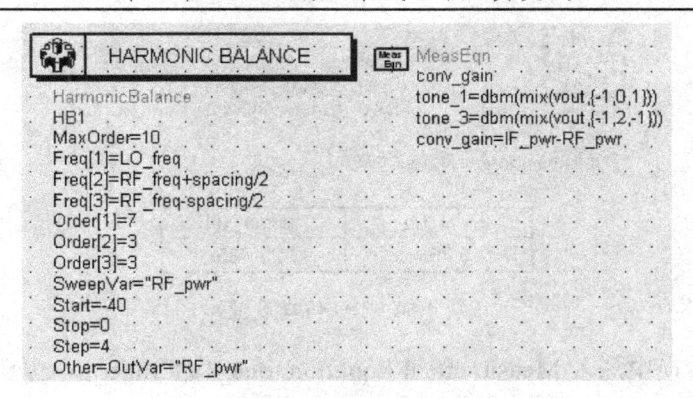

图 4.62 HB 仿真

（2）设置 HB Simulation Controller，打开 Krylov Solver 可以减少仿真时间。加入 OutVar="RF_pwr" 将 RF_pwr 作为一个输出变量，如图 4.63 所示。

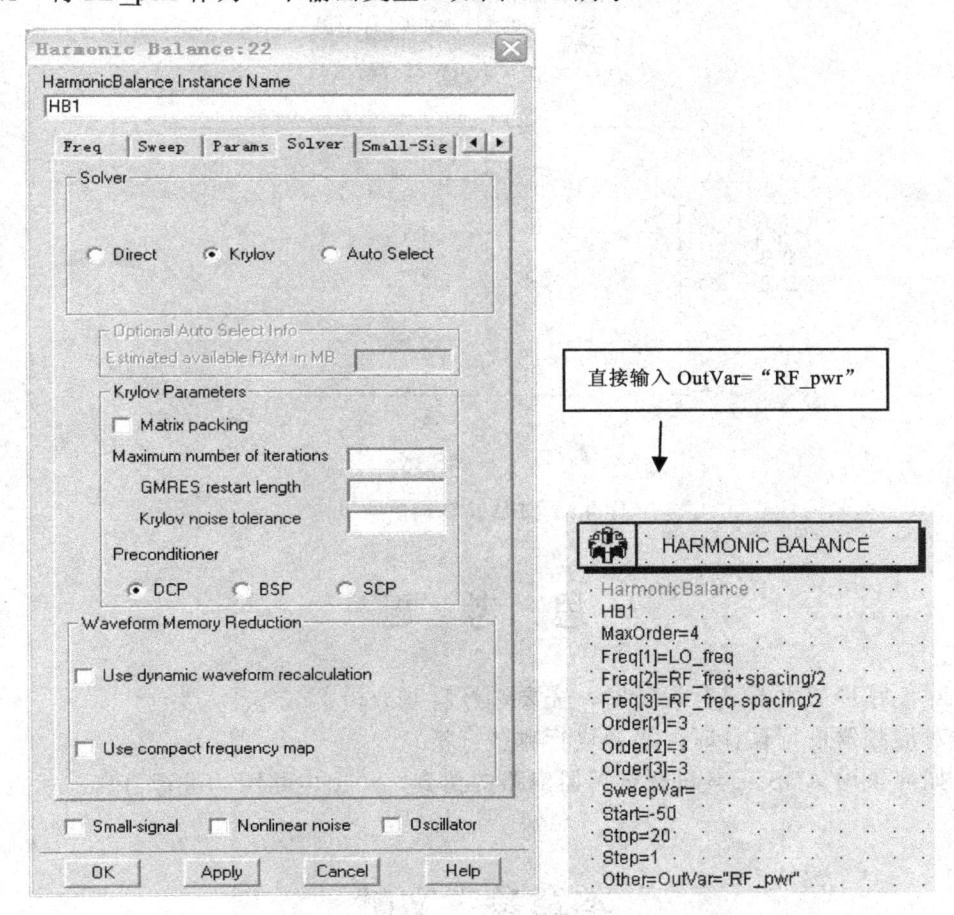

图 4.63 HB 仿真设置

加入内建 Measurement Equation IP3out（Simulation-HB 中），并设置。仿真后在数据输出窗口中将 lower_toi 和 upper_toi 加入列表，可以看到三阶互调点处的输出功率，如图 4.64 所示。

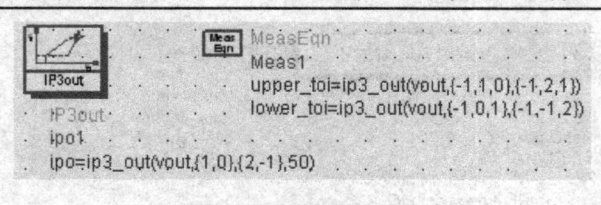

```
                 MeasEqn
                 Meas1
                 upper_toi=ip3_out(vout,{-1,1,0},{-1,2,1})
                 lower_toi=ip3_out(vout,{-1,0,1},{-1,-1,2})
IP3out
ipo1
ipo=ip3_out(vout,{1,0},{2,-1},50)
```

lower_toi	upper_toi
5.768	20.685

图 4.64 IP3 仿真设置

在数据输出窗口中加入 Measurement Equation tone_1 和 tone_3。仿真结果如图 4.65 所示，延长一阶互调量和三阶互调量的斜率为 1:3 的部分（近似为一条直线），交点处的 RF_pwr 即为输入三阶互调点，大约在 -10dBm。

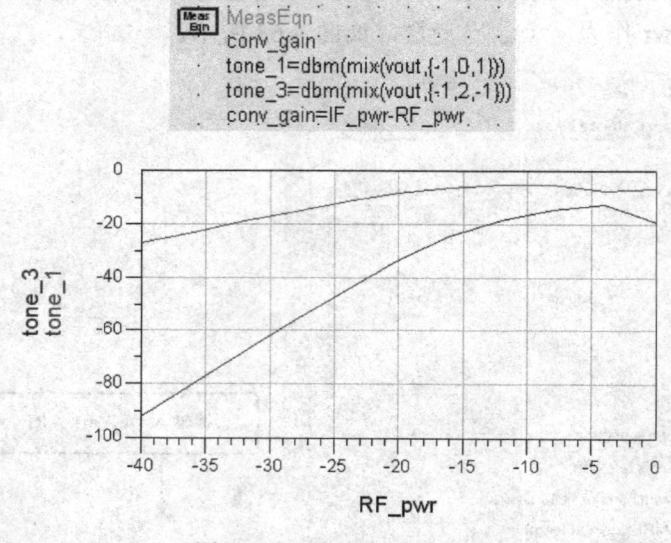

```
MeasEqn
conv_gain
tone_1=dbm(mix(vout,{-1,0,1}))
tone_3=dbm(mix(vout,{-1,2,-1}))
conv_gain=IF_pwr-RF_pwr
```

图 4.65 IP3 仿真输出结果

思 考 题

1. 对低噪声放大器进行设计时，需要进行哪些分析？
2. 对混频器进行设计时，需要进行哪些分析？
3. 如何采用 ADS 工具进行振荡器电路的仿真，画出电路图，进行仿真，观察对应输出结果。

本章参考文献

[1] ADS Fundamentals. Agilent Technologies. 2003.
[2] 李智群，王志功. 射频集成电路与系统. 北京：科学出版社，2008.

第 5 章　Spectre 模拟集成电路仿真工具

5.1　Cadence 设计环境

Cadence 公司是一家 EDA 软件公司，其主要产品线涉及从上层的系统级设计到逻辑综合，到底层的布局布线，还包括封装、电路板 PCB 设计等多个方向。Cadence 推出了用于模拟/数字混合电路仿真和射频电路仿真的全定制 IC 设计工具。设计环境包括建立各种数据库通道，由此建立版图与工艺的对应关系。Cadence 支持版图的分层设计，设计者按电路功能划分整个电路，对每个功能块再进行模块划分，每一个模块对应一个单元。从最小模块开始，直到完成整个电路的版图设计，设计者需要建立多个单元。调用元件库中的基本元件，在每个单元中进行版图设计，有时要调用其他设计者的单元。

完整的全定制 Full-custom 设计环境包含：
- 设计资料库 Cadence Design Framework II；
- 电路编辑环境 Text editor / Schematic editor；
- 电路仿真工具 Spice/ADS/Spectre；
- 版图设计工具 Cadence virtuoso / L-edit/Laker；
- 版图验证工具 Diva/Assura/Calibre/dracula。

本部分将主要介绍 Cadence 以下工具的使用：
- 电路图设计工具 Composer；
- 电路模拟工具 Analog Artist；
- 版图设计工具 Virtuoso Layout Editor；
- 版图验证工具 Diva/Assura/Calibre/dracula。

与 Cadence 有关的几个重要文件如下：
- .cshrc，shell 环境设定执行档；
- .cdsinit，Cadence 环境设定档；
- cds.lib，Cadence 环境资料库路径设定档；
- display.drf，Cadence Layout Editor 颜色图样设定档；
- Technology file，包含与工艺相关的参数。

Cadence 的文件组织如图 5.1 所示。

5.2　Spectre 原理图编辑

在 Spectre 界面下对原理图进行编辑与仿真的基本流程如下：①建库；②创建基本单元；③电路图输入；④设置电路元件属性；⑤电路检查与保存；⑥自动创建 symbol；⑦原理图仿真。

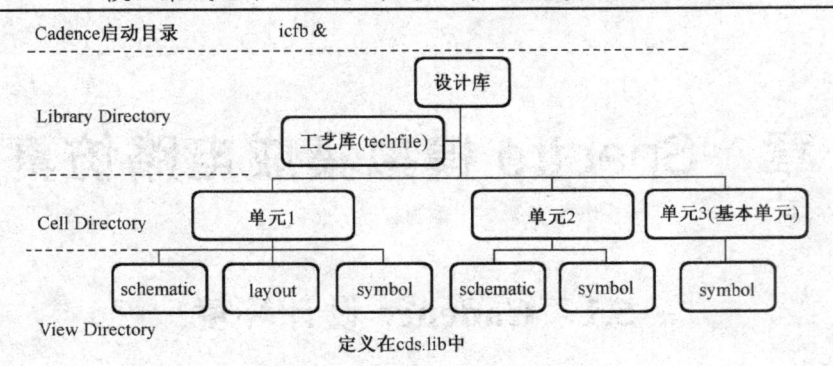

图 5.1 Cadence 的文件组织

1. 建库

首先在～/project 目录下启动 Cadence:icfb&，弹出一个命令解释窗口 CIW(Command Interpreter Window)。CIW 为 Cadence 工具的集中控制窗口，如图 5.2 所示。选择菜单 File→New→Library…，可以指定库名、路径和工艺文件。

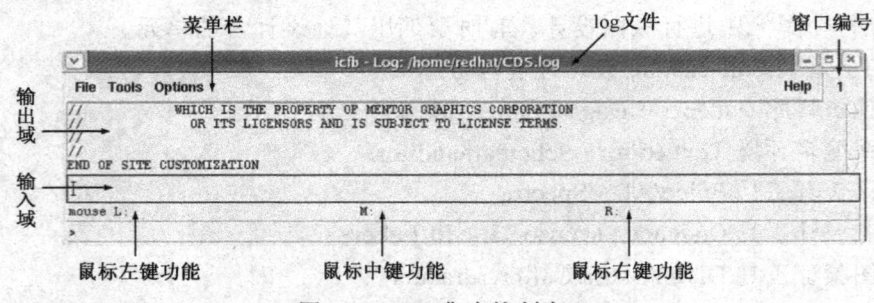

图 5.2 CIW 集中控制窗口

查看现有 library:cell:view 的窗口如图 5.3 所示。

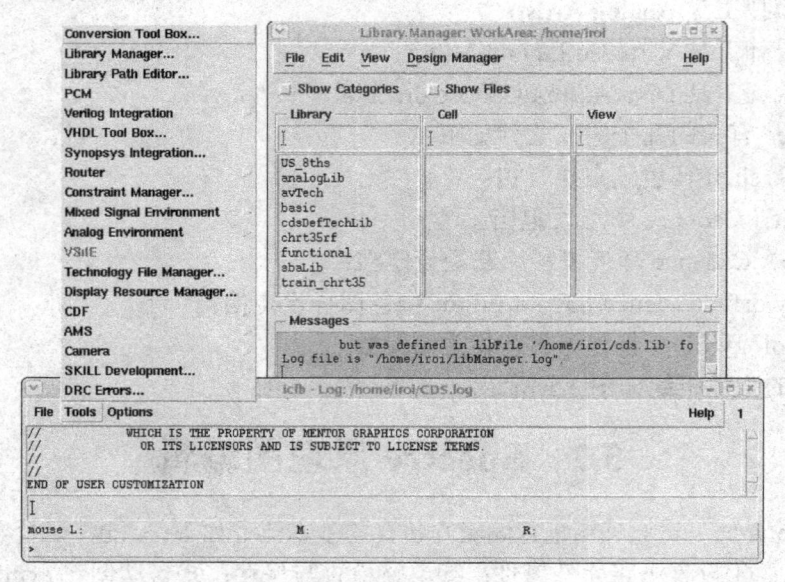

图 5.3 库路径窗口

第 5 章　Spectre 模拟集成电路仿真工具

还可以用 vi cds.lib 命令查看库文件内容，如果增加设计所需的基本库，可以在 cds.lib 里加入：INCLUDE /EDA/ic5141/share/cdssetup/cds.lib，其中/EDA/ic5141 为 Cadence 的安装路径。

2．创建基本单元

首先选择 CIW 中的 File→New→Cellview…，然后在图 5.4 所示的对话框的 Library Name 中选择 lab，在 Cell Name 中输入 and2，在 Tool 中选择 Composer-Schematic，这时 View Name 自动变为 schematic，然后，单击 OK 按钮进入 Schematic Editor。

3．电路图输入

电路图输入窗口如图 5.5 所示。

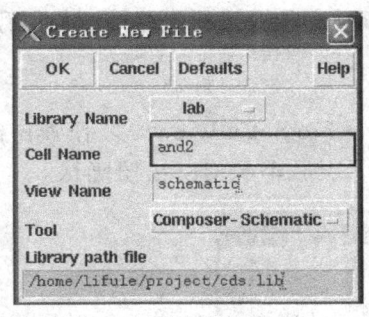

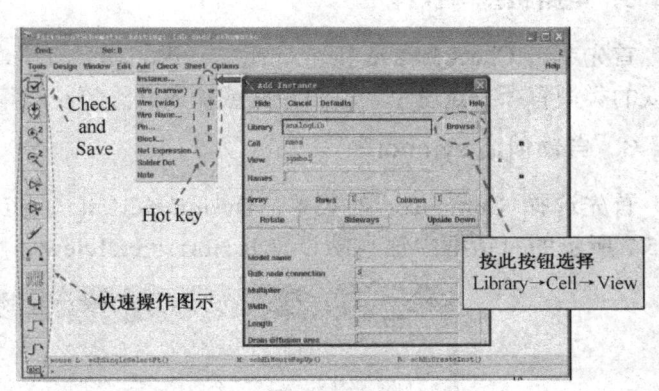

图 5.4　创建电路图　　　　图 5.5　电路图输入窗口

4．设置电路元件属性

选中元件按 Q 键，在弹出的图 5.6 所示的元件属性窗口中，元件的 CDF 属性对应于 SPICE 模型中的各属性，Instance Name 对应网单中的元件名，Model Name 对应于网单中的模型名。

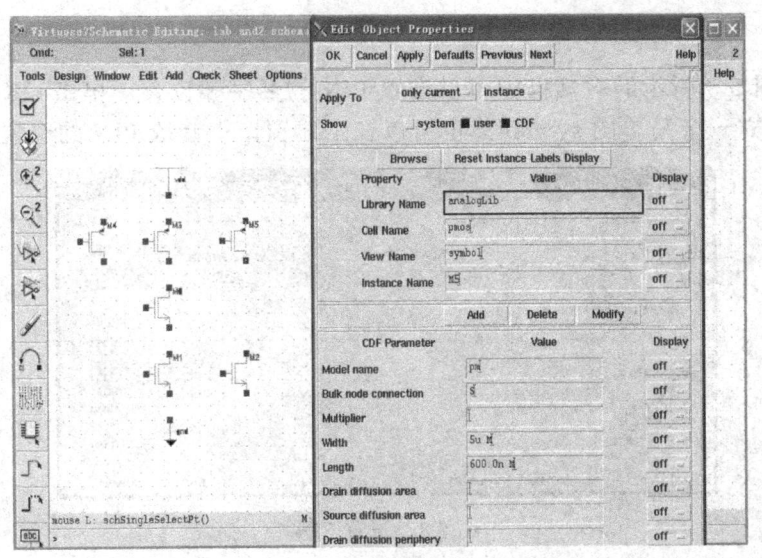

图 5.6　元件属性窗口

在电路图输入窗口中,基本编辑操作如下。

(1)复制/移动:单击工具栏中的复制/移动按钮或按 C 键或 M 键,然后单击操作对象,该对象就会粘贴到鼠标指针上。如果想把几个对象作为一个整体一起移动,则要先选中所有操作对象,再次单击鼠标,放置对象。

(2)删除:按 Delete 键或 D 键,选中要删除的对象。

(3)Undo:单击 Undo 按钮或按 U 键。

(4)改变编辑模式:在按过功能按钮后系统会保持相应的编辑状态,因此可以连续操作。

(5)模式切换:按其他按钮。

(6)退出当前模式:按 Esc 键。

5. 电路检查与保存

首先单击 Check&Save 按钮或者按 x 键,如果有错误内容,CIW 窗口会显示错误说明。错误的类型有:节点悬空、输出短路或输入开路等。运行仿真前必须先进行电路检查与保存。

6. 自动创建 symbol

首先选择 Composer 的菜单:Design→Create Cellview→From Cellview…,在弹出的图 5.7 所示的对话框中已自动设置好 library:cellview,检查无误后单击 OK 按钮确认。

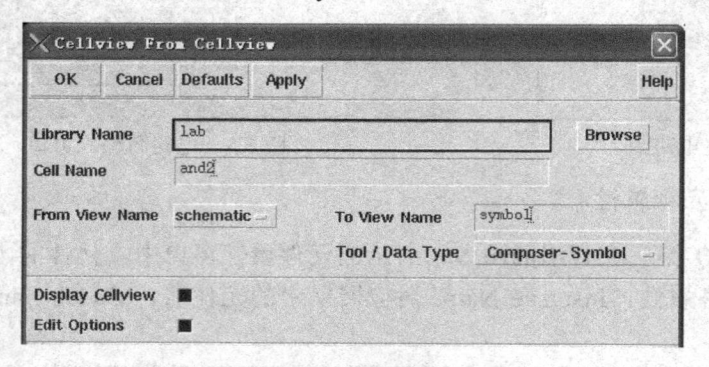

图 5.7 创建 symbol

在弹出的图 5.8 所示的对话框中可以设置 PIN 的名字和位置。单击 OK 按钮后自动根据 schematic 建立一个简单的 symbol,也可以在上述窗口中修改 PIN 的位置。

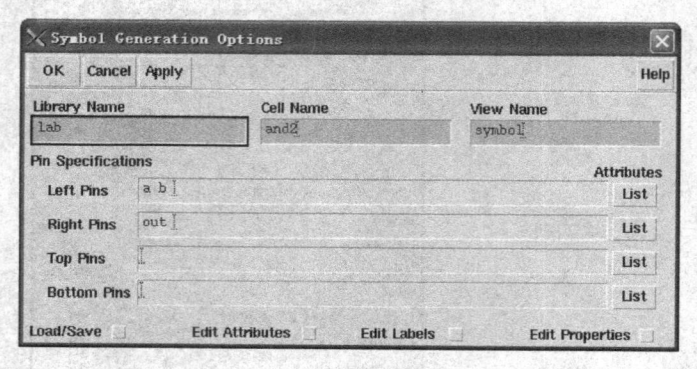

图 5.8 设置 PIN

第 5 章 Spectre 模拟集成电路仿真工具

7. 原理图仿真

仿真电路需要添加激励源，在仿真电路里面调用电路原理图的 symbol，然后添加合适的激励源即可。analogLib 库中包含许多激励元件，如直流电流源 idc、直流电压源 vdc、脉冲电压源 vpulse、正弦波信号源 vsin 等，可根据仿真需要进行选择。

如果将数字反相器偏置在饱和区，就是模拟的推挽放大器，可以对该放大器的直流特性、交流特性、噪声性能等进行仿真。

仿真电路如图 5.9 所示，添加仿真激励 vdc，设置其直流偏置为 1.6V，交流相位为 0°，幅值为 1V，输出交流幅值即为该放大器的交流电压增益。

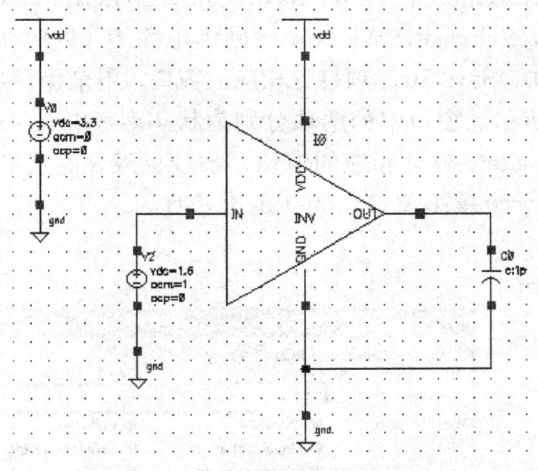

图 5.9　仿真电路原理图

5.3　Spectre 原理图仿真

在电路图窗口中选择 Tools→Analog Environment 后，弹出模拟设计环境（ADE，Analog Design Environment）窗口，如图 5.10 所示。

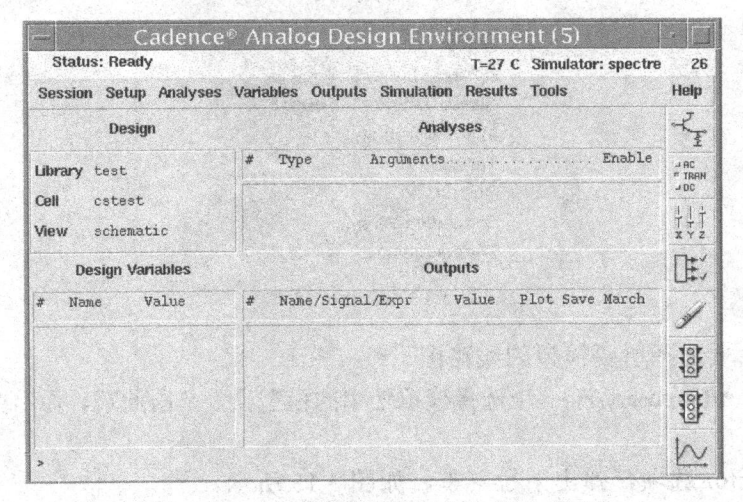

图 5.10　Analog Design Environment 窗口

图中右边栏为快捷键，具体说明如下：

- Choose Design：选择模拟的电路；
- Choose Analyses：选择模拟的类型；
- Edit Variables：打开变量编辑窗口；
- Setup Outputs：输出设置；
- Delete：删除变量等；
- Run Simulation：开始模拟；
- Stop Simulation：停止模拟；
- Plot Outputs：波形输出。

下面介绍 Analog Design Environment 中各条命令及其下拉的子命令的作用。

1. Session 菜单

Session 菜单包括 Schematic Window、Save State、Load State、Options、Reset、Quit 等菜单项，如图 5.11 所示。Schematic Window 项回到电路图（此时仿真窗口仍存在，只是当前的活动窗口为电路图）。Save State 项打开相应的窗口，用来保存当前所设定的模拟所用到的各种参数，如图 5.12 所示。窗口中的两项分别为状态名（Save As）和选择需保存的内容（What to Save）。Load State 打开相应的窗口，加载已经保存的状态。Reset 重置 Analog Artist，相当于重新打开一个模拟窗口，Quit 退出仿真。

图 5.11 Session 菜单

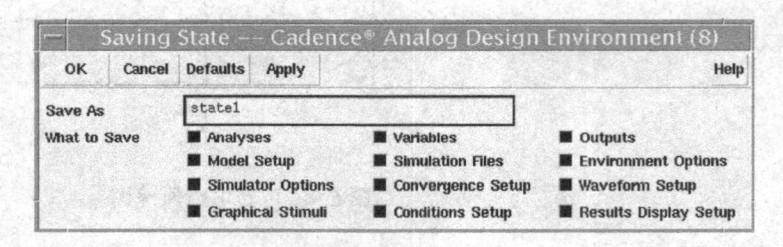

图 5.12 Save State 窗口

2. Setup 菜单

Setup 菜单包括 Design、Simulator/Directory/Host、Model Libraries、Temperature、Stimuli、Simulation Files、Environment 等菜单项，如图 5.13 所示。

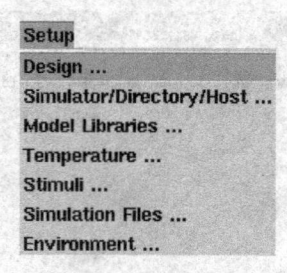

图 5.13 Setup 菜单

（1）Design 项选择所要模拟的线路图。

（2）Simulator/Directory/Host 项选择模拟使用的模型器，单击此项，弹出图 5.14 所示的对话框。

单击 Simulator 选项，弹出下拉菜单，如图 5.15 所示。

第 5 章 Spectre 模拟集成电路仿真工具

图 5.14 模型器选择窗口

图 5.15 模型器选项

系统提供的选项有 cdsSpice、hspiceS、spectreS 等。一般用到的是 cdsSpice、spectre 和 spectreS。其中采用 spectre、spectreS 进行的模拟更加精确。本书根据采用的工艺库，使用 spectre 库，下面只以这种工具为例说明。

（3）Model Libraries 加载仿真所要的工艺库。单击 Model Libraries，设置元件模型的路径。单击 Browse 按钮加载元件模型的路径，并在 Section (opt.)框中输入 tt，系统会自动在所设定的路径下寻找器件 model name 对应的 model 模型，如图 5.16 所示。实际上在工艺库中会提供 libInit.il 文件，可以在.cdsinit 文件中添加 load("LIBPATH/libInit.il")，这里的 LIBPATH 为工艺库中 libInit.il 的路径。这样在打开 icfb 时就会自动加载该文件来进行仿真模型库设置，打开 ADE 时就不需要再进行设置。

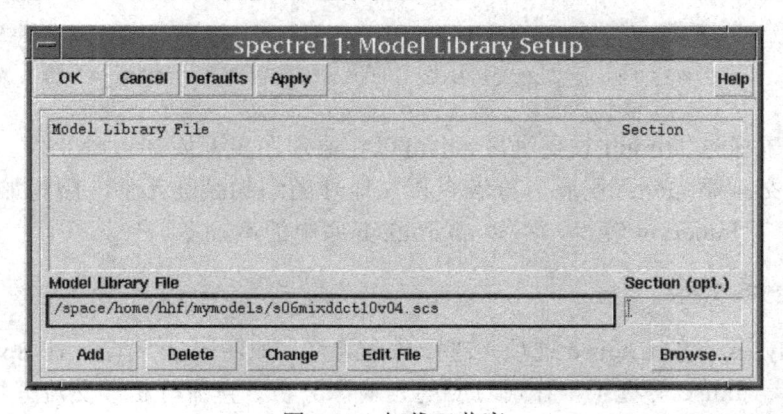

图 5.16 加载工艺库

（4）单击 Temperature，打开图 5.17 所示的对话框，可以设置仿真温度（Celsius 摄氏温度，Farenheit 华氏温度，Kelvin 热力学温度）。

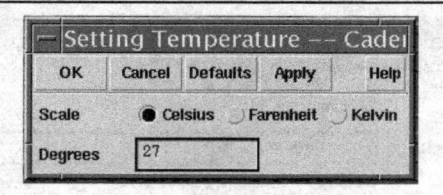

图 5.17　设置仿真温度

（5）Stimuli 项加载仿真所需要的输入激励，单击 Stimuli 弹出图 5.18 所示的对话框。其中 Function 下拉菜单是输入激励的类型，如图 5.19 所示。dc 为直流；sin 为正弦波；pwl 为脉冲波。

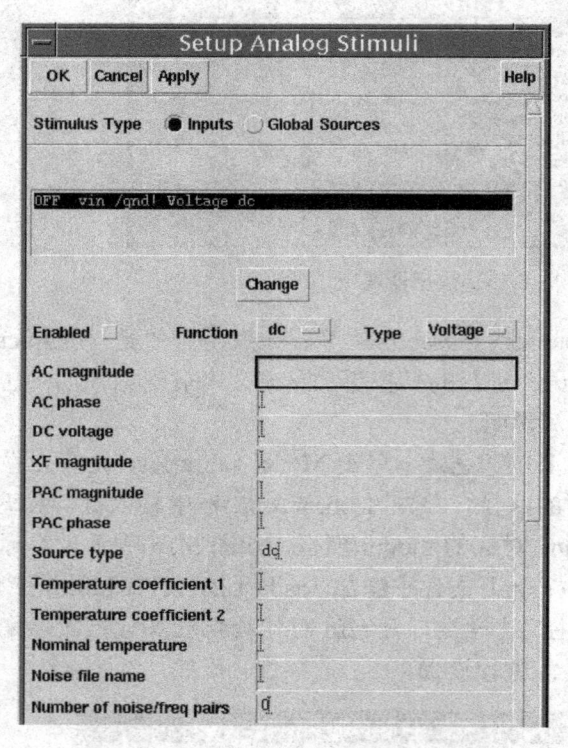

图 5.18　加载输入激励源　　　　　　　　图 5.19　输入激励的类型

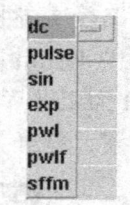

仿真时可以通过 Stimuli 设置激励，也可以在原理图里面添加激励元件。在通过 Stimuli 设置时，电路必须添加输入引脚。推荐直接在原理图添加激励元件，因为如图 5.18 所示，Stimuli 中支持的 Function 较少，不如 analogLib 库中的激励多。

3. Analyses 菜单

单击 Analyses 下的 Choose 选项，选择仿真类型，如图 5.20 所示。在 Spectre 中常用的有 tran、dc、ac、noise 等选项，分别对应的是瞬态分析、直流分析、交流分析和噪声分析。

tran 分析是分析参量值随时间变化的曲线。直流分析是分析电流（电压）和电流（电压）间的关系。交流分析是分析电压（电流）和频率之间的关系，因此在参数范围选择时是选择频率。

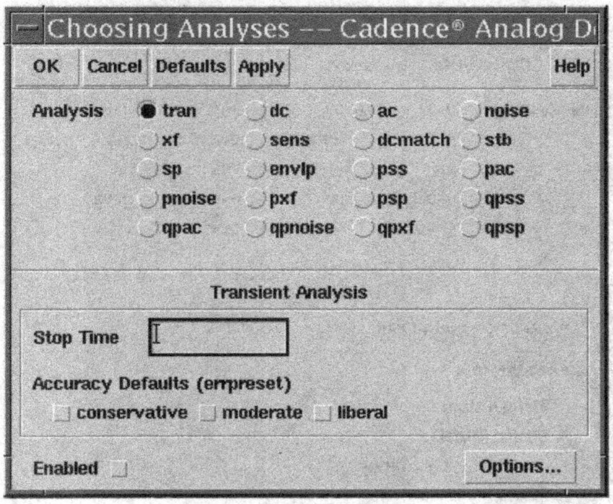

第 5 章 Spectre 模拟集成电路仿真工具

图 5.20　仿真类型选择

(1) 瞬态分析设置

瞬态分析的对话框如图 5.21 所示，tran 的设置只需填入仿真停止时间即可。

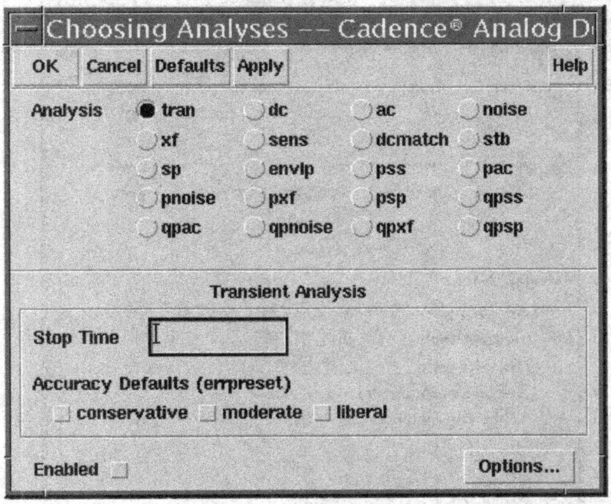

图 5.21　瞬态分析

(2) 直流分析设置

DC 分析为直流扫描分析，扫描的变量可以为 temperature、component parameter 和 model parameter 等类型，如图 5.22 所示。单击 Options 选项可以对扫描变量进行详细设置。

(3) 交流分析设置

交流分析对话框如图 5.23 所示，在交流（AC）分析扫描频率（常规分析）时，只需填入起始频率和终止频率即可。而在扫描其他参数时，必须将整个电路固定在一个工作频率（at frequency）上，然后进行其他选择。要进行 component parameter 扫描时，先单击 select component，然后在电路图上选择所需扫描的器件，这时会弹出一个列有可供扫描参量名称的菜单，在其上选择即可。进行 model parameter 扫描时只需填入 model name 和 parameter name 即可，另外以上扫描都要填写扫描范围。

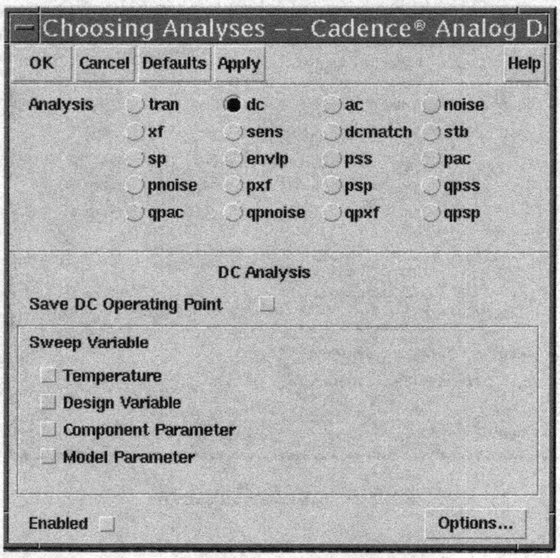

图 5.22　直流分析

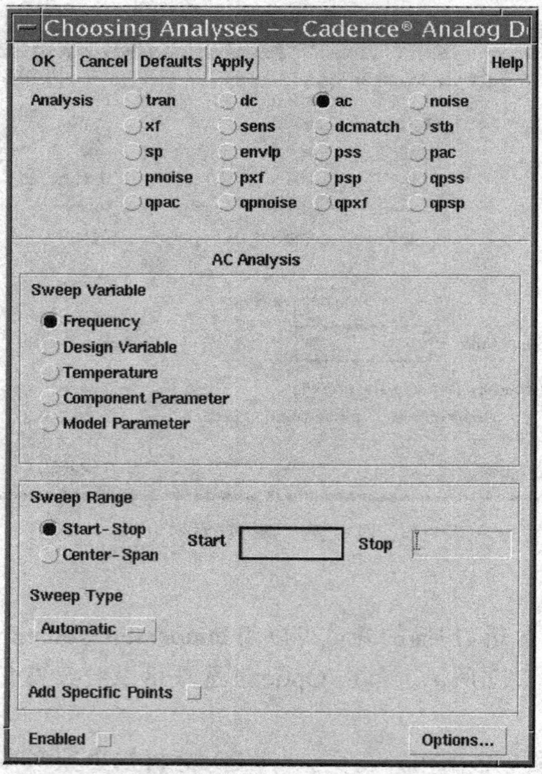

图 5.23　交流分析

4. Variables 菜单

Variables 下拉菜单中包括 Edit 等子菜单项，如图 5.24 所示。Edit 项可以对变量进行添加、删除、查找、复制等操作，如图 5.25 所示。变量（Variables）既可以是电路中元件的某一个参量，也可以是一个表达式。

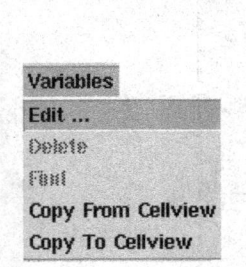

第 5 章 Spectre 模拟集成电路仿真工具

图 5.24 Variables 菜单

图 5.25 Edit Variables 项

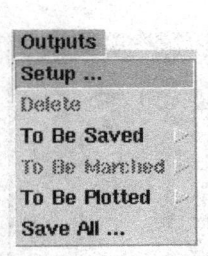

5．Outputs 菜单

Outputs 菜单如图 5.26 所示。

（1）Setup 项为输出变量项的设置，因为有时输出是某些电路图中输出脚的函数表达式。打开此项，如图 5.27 所示。

图 5.26 Outputs 菜单

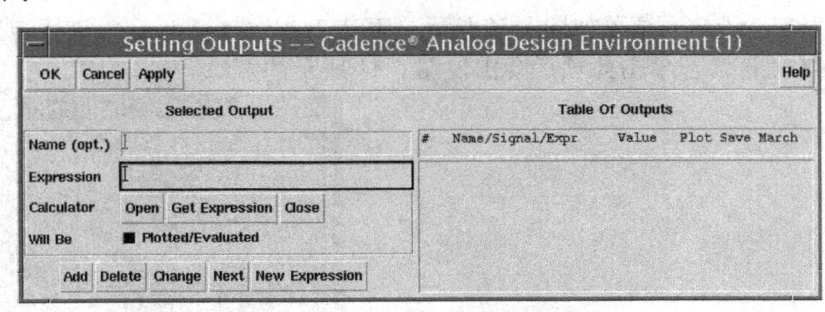

图 5.27 输出变量设置

其中 Name 为输出项的名称；Expression 为输出项的表达式；Calculator 为计算器，它的作用是通过快捷键输入表达式，打开以后如图 5.28 所示。

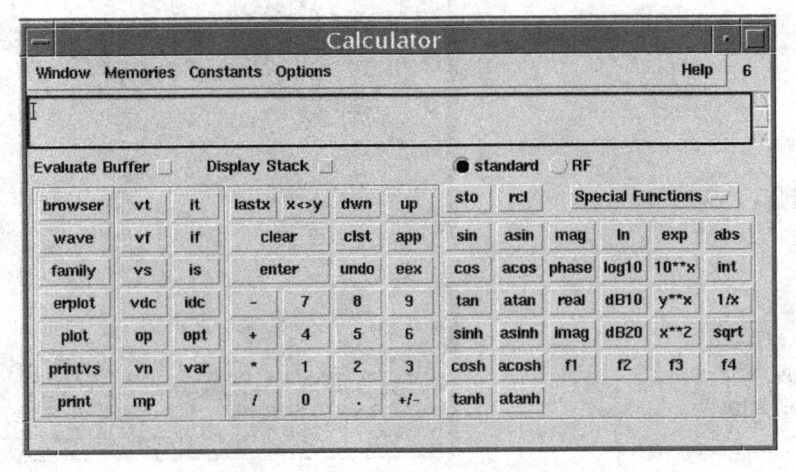

图 5.28 计算器

（2）Save All 项。此项为输出项的各具体项的设置，将所有的项都改成 all 和 yes，修改参数后的图如图 5.29 所示。

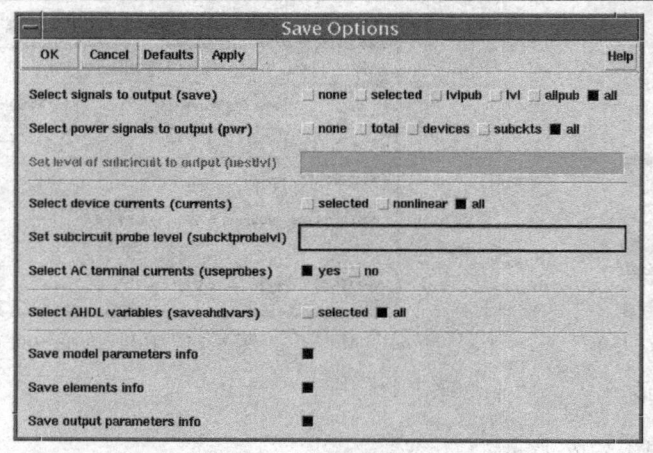

图 5.29 输出项设置

6. Simulation 菜单

Simulation 菜单如图 5.30 所示。其中 Netlist and Run 为进行仿真并生成网表，如果电路各项正常，单击此项后会出现图 5.31 所示的窗口。

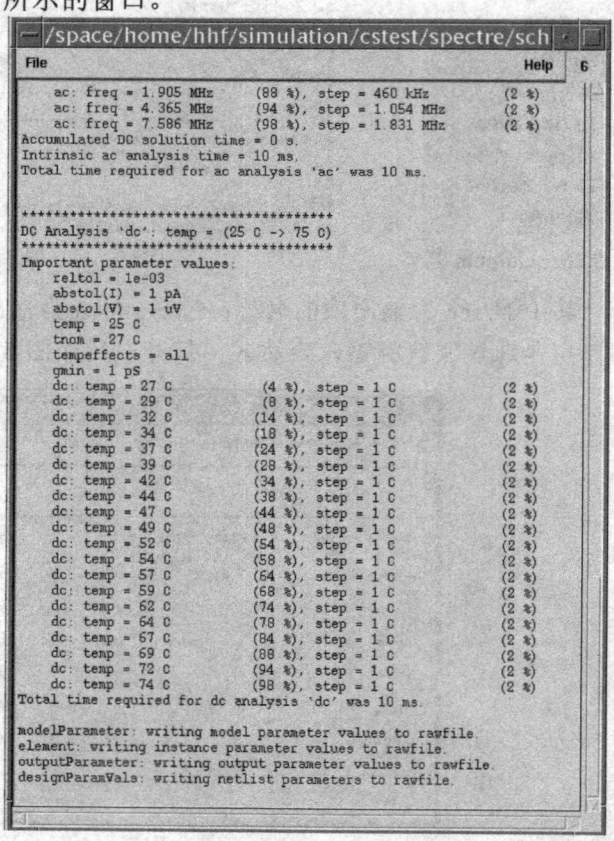

图 5.30 Simulation 菜单

图 5.31 仿真信息窗口

如果电路不正常，此窗口将显示警告和错误的相关信息，根据这些信息，修改电路图和仿真项，以便调试成功。

7. Results 菜单

单击 Direct Plot，弹出图 5.32 所示的菜单，此菜单包括大多数的仿真，具体介绍如下。

（1）Transient Signal：瞬态信号波形；
（2）AC Magnitude：电路的幅频特性；
（3）AC Phase：电路的相频特性；
（4）AC Magnitude& Phase：电路的幅频特性和相频特性；
（5）AC dB10：增益取 10dB；
（6）AC dB20：增益取 20dB；
（7）AC Gain& Phase：电路的增益特性和相频特性；
（8）DC：直流分析。

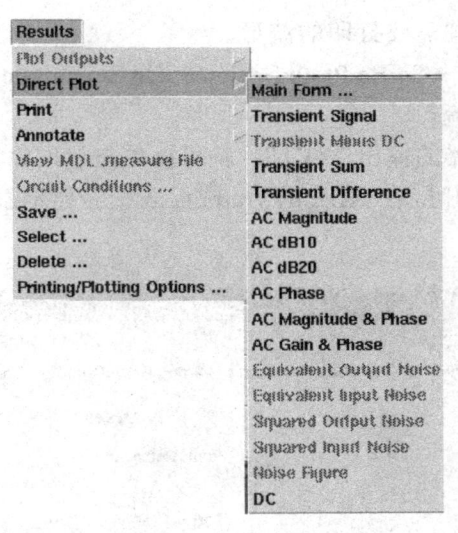

图 5.32　Results 菜单

8. Tools 菜单

Tools 下拉菜单中包括图 5.33 所示的子菜单项。

（1）Parametric Analysis：参变量分析，对器件参数和电路参数进行赋值，可以进行多组同时赋值，进行组合性能分析。

（2）Corners：工艺角分析，用一组制造工艺的极限偏差参数来仿真电路，可以将每组工艺偏差参数的仿真结果与可接受的范围进行比较。

（3）Monte Carlo：蒙特卡罗分析，在给定元件的值和容差范围内，采用随机抽样统计来估算电路的性能统计规律。

（4）Optimization：优化，通过自动调整设计变量，产生新的器件参数，将一个接近性能要求的设计进行优化，从而达到设计指标的过程。

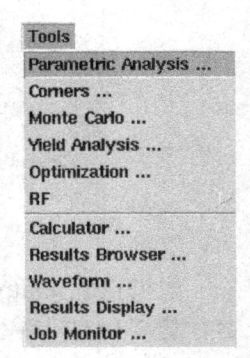

图 5.33　Tools 菜单

（5）Calculator：对仿真结果进一步计算的计算器工具。

（6）Results Browser：结果浏览器，可以读取电路节点和端口的仿真结果，并可对数据进行预处理。

（7）Waveform：仿真结果绘图程序，可以完成图形的缩放、坐标轴的调整、数据的读取和比较，还可以对仿真结果做简单的处理，如取 20dB、取幅值和取幅角等。

5.4　仿真结果显示与处理

仿真结果显示与处理主要有以下几种方式，分别为：直接在 ADE 中设置 Outputs；在 ADE 的 Results 菜单栏下选择 Direct Plot；通过 Results Browser 工具；通过 Calculator 工具，以及综合使用上述工具等。

1．设置 Outputs

在运行仿真前，先设置需要打印的波形。

在菜单栏选择 Outputs→To Be Ploted→Select On Schematic，然后在原理图上单击需要打印的网络电压或节点电流。

例如，关心的是放大器的输出 VOUT，就可以单击该网络，需要查看其他的信息，可以继续在原理图上选择。同时，在 ADE 的 Outputs 区域会显示添加到输出的信号，如图 5.34 所示。

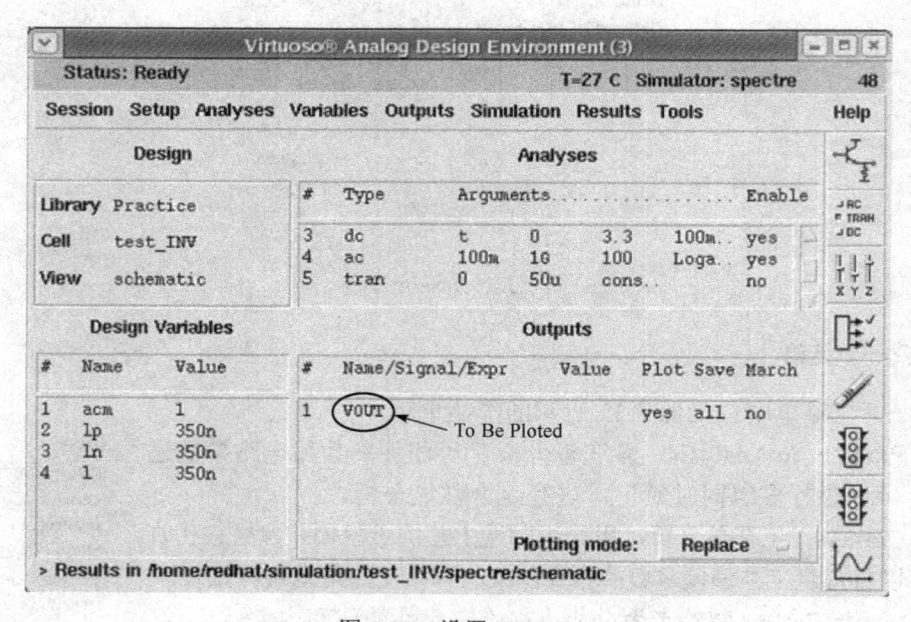

图 5.34　设置 Outputs

通过设置 Outputs 来绘制波形方便快捷，能直观地输出所有网络及节点信息，并且在运行仿真后自动弹出波形窗口。缺点是这种方法并不能对信号进行任何处理，如对幅度取 dB 坐标，这就需要借助 Calculator 工具。

2．选择 Direct Plot

仿真后在 ADE 的 Results 菜单栏下选择 Direct Plot，可以看到 5.3 节图 5.32 所示的结果。在 Main Form 外主要能输出 Transient 仿真、AC 仿真、Noise 仿真\DC 仿真的仿真结果。Main Form 能输出所有仿真的相关信息，但前提是在仿真前设置了保存仿真相关信息。设置在 Outputs→Save All 中进行，如图 5.35 所示。

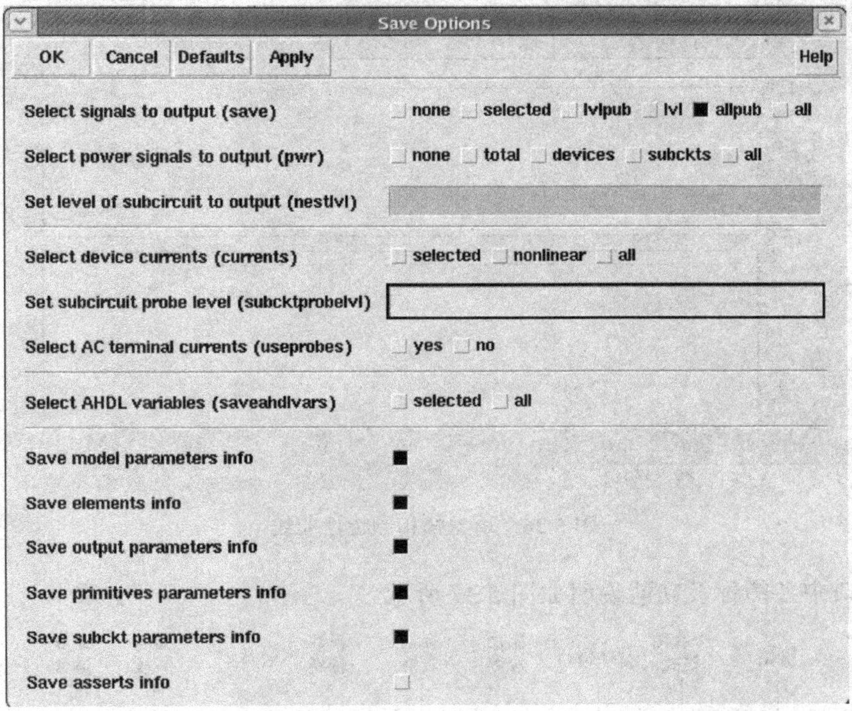

图 5.35 保存选项

保存选项的各选项功能如表 5.1 所示。

表 5.1 保存选项的各选项功能

选项	功能
none	不保存任何数据
selected	仅保存在 Outputs 中设置了 save 属性的信号
lvlpub	保存所有通常有用的信号，按照子电路报告深度 nestlvl 保存子电路电流、电压数据
lvl	根据 nestlvl 深度保存包括子电路的所有信号
allpub	仅保存所有通常有用的信号，通常有用的信号包括节点电压、流过电压源或电流探针的电流
all	保存所有信号
nestlvl	设置子电路报告深度，默认值为无穷大。只有在 pwr 选择 subckts 时才能设置

如果需要保存内部实例的电压、电流信息，使用 lvl 或 all 来代替 lvlpub 或 allpub。例如，电路中 FET 的漏、源电流，BJT 的集电极、基极、发射极电流等。而 lvlpub 和 allpub 选项并不保存上述信息，也不包括流过电感的电流、受控源的电流、传输线的电流等信息。

在 Direct Plot 中可以直接输出 AC 仿真的增益幅相频特性曲线，选择 AC Gain & Phase，然后先后单击输出网络 VOUT 与输入网络 VIN，波形窗口自动弹出曲线，如图 5.36 所示。选择绘制节点电压等信息时，因为可以同时选择多个网络节点，故并不自动弹出波形窗口，按 Esc 键退出当前选择命令后可弹出。

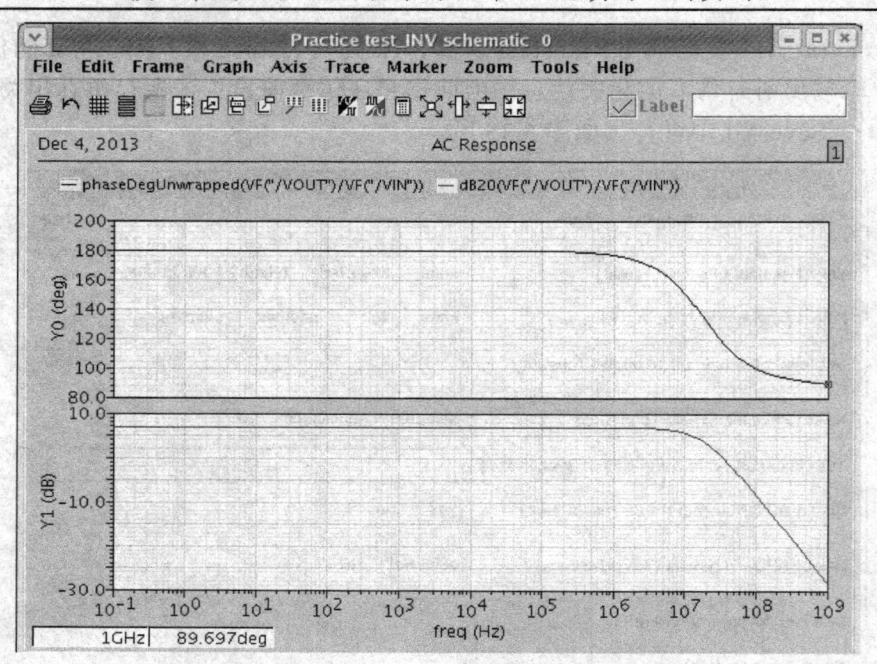

图 5.36 增益幅相频特性曲线

波形窗口中各图标及功能说明如图 5.37 所示。

图 5.37 图标及功能说明

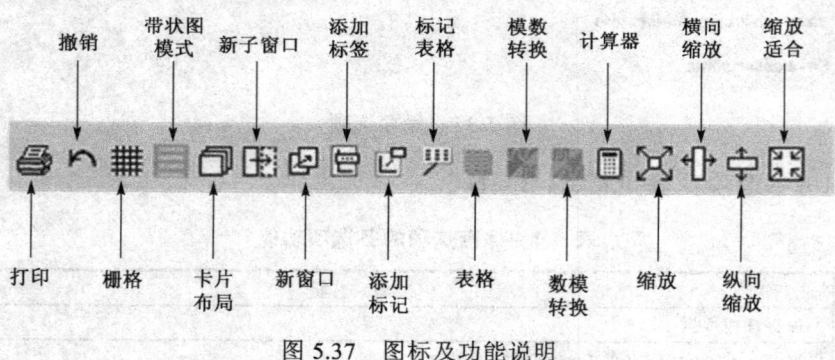

图 5.38 所示为 Direct Plot Form 对话框，为了介绍 Main Form 的功能，这里进行了多个仿真。

在 Direct Plot Form 中各仿真结果都罗列出来了。在 Analysis 中选择仿真类型，在 Function 中选择需要输出的类型，如电压、电流、群延时、噪声系数、零极点等。然后在 Direct Plot Form 最底部有操作提示：Select Net on schematic，或者根据图 5.39 所示的提示 Press plot button on this form 来绘制输出噪声波形。

通过 Direct Plot 方式能方便地查看各种仿真结果，同时也提供了一些常用的数据处理功能，如取 dB20 操作、查看噪声系数、SP 仿真中在史密斯圆图上绘制 S 参数等，是必不可少的查看方式。但是依然存在的不足是没有灵活的处理数据功能，每次仿真结束都需要重新选择需要显示的结果。

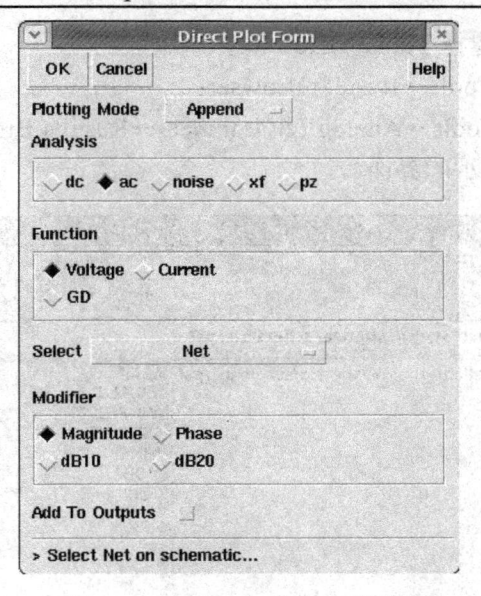

第 5 章 Spectre 模拟集成电路仿真工具

图 5.38 Direct Plot Form 对话框

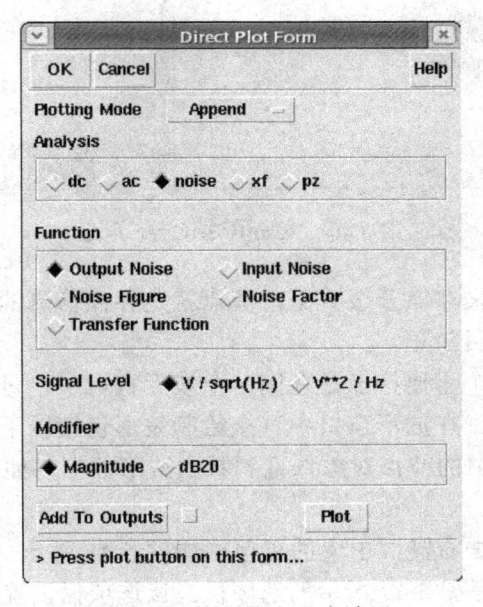

图 5.39 绘制输出噪声波形

3. 使用 Results Browser 工具

查看仿真结果还可以通过 Results Browser 工具来实现,结果浏览器同 Windows 下的资源管理器类似,保存的仿真波形、仿真模型参数及数据结果等都能通过它来查看。同时,可以直接将仿真波形的表达式复制到波形计算器,进行进一步的处理。

打开 Results Browser 有多种方式:

(1) 在 Waveform 中选择 Tools→Browser;

（2）在 Calculator 中选择 Tools→Browser；
（3）在 ADE 中选择 Tools→Results Browser；
（4）在 CIW 中选择 Tools→Analog Environment→Results Browser。
打开后得到图 5.40 所示的界面。

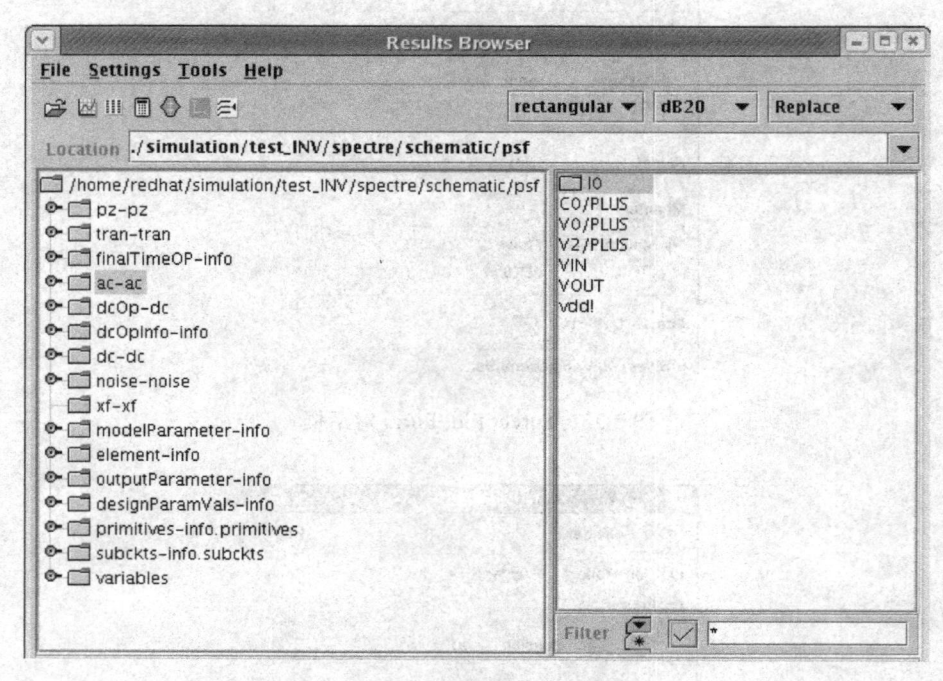

图 5.40　Results Browser 界面

结果浏览器通过节点来存储分级数据，节点就是存储信息的对象。仿真结果保存在仿真路径下的 schematic/psf 目录里。

Results Browser 的一个重要特点是在同一个波形窗口中，可以绘制多个来自同一个仿真或不同仿真的波形结果。在波形窗口中直接绘制波形包括以下几个步骤。

（1）展开结果浏览器中的节点对象，直到看到波形数据，如展开 dc-dc 后，看到 VIN、VOUT 等波形数据。

（2）在波形数据上单击右键，出现的菜单栏如图 5.41 所示。

在绘图前，应该设置好图 5.42 所示的选项栏。该选项栏设置坐标轴类型，同 settings→Plot style，包括纵坐标显示类型、绘图类型等，其具体功能如表 5.2 所示。

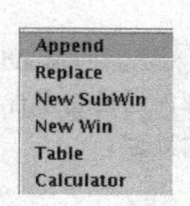

图 5.41　波形绘制菜单栏　　　　图 5.42　绘图类型选项栏

表 5.2　下拉菜单具体功能

坐标类型	功　　能	纵坐标	功　　能
Default	默认	Mag	幅值
rectangular	矩形	Phase	相位
polar	极坐标	WPhase	包裹相位
impedance	跨阻圆图	Real	实部
admittance	导纳圆图	Imag	虚部
realvsimag	复坐标	dB10	10lg（幅值）
		dB20	20lg（幅值）

在结果浏览器中，图标及其功能介绍如表 5.3 所示，其中使用 Calculator 的功能时先单击选定信号，如 dc-dc 下的 VOUT，再单击 Calculator 图标则将打开计算器，并已经将该信号的表达式 v("/VOUT" ?result "dc-dc")填入到了计算器输入栏，这时候可对该信号做进一步的计算。

对两信号作差，如 VOUT 减去 VIN，先在 Results Browser 中选择 VOUT，然后单击作差图标后再单击 VIN，波形窗口将自动弹出。

两信号对比，如绘制 VOUT vs. VIN 曲线，先选择信号 VOUT，然后再单击该图标，最后再单击 VIN 即可。

表 5.3　结果浏览器图标及其功能介绍

图　标	功　　能	图　标	功　　能
📂	打开结果文件	↕	两信号作差
📊	绘制波形	⌐	作 Y vs. X 曲线
⌗	以表格形式显示结果	≡	设置横坐标范围
🖩	将信号送入计算器缓存		

通过 Results Browser 工具来查看仿真结果，可以看到所有仿真结果，同时可以通过保存多个 psf 文件的方式比较不同仿真条件下的仿真结果，缺点是基本不具备数据处理能力，如查看增益等仍然需要借助其他工具。

4. 使用 Calculator 工具

Calculator 可以对仿真数据进行很多处理，从而得到需要的输出结果。Calculator 内置许多函数，主要功能是做数据处理。

使用 Calculator 选择需要处理的数据，可以有 3 种实现方法：(1) 通过 Results Browser 将信号复制到 Calculator 缓存；(2) 通过 Waveform 将波形曲线数据发送到 Calculator 缓存；(3) 在 Schematic 里面选择信号电压、电流或其他参数。

在 ADE 界面选择 Tools→Calculator 将打开 Calculator 界面，如图 5.43 所示。键盘区可以进行简单的计算输入操作，其右边为函数选择区，可以通过右下角的 Filter 选择显示的函数类型，中间为输入区，可以通过计算机键盘或 Calculator 键盘区直接进行输入。

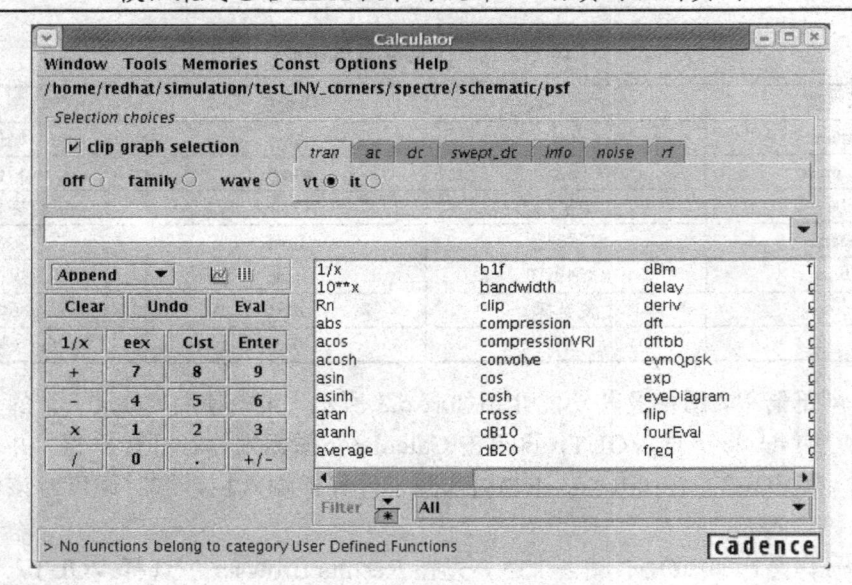

图 5.43　Calculator 界面

这里重点介绍上述第 3 种在 Schematic 里面选择数据的方法。执行具体仿真后，在 Calculator 的 Selection Choices 框里面选择相应的仿真，部分可选数据类型如表 5.4 所示。

表 5.4　数据类型及其说明

数据类型	说　明	数据类型	说　明
vt	瞬态电压	vs	源扫描电压
it	瞬态电流	is	源扫描电流
vf	交流电压	op	直流工作点
if	交流电流	opt	瞬态工作点
vdc	直流电压	var	设计变量
idc	直流电流	mp	模型参数

选择数据时先在 Calculator 中选择数据类型，单击后 Schematic 将变为桌面最前端，选择相应的节点、网络或元件即可，如果选择的元件不止有一个参数，将弹出参数选择窗口，如选择 op 直流工作点，单击 NMOS 后弹出图 5.44 所示的参数选择对话框，在 List 中选择具体的参数即可。

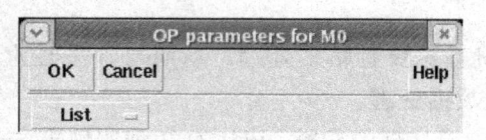

图 5.44　参数选择对话框

如需要查看反相器中 NMOS 管跨导 g_m 随输入电压的变化曲线，可以在 List 中选择 gm，然后 Calculator 缓存中将显示表达式：OP("/I0/M0","gm")，此时只能得到一个点的跨导值。若想查看 g_m 随输入电压的变化曲线，需要利用 Parametric Analysis 工具。

运行 Parametric 分析需要将直流输入电压设置为参数（如 Vin），并在 ADE 中赋初值。参数分析设置如图 5.45 所示。

图 5.45 参数分析设置

因为只要查看 g_m 随输入的变化，为了节约仿真时间，只需进行直流工作点仿真即可，故在 ADE 中选择 dc 分析，并只选择保存直流工作点，如图 5.46 所示。

图 5.46 直流工作点仿真设置

设置好仿真后在 Parametric Analysis 工具中选择 Analysis→Start 即可执行参数分析。

打开 Calculator，选择 info 下的 op 后，单击 NMOS 管 M0，在弹出的参数选择窗口中选择 gm，单击图标 即可绘制跨导对于输入电压的关系曲线，仿真结果如图 5.47 所示。

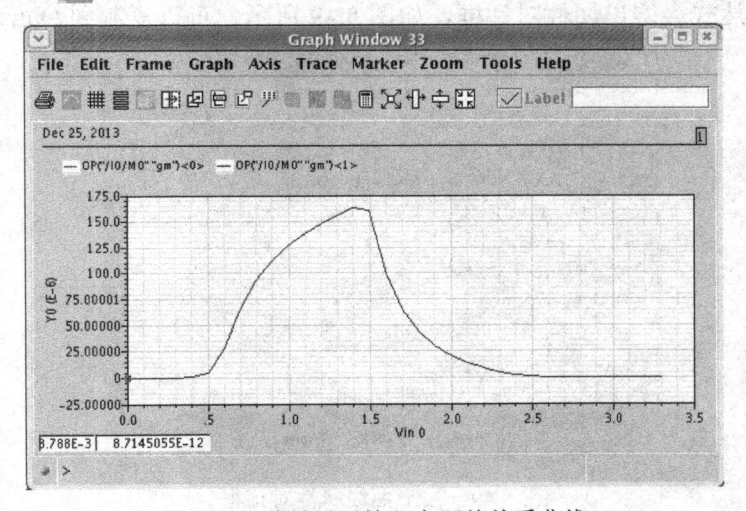

图 5.47 跨导对于输入电压的关系曲线

Calculator 自带许多函数，可以对数据进行基本的数学运算处理、特殊功能处理等。通过 Calculator 查看仿真结果能够方便地对仿真数据进行处理，同时也是其他查看方式所不具备的功能，与其他工具配合能高效地发挥其优势。但由于每次仿真结束需要重新打开 Calculator 来处理，因此不够快捷灵活。

5. 综合使用各种工具

事实上查看仿真结果是综合了以上提到的 4 种方法，尽量通过 ADE 中 Outputs 来显示。下面以查看推挽放大器的增益幅相频特性曲线为例，演示如何配合使用各工具。

执行 AC 分析后，在 ADE 界面选择 Results→Direct Plot→AC Gain & Phase，然后依次在仿真原理图中单击 VOUT 和 VIN，弹出波形窗口，如图 5.48 所示，可以看到波形窗口中求增益的幅频特性曲线表达式为：dB20(VF("/VOUT")/VF("/VIN"))，相频特性曲线为：phaseDegUnwrapped(VF("/VOUT")/VF("/VIN"))。

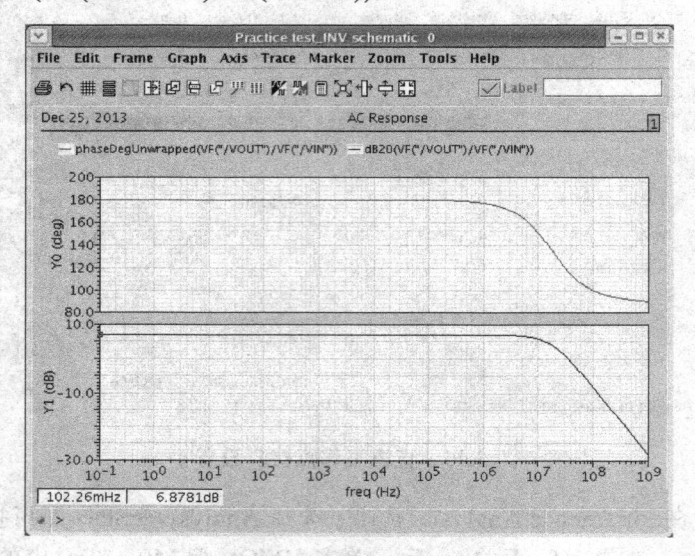

图 5.48 放大器幅频与相频曲线

双击相位表达式会弹出属性对话框，如图 5.49 所示，可以复制到 Outputs 设置中。

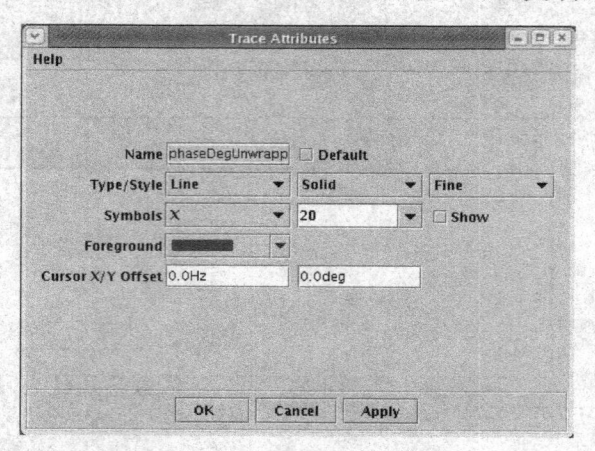

图 5.49 波形曲线属性对话框

第 5 章 Spectre 模拟集成电路仿真工具

在 ADE 界面下选择 Outputs→Setup，打开图 5.50 所示的输出设置对话框，选择好表达式后在输出设置对话框的 Expression 栏单击鼠标，按鼠标中键即可复制表达式到输出设置窗，单击 Apply 按钮即可保存。

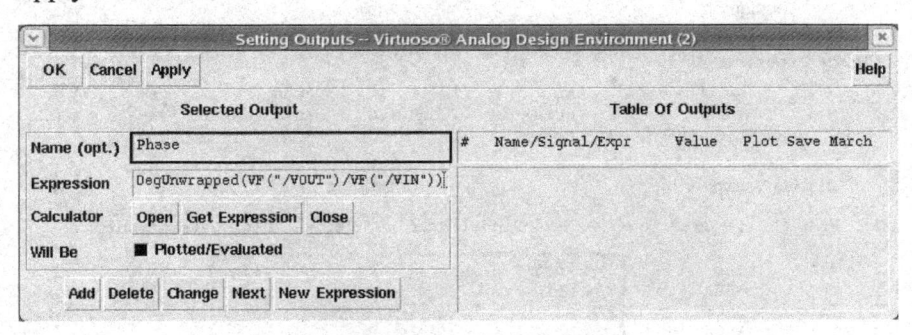

图 5.50　输出设置对话框

下面添加相位裕度 PhaseMargin 输出，此时需要借助 Calculator 工具，在图 5.50 所示的窗口中单击 Open 打开 Calculator，首先将增益表达式 VF("/VOUT")/VF("/VIN")复制到 Calculator 缓存中，然后选择函数 phaseMargin，如图 5.51 所示，得到相位裕度表达式：phaseMargin(VF("/VOUT")/VF("/VIN"))，此时可以单击 Get Expression 将表达式复制到输出设置对话框中。

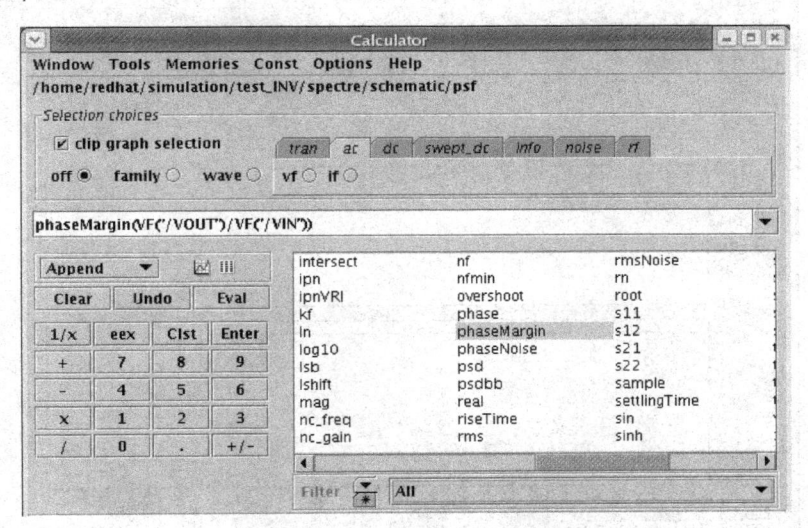

图 5.51　相位裕度表达式获取

设置好输出后的 ADE 界面如图 5.52 所示，现在运行仿真即可自动显示输出。

下面观察仿真结果，可以看到在图 5.53 所示的波形窗口中，增益和相位标注不再为具体的表达式，而是刚刚设置好的名称 Phase 和 Gain，同时相位裕度显示在图 5.54 所示的 ADE 输出界面中。

这种方法在电路设计过程中非常有用，因为在电路设计中需要进行多次仿真，通过不断调整电路参数或结构来达到设计指标，如果每次都需要重新选择增益的幅频、相频曲线，重新通过 Calculator 计算相位裕度，会浪费很多宝贵时间。本节中使用了 Direct Plot 与 Calculator 以及设置 Outputs 相结合的方法显示仿真结果，使得设计符合具体的需求。

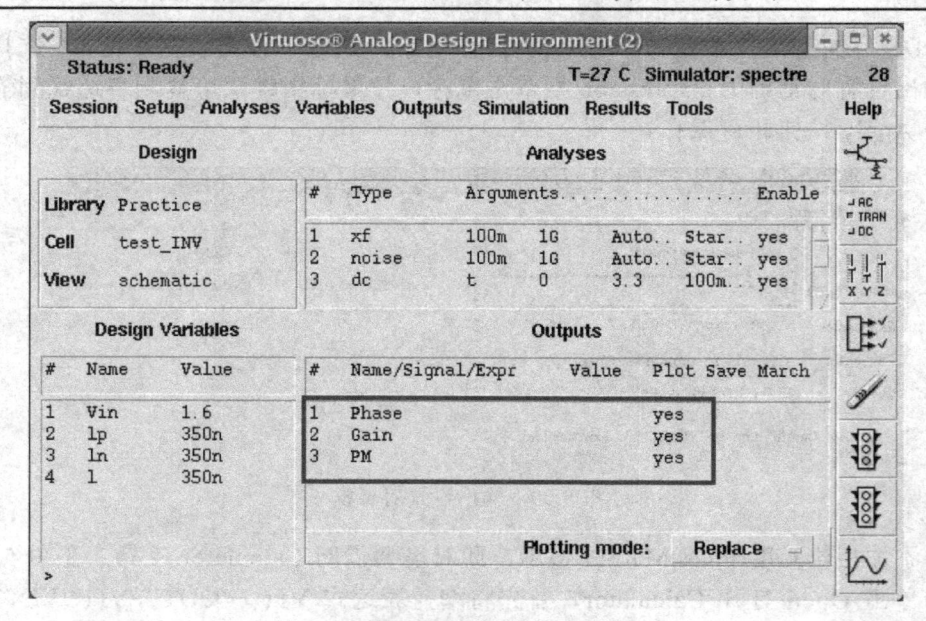

图 5.52 设置好输出后的 ADE 界面

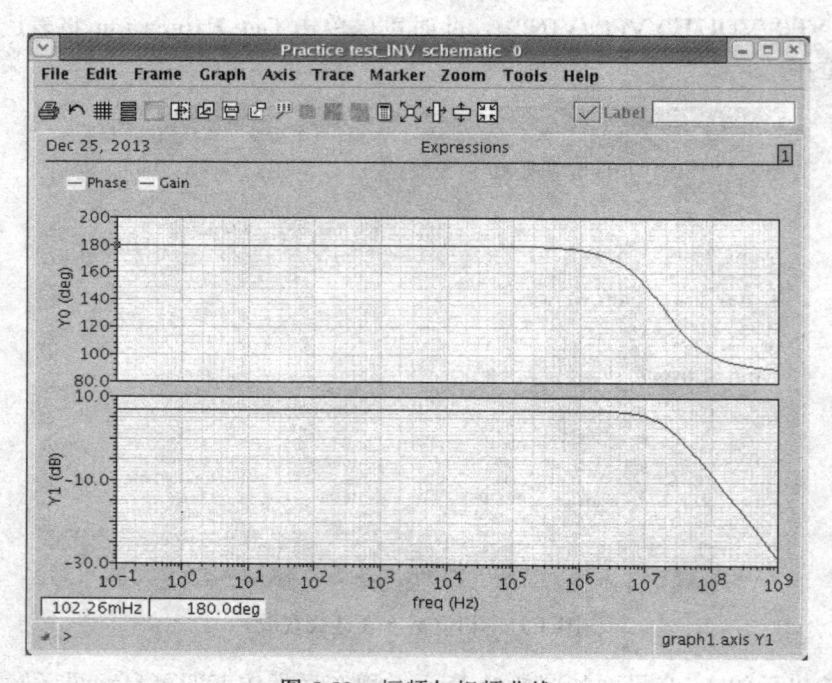

图 5.53 幅频与相频曲线

图 5.54 相位裕度输出

5.5 电路优化

1. 优化的设置

优化（Optimization）是采用一种优化器（Optimizer）工具，产生新的器件参数，自动调整设计变量，从而达到设计指标的过程。优化器调整设计变量的值，使表达式的值向目标值靠近；每次改变设计变量后，都进行一次仿真，来检查表达式的值是否满足要求；如果没有满足，将重复上面的过程。

Optimization 的仿真环境、仿真类型的设置可直接从 Virtuoso® Analog Design Environment（ADE）中获得。下面以一个共源放大器的为例来介绍优化的使用。

首先绘制共源放大器的电路图，包含一个 NMOS 管、一个电阻、一个电容和两个电压源。将两个电压源的大小、NMOS 管的栅长和栅宽、电阻值以及电容值设为设计变量，分别命名为：VDD、VG、W、L、R、C，如图 5.55 所示。

假设该共源放大器的指标是带宽和增益，那么可对 AC 仿真中的频率进行扫描，扫描范围为 1~10MHz。其设置窗口如图 5.56 所示。

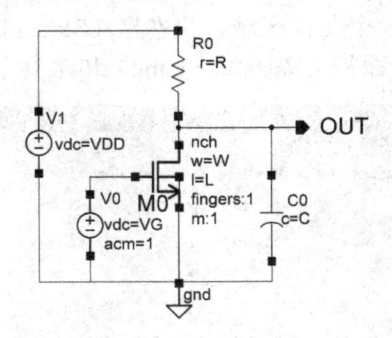

图 5.55 仿真用共源放大电路

图 5.56 AC 仿真变量设置

在上述赋值设计变量下，放大器的幅频特性如图 5.57 所示，此时增益约为 0dB。下面使用 Optimization，将使得增益提高。

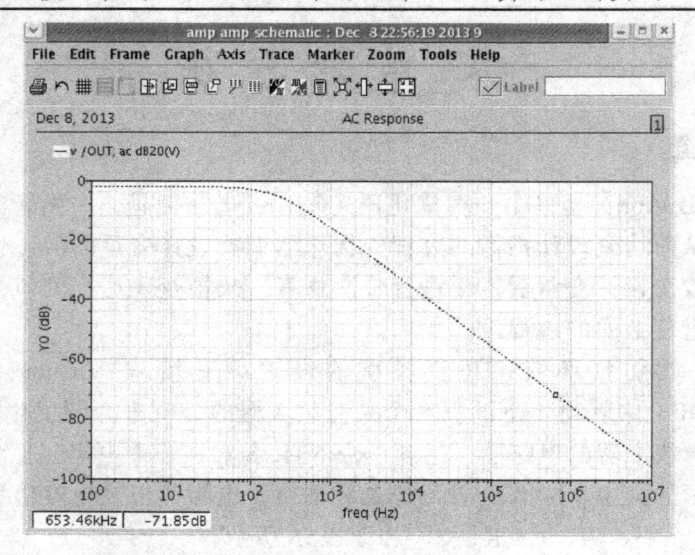

图 5.57 使用 Optimization 前的 AC 仿真结果

在 ADE 窗口中选择 Tools→Optimization...，弹出 Virtuoso® Analog Circuit Optimizer 窗口，Optimizer 窗口中包含 5 个工作区域，状态栏（Status Display）、菜单（Menu）、优化对象面板（Goals Pane）、变量面板（Variables Pane）和工具条（Tool Bar），如图 5.58 所示。

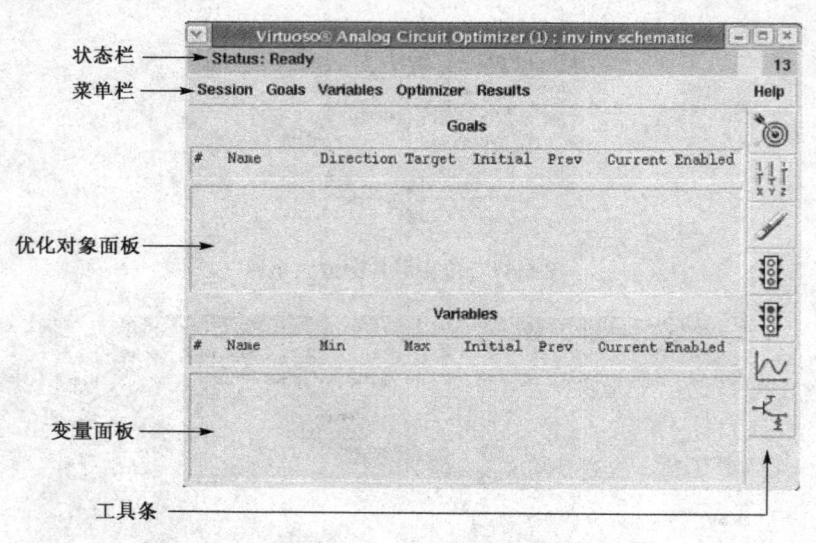

图 5.58 Virtuoso® Analog Circuit Optimizer 窗口

菜单栏中显示了 Optimizer 中的菜单，其各下拉菜单的具体操作如图 5.59 所示。

将共源放大器在 1Hz 频率下的增益定为优化对象，需要给出的表达式为 dB20 (value (VF("/OUT") 1))。

2. 放大器增益与带宽优化

接着给出在优化中，为了获得最大的增益，对象的方向为：maximize。

在 Optimizer 窗口菜单中选择 Goals→Retrieve Outputs。然后在 ADE 窗口中定义的输出，将作为对象出现在 Goals Pane 中，图 5.60 所示为 gain 作为输出对象的结果。

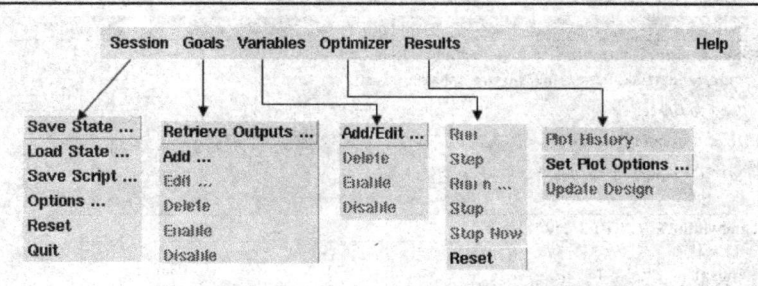

第 5 章 Spectre 模拟集成电路仿真工具

图 5.59 Optimizer 窗口的各下拉菜单

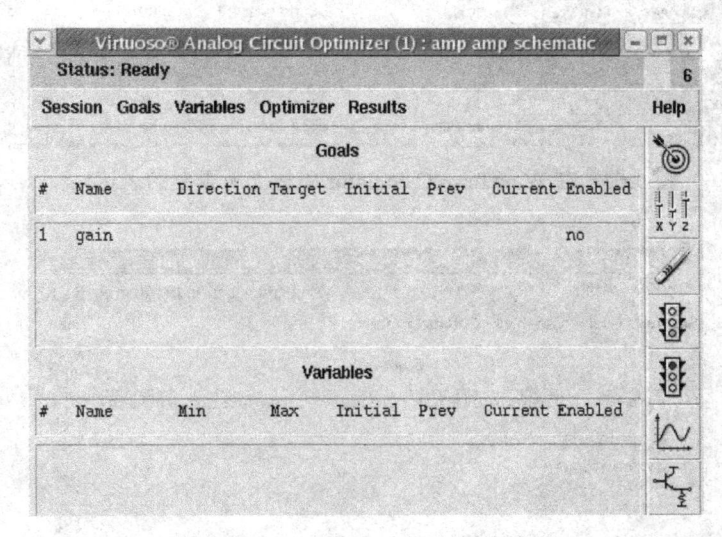

图 5.60 gain 作为输出对象的结果

图 5.61 所示为以共源放大器的带宽为优化对象，目标为带宽大于 100Hz，优化允许范围为 2%的设置。图 5.62 所示为在 Waveform Calculator 中建立 3dB 带宽的表达式，图 5.63 所示为设置的对象加入到 Optimizer 后的窗口显示情况。

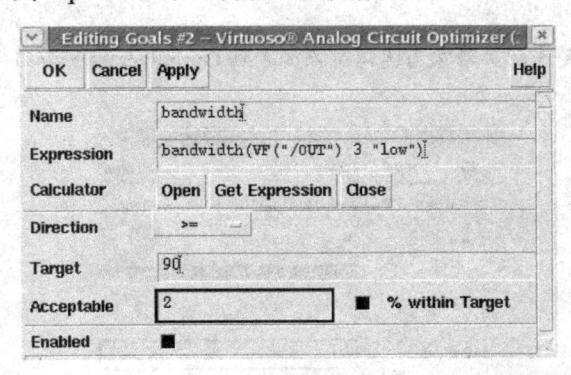

图 5.61 以共源放大器的带宽为优化对象的设置

通过下面的步骤，在 Optimizer 窗口中添加设计变量。选择 Variables→Add/Edit 或单击 Tool Bar 中的 Add/Edit Variables，此时弹出 Editing Variables 对话框，在其中填写相应值，如图 5.64 所示，添加后的 Optimizer 窗口如图 5.65 所示。

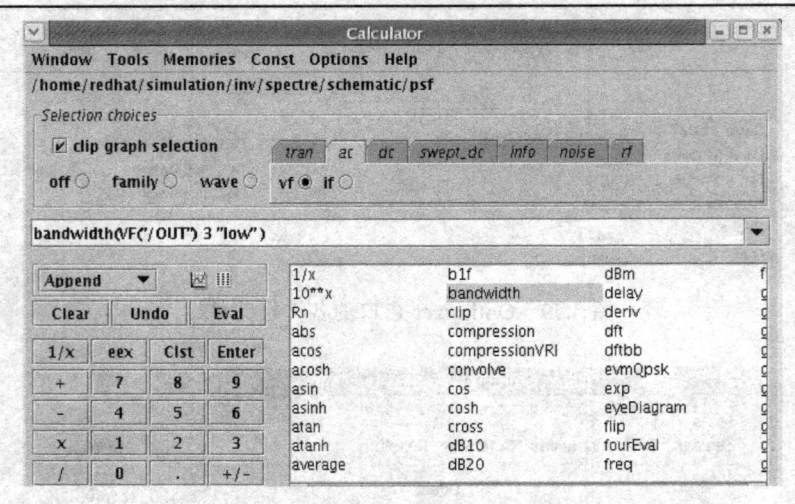

图 5.62 在 Waveform Calculator 中建立所需要的表达式

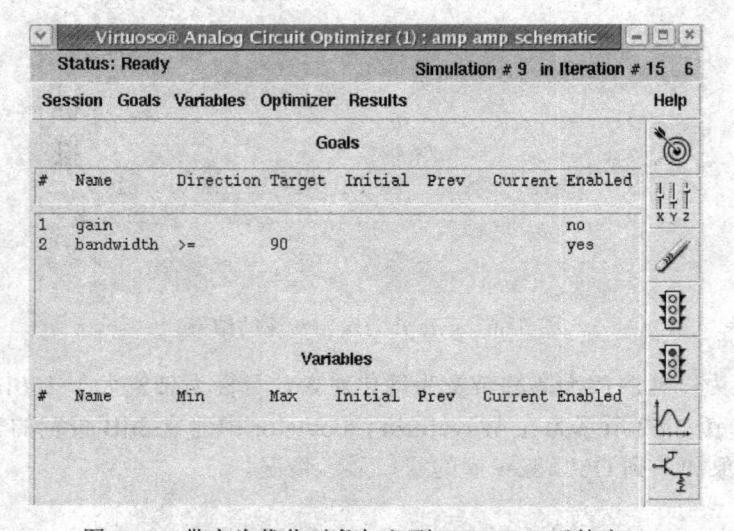

图 5.63 带宽为优化对象加入到 Optimizer 后的窗口

图 5.64 添加一个设计变量

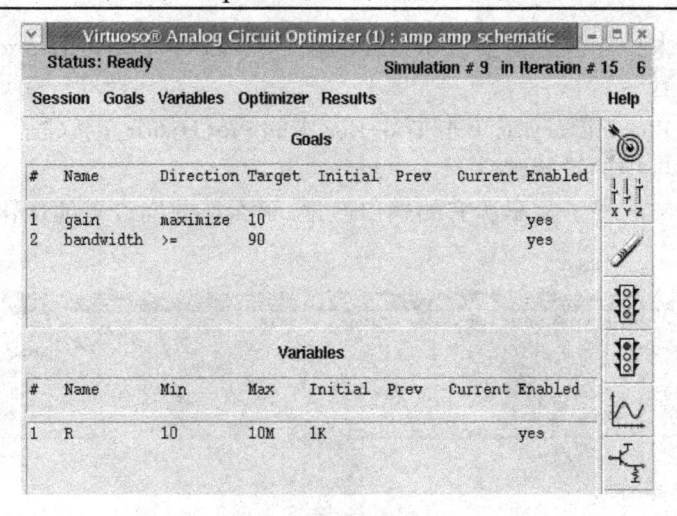

图 5.65　变量添加后的 Optimizer 窗口

3．显示优化结果

当优化器获得结果时，可以将参数更新为优化后的值。

（1）设置显示选项

在 Optimizer 窗口中选择 Results→Set Plot Options，将弹出 Setting Plotting Options 对话框，如图 5.66 所示。如果需要追踪优化时的每一步，可以将 Auto Plot After Each Iteration 选中。如果不需要追踪优化时的每一步，而是在优化结束后再显示结果，可以不选中 Auto Plot After Each Iteration。

图 5.66　显示设置对话框

选中 Variable 将显示设计变量在优化的过程中是如何变化的。
选中 Scalar Goals 将显示标量对象在优化过程中是如何向目标靠近的。
选中 Functional Goals 将显示一个波形对象是如何向目标靠近的。

如果有太多或太少的波形需要显示，可以在 No. of Functional Iterations to Display 栏输入每次显示的波形数量。

选择 Results→Plot History 或单击 Tool Bar 中的 Plot History，新建的 Waveform Window 窗口将按照显示选项中的设置建立。

如果显示设置中选择了显示所有的输出数据，那么在前面设置的优化下，输出如图 5.67 所示。

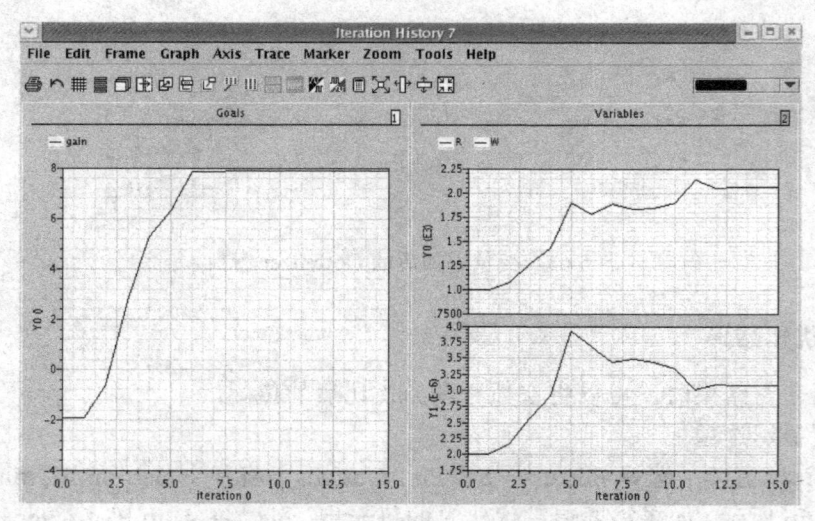

图 5.67　选择所有输出数据后的显示

（2）更新设计

通过下面的步骤，将优化后的设计变量复制到电路图中。

① 在 Optimizer 窗口中选择 Results→Update Design，或者单击 Tool bar 中的 Update Design。

② 在 ADE 窗口中选择 Variables→Copy to Cellview。

③ 在 ADE 窗口中选择 Design→Check and Save。

4．当前状态的保存与读取

选择 Session→Save State，然后弹出 Saving State 对话框，保存状态对话框，如图 5.68 所示。

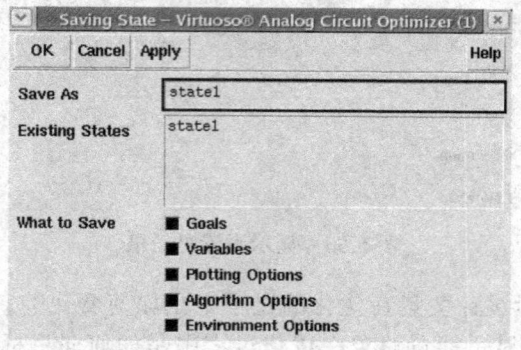

图 5.68　保存状态对话框

选择 Session→Load State，然后弹出 Loading State 对话框，选择需要读取的状态，如图 5.69 所示。

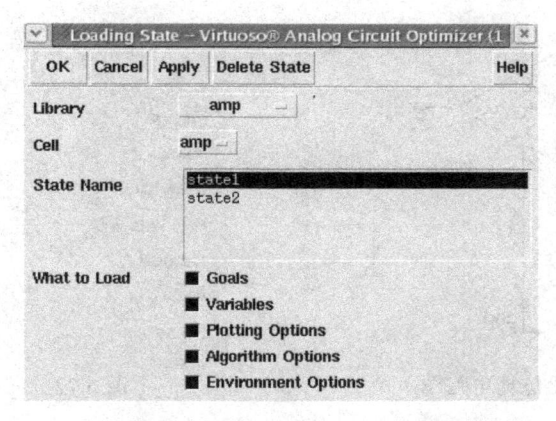

图 5.69 读取以前保存的状态

5.6 工艺角分析

在理论的制造工艺中，工艺参数都是一个确切的值，这些参数能够帮助设计者来评估设计。然而，在实际制造工艺中，工艺参数都会受到制造偏差的影响而在偏离理想值的一定范围内波动，所有元件随机工艺参数的偏差将导致整个电路产率的不确定性。

工艺角分析（Corners Analysis）能观察制造工艺中工艺参数最极端偏差下的电路响应，通过工艺角分析，设计者能得出在制造工艺的偏差下，电路能否满足设计要求的结论，如果不满足要求，需要对电路进行重新调整。

下面以反相器为例，介绍使用工艺角分析工具的具体步骤。

1. 建立仿真电路图

反相器的电路图如图 5.70 所示。

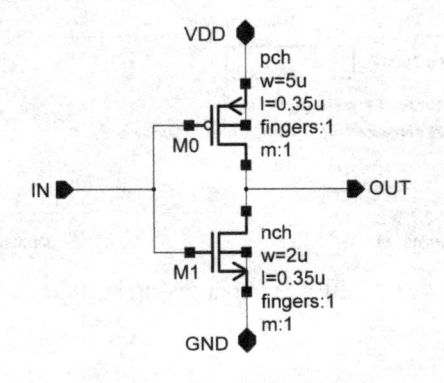

图 5.70 反相器的电路图

生成 Symbol 后，建立的仿真电路图如图 5.71 所示。
输入的激励脉冲电压源 vpulse 的关键设置如图 5.72 所示。

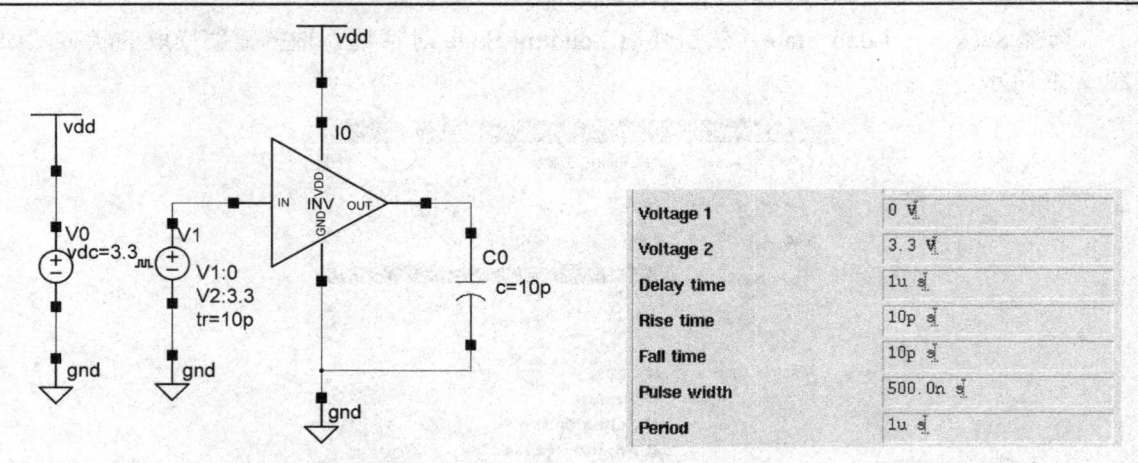

图 5.71　反相器仿真电路图　　　　　图 5.72　vpulse 的关键设置

2. ADE 仿真设置

进行工艺角分析需要具备的条件为：电路能进行仿真，即在 ADE 中根据分析需求设置特定的仿真，并能正常执行该仿真。

首先在仿真电路 Schematic 工具中选择 Tools→Analog Environment 来打开 ADE 窗口。本节关注反相器的上升、下降时间，因此需要进行瞬态（tran）分析，tran 分析的设置如图 5.73 所示。

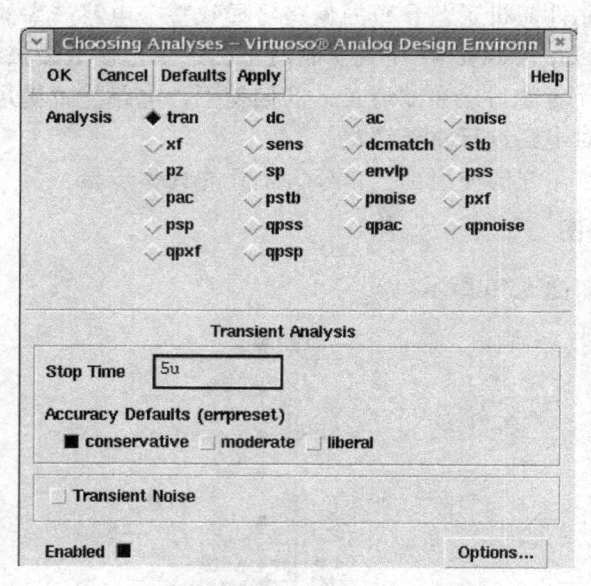

图 5.73　tran 分析的设置

3. 添加工艺角文件

设置好结果保存与打印后，选择 Tools→Corners，如图 5.74 所示，运行工艺角分析工具。

打开 Corners Analysis 界面后，有两种方法设置工艺角分析使用的工艺：一种是导入工艺库提供的工艺定制文件（pcf）或者手动编辑 pcf 文件；另一种是通过 SPICE 模型文件里面的工艺角参数，在 Corners Analysis 界面手动添加工艺角设置，设置好后也可以保存为 pcf 文件。下面分别介绍这两种方式。

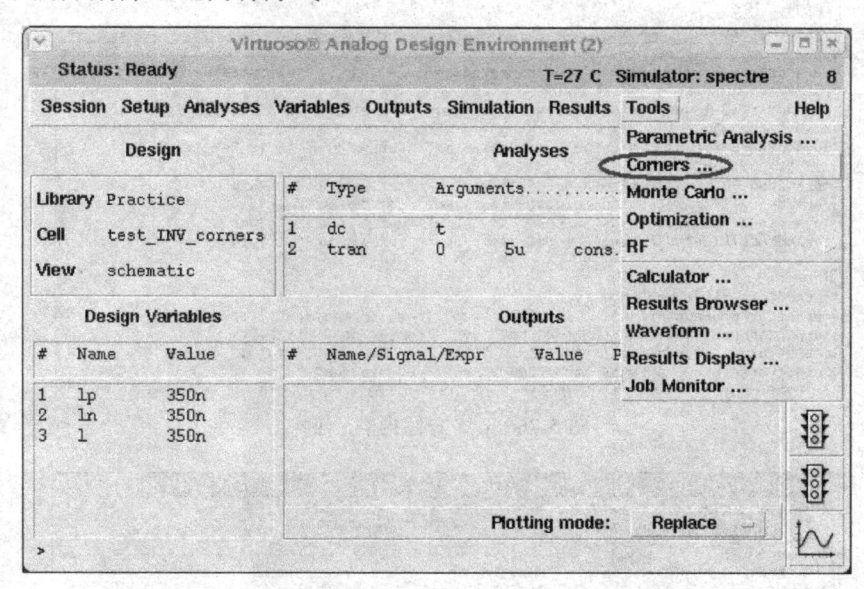

图 5.74 启动 Corners Analysis 工具

（1）导入 PCF 文件

在 Corners Analysis 界面选择 File→Load，弹出.pcf 文件选择界面，选择指定的.pcf 文件，如 tsmc35mm.pcf，单击 OK 按钮后得到图 5.75。

PCF 文件内容示例如图 5.76 所示，pcf 文件定义了进行工艺角分析的详细设置，可以直接修改该文件进行具体设置。

（2）自定义设置工艺

在 Corners Analysis 工具界面下选择 Setup→Add Process，打开添加工艺的界面，如图 5.77 所示。

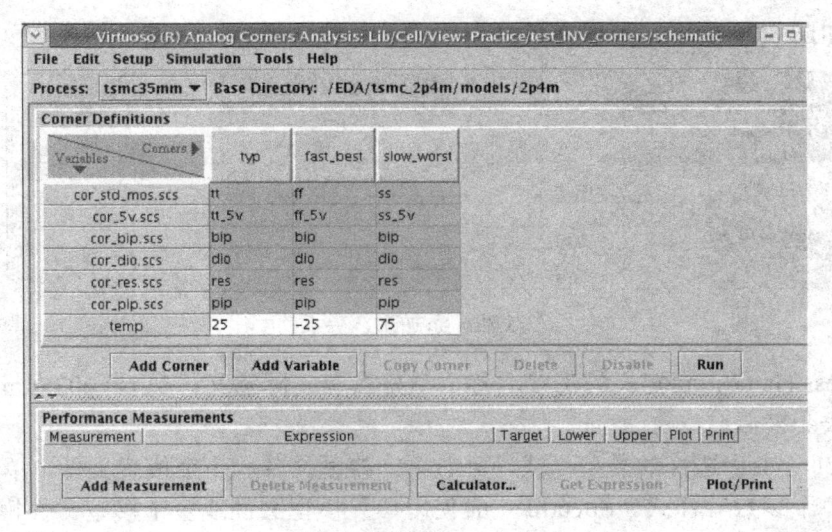

图 5.75 导入 pcf 文件

图 5.76 pcf 文件内容示例

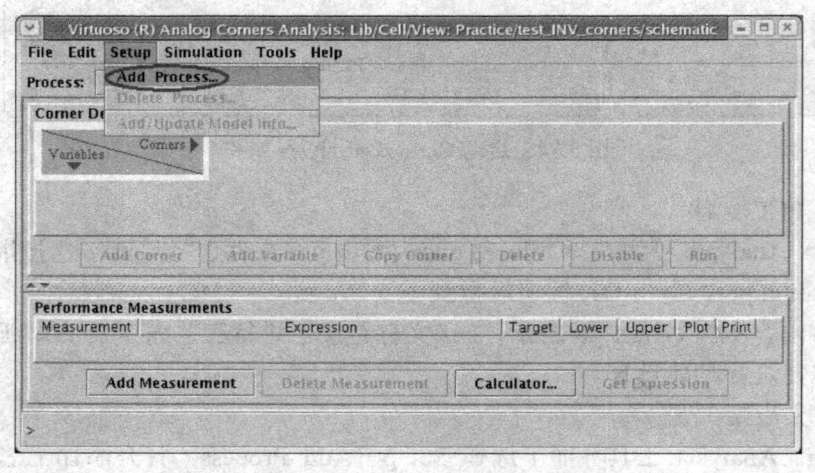

图 5.77 打开添加工艺的界面

打开后如图 5.78 所示，可以在各栏设置工艺名称、模型文件路径与模型文件。

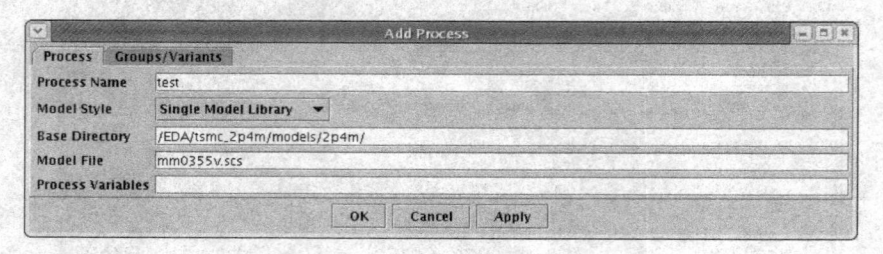

图 5.78 添加工艺界面

① Process Name：自定义的工艺名称，最好具有实际意义，如 tsmc035um，这里为了示范，用了 test 来命名。

② Model Style：选择的模型样式，可选单一模型文件、多个模型文件、单一枚举、多个枚举以及多个参数等样式。Spectre 一般使用单一模型文件或多个模型文件模式。

③ Base Directory：基本路径，这里指定模型文件的路径。

④ Model File：仿真使用的模型文件。

⑤ Process Variables：工艺变量，这里不设置，在 Groups→Variants 里面设置，如图 5.79 所示。

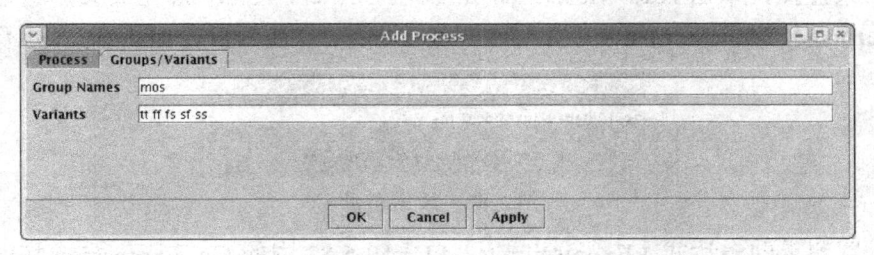

图 5.79　分组变量设置

⑥ Group Names：定义分组变量名称，可以自定义设置，一般针对每种元件设置一个分组，如 MOSFET、RES、CAP、BJT、DIO、IND 等。

⑦ Variants：设置变量值，要求变量值在模型库文件 section 段中有定义，如果是其他值均会报错，不能通过仿真。

4．工艺角设置

单击 Add Corner 添加工艺角名称或选择 Edit→Corner Definitions→Add Corner 进行添加，如图 5.80 所示。

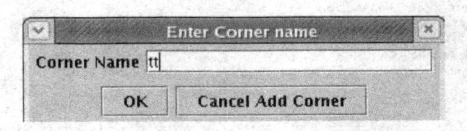

图 5.80　添加工艺角名称

Corner Name：工艺角名称，用户自定义，如设置为 typical、fast、slow 等表征工艺角特性的名称，本节中定义的为 tt、ff、fs、sf 和 ss。

添加好工艺角名称后，再设置各工艺角下模型的工艺角参数，如工艺角温度设置等，设置好后如图 5.81 所示。

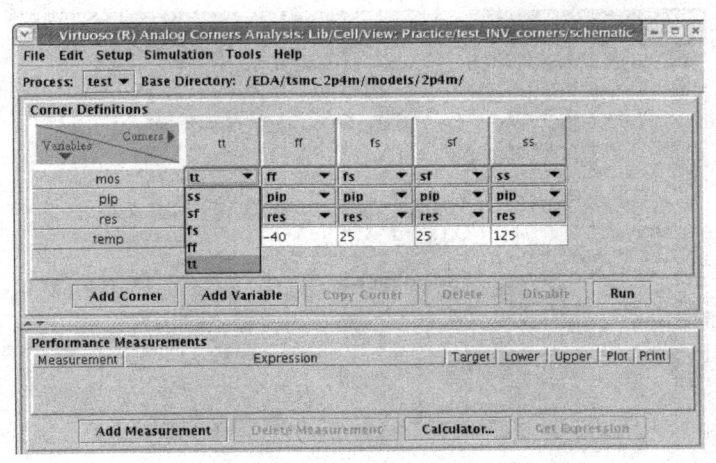

图 5.81　设置工艺角

5. 设置测量

工艺角分析的目的是检查各种工艺角情况下，电路是否达到了设计指标要求。可以通过添加测量来监控，单击 Add Measurement 或在 Corners Analysis 工具菜单栏中依次选择 Edit→Performance Measurements→Add Measurement 来添加测量，如图 5.82 所示。

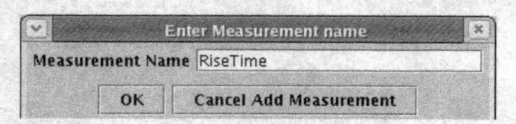

图 5.82 添加测量

可以设置测量的表达式（Expression），单击图 5.83 中的 Get Expression 按钮，将复制 Calculator 缓存中的表达式到 Expression 处。如果计算器未打开，单击 Get Expression 按钮将打开 Calculator，设置好 Expression 后再单击 Get Expression，复制到测量的表达式中。

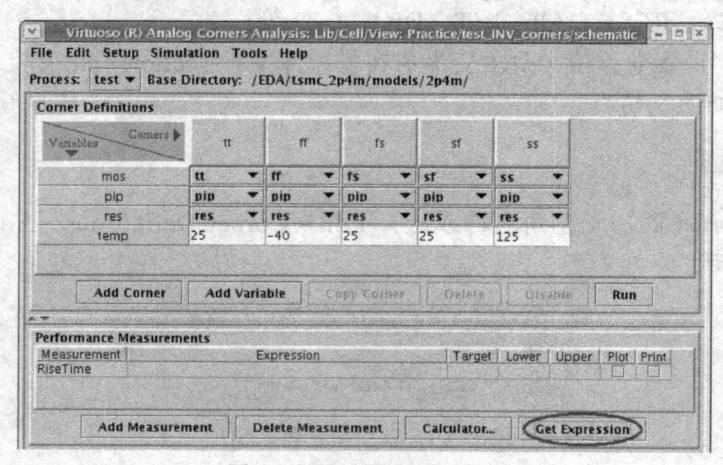

图 5.83 设置测量表达式

以计算输出信号的上升时间为例，在 Calculator 中选择 tran 下面的 vt，然后单击原理图中的 VOUT，复制 VOUT 到计算器缓存中。选择计算器中的 risiTime 函数，得到图 5.84 所示的界面。

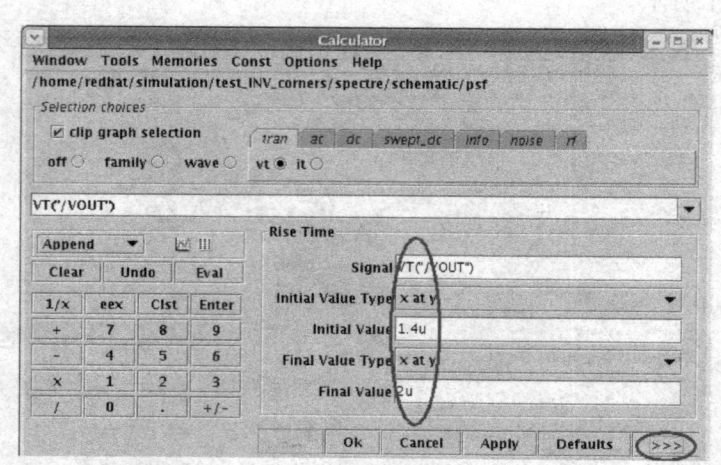

图 5.84 上升时间设置（1）

各选项说明如下。

（1）Signal：自动填入缓存中的数据 VT("/VOUT")。

（2）Initial Value Type：设定初始值类型，x at y 代表设置 x 值，y 代表设置 y 值。

（3）Initial Value：设定初始值。

（4）Final Value Type：设定终值类型。

（5）Final Value：设定终值。

上升时间设置（2）如图 5.85 所示。

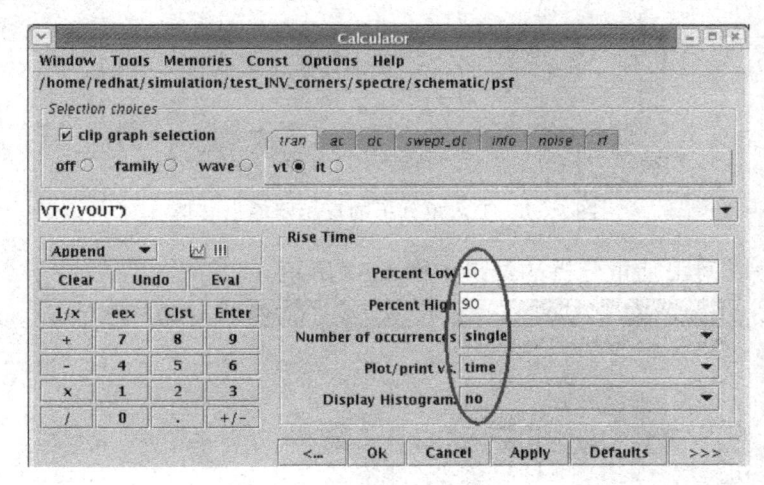

图 5.85　上升时间设置（2）

（1）Percent Low：测量起点占终值的百分比，上升时间定义为 10%。

（2）Percent High：测量终点占终值的百分比，下降时间定义为 90%。

（3）Number of occurences：捕捉边沿次数，分为 single 和 multiple，实际中每次跳变边沿上升、下降时间并不一致，这里选择 single，单次捕捉。

（4）Plot/print vs.：以时间或周期数为横坐标输出，只在 Number of occurrences 设置为 multiple 时有意义。选择 time 时以具体边沿时间为横坐标，若选择 circle 则以周期数 1、2、3……为横坐标。

（5）Display Histogram：是否显示柱状图。

测量设置好后如图 5.86 所示。

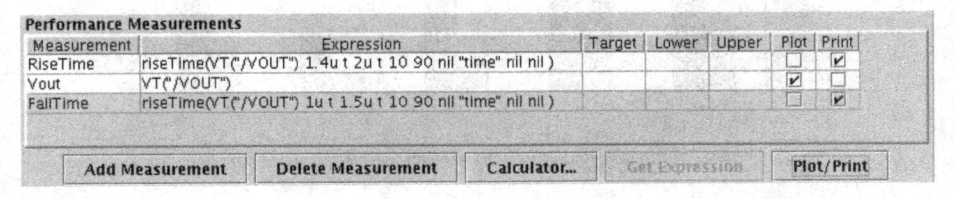

图 5.86　设置好的测量表达式

6．执行工艺角分析

工艺角分析设置好后，单击工具界面上的 Run 按钮即可执行工艺角分析。反相器输出波形如图 5.87 所示。

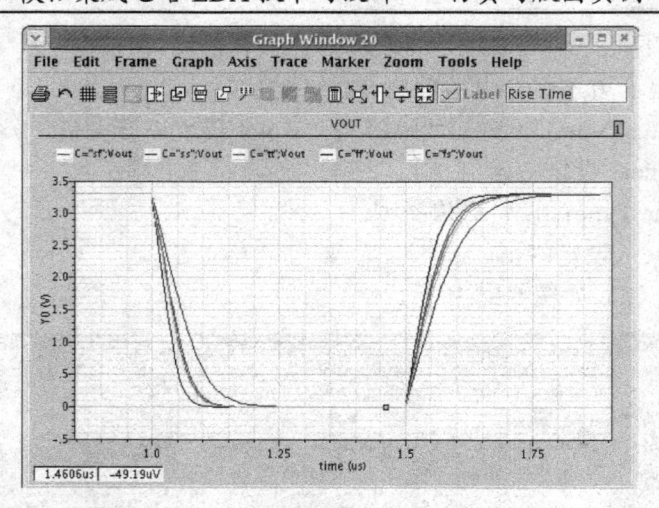

图 5.87　工艺角分析的反相器输出波形

上升、下降时间工艺角分析的结果如图 5.88 所示。

图 5.88　上升、下降时间

用柱状图显示的上升、下降时间如图 5.89 所示。

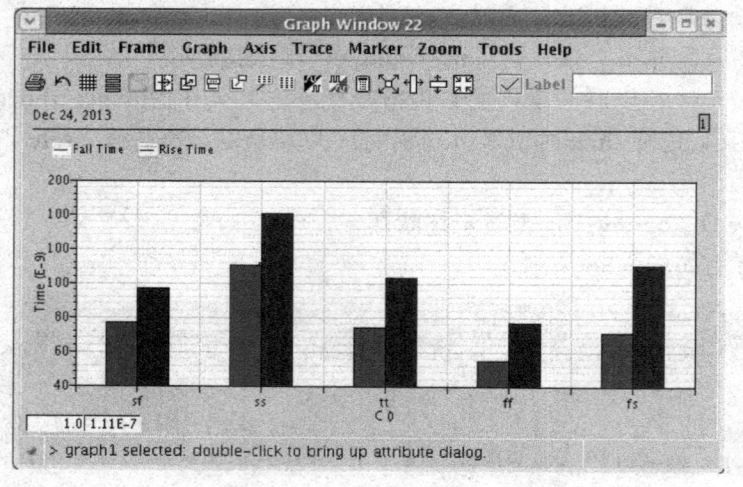

图 5.89　柱状图显示的上升、下降时间

7. 保存自定义设置

设置好的工艺角分析参数可以保存为 pcf 文件，下次仿真时可以直接通过导入 pcf 文件方式设置工艺角仿真参数，而不需要进行繁杂的自定义设置。

选择 File→Save Setup As 将打开保存界面，保存为 test.pcf，如图 5.90 所示，如果已经保存过，修改后直接选择 File→Save Setup，即可保存到当前的 pcf 文件。

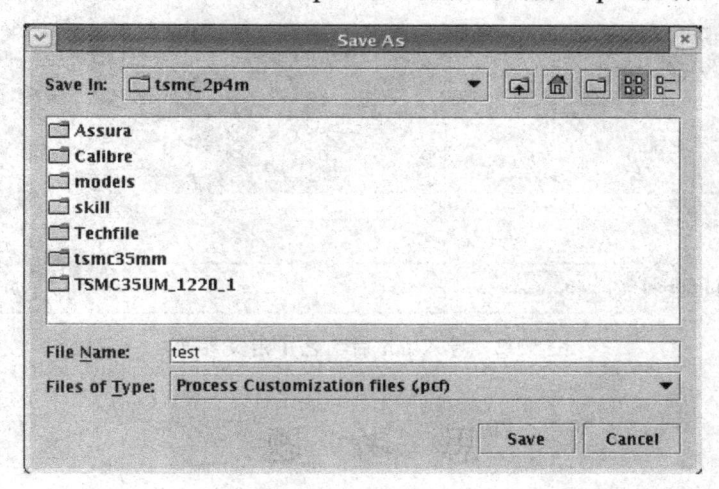

图 5.90　保存 pcf 文件

通过导入 pcf 文件设置时，在 Corners Analysis 工具界面不可以再修改器件工艺角参数，需要直接修改文件。保存的 test.pcf 文件部分如图 5.91 所示。

```
corAddProcess( "test" "/EDA/tsmc_2p4m/models/2p4m/" "singleModelLib" )
corSetModelFile( "test" "mm0355v.scs" )
corAddModelFileAndSectionChoices( "test" "mos" '("ss" "sf" "fs" "ff" "tt") )
corAddModelFileAndSectionChoices( "test" "pip" '("pip") )
corAddModelFileAndSectionChoices( "test" "res" '("res") )

corAddCorner( "test" "tt" )
corSetCornerGroupVariant( "test" "tt" "res" "res" )
corSetCornerGroupVariant( "test" "tt" "pip" "pip" )
corSetCornerGroupVariant( "test" "tt" "mos" "tt" )
corSetCornerRunTempVal( "test" "tt" 25 )

corAddCorner( "test" "ff" )
corSetCornerGroupVariant( "test" "ff" "res" "res" )
corSetCornerGroupVariant( "test" "ff" "pip" "pip" )
corSetCornerGroupVariant( "test" "ff" "mos" "ff" )
corSetCornerRunTempVal( "test" "ff" -40 )

corAddCorner( "test" "fs" )
corSetCornerGroupVariant( "test" "fs" "res" "res" )
corSetCornerGroupVariant( "test" "fs" "pip" "pip" )
corSetCornerGroupVariant( "test" "fs" "mos" "fs" )
corSetCornerRunTempVal( "test" "fs" 25 )

corAddCorner( "test" "sf" )
corSetCornerGroupVariant( "test" "sf" "res" "res" )
corSetCornerGroupVariant( "test" "sf" "pip" "pip" )
corSetCornerGroupVariant( "test" "sf" "mos" "sf" )
corSetCornerRunTempVal( "test" "sf" 25 )
```

图 5.91　保存的 test.pcf 文件

图 5.92 所示为通过导入上面保存的 test.pcf 文件设置工艺角,可以看到元件工艺角参数变为灰色,此时不能修改,需要通过编辑 pcf 文件的方法才可修改。

Variables \ Corners	tt	ff	fs	sf	ss
mos	tt	ff	fs	sf	ss
pip	pip	pip	pip	pip	pip
res	res	res	res	res	res
temp	25	-40	25	25	125

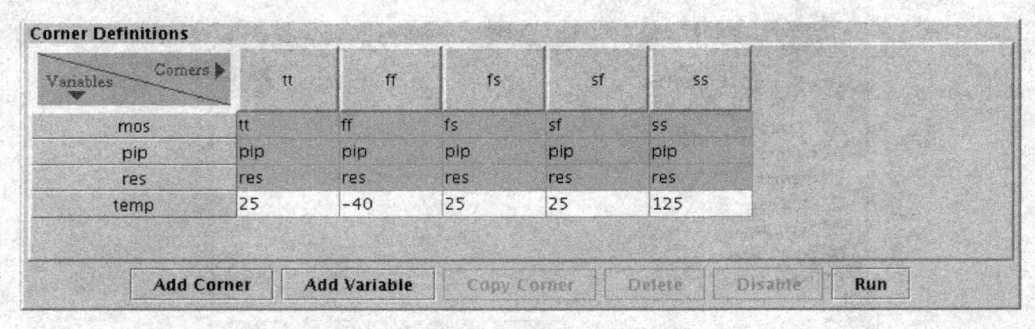

图 5.92 导入 pcf 后工艺角定义界面

思 考 题

1. 简述 Cadence 软件进行全定制 IC 设计的流程。
2. Cadence 全定制 Full-custom 设计环境包含哪些?
3. 采用 Spectre 对原理图进行编辑与仿真的基本步骤有哪些?
4. 在 Spectre 的模拟设计环境(ADE)中,仿真结果显示与处理主要有哪几种方式?
5. 以共源放大器为例,简述优化的使用过程。
6. 添加工艺角 pcf 文件有哪两种方法?各自的步骤是什么?
7. 简述进行工艺角分析的步骤。

本章参考文献

[1] 王志功,陈莹梅. 集成电路设计(第 3 版). 北京:电子工业出版社,2013.

[2] Spectre RF Simulation Option User Guide, Cadence Design Systems, Inc., Product Version 5.1.41, Nov, 2005.

[3] Virtuoso® Analog Design Environment User Guide, Cadence Design Systems, Inc., Product Version 5.1.41, Nov, 2008.

[4] Virtuoso® Advanced Analysis Tools User Guide, Cadence Design Systems, Inc., Product Version 5.1.41, Nov, 2004.

[5] Waveform Calculator User Guide, Cadence Design Systems, Inc., Product Version 5.1.41, Dec, 2005.

[6] 何乐年,王忆. 模拟集成电路设计与仿真. 北京:科学出版社,2008.

第 6 章 Spectre 模拟集成电路仿真实例

与第 2 章 HSPICE 工具中 MOS 管的特性分析相对应，本章列出在 Spectre 界面中，如何对 MOS 管进行特性分析，目的是使读者领会到不同的工具软件只是界面不同，电路分析的本质是相同的。

6.1 MOS 管特性分析

下面按照本书第 5.2 节原理图编辑的步骤建立 MOS 管特性分析的电路图。

（1）在终端界面中输入 icfb 命令后，弹出 CIW 命令解释窗口，在此 CIW 窗口中，选择 Tools→Library Manager 选项，弹出一个 Library Manager 库管理窗口，如图 6.1 所示。

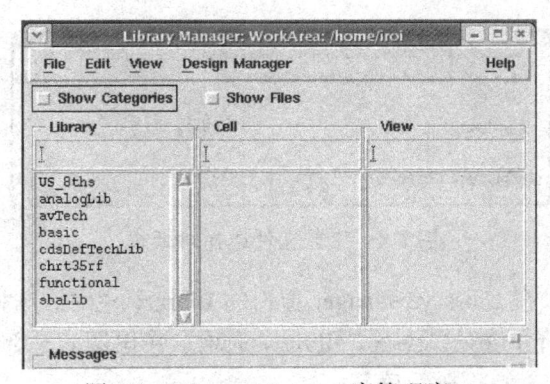

图 6.1 Library Manager 库管理窗口

（2）建库。在 Library Manager 库管理窗口中，选择 File→New→Library 选项，弹出图 6.2 所示的对话框，写入新建的库名，如 train_chrt35，单击 OK 按钮确认。

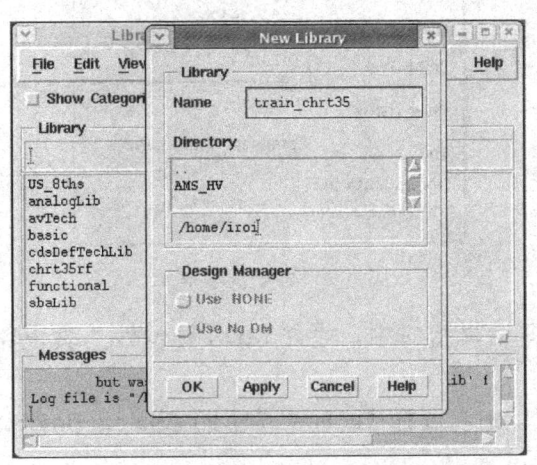

图 6.2 新建项目库

弹出图 6.3 所示的 Technology File for New Library 对话框，选择第二项 Attach to an existing techfile。

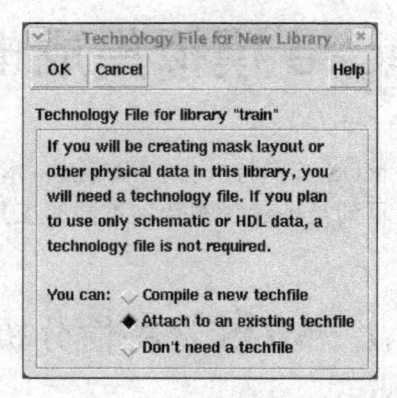

图 6.3　工艺文件设置

单击 OK 按钮后，弹出图 6.4 所示的工艺文件选择对话框，选择本例所采用的 chrt35rf 工艺库。

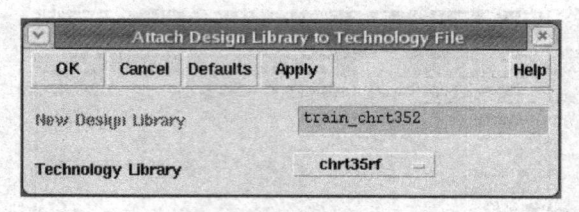

图 6.4　工艺文件选择对话框

（3）新建基本单元。在 Library Manager 窗口的 Library 栏中，选择新建立的 train_chrt35，使其成为灰色，然后选择 File→New→Cellview 选项，弹出图 6.5 所示的对话框，写入新建的单元名，如 MOS，单击 OK 按钮确认。

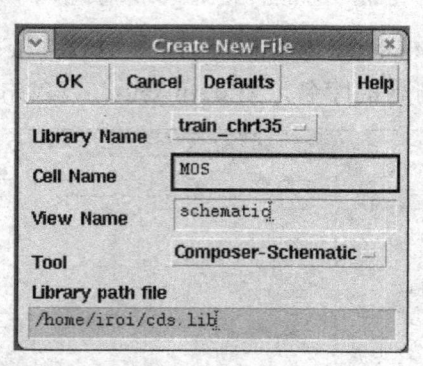

图 6.5　新建基本单元

（4）在弹出的电路图编辑窗口中，建立 MOS 管特性仿真电路图 schematic 窗口，如图 6.6 所示。

（5）在 schematic 窗口中，选择 Tools 菜单下的 Analog Environment 选项，弹出图 6.7 所示的模拟设计环境窗口。

第 6 章 Spectre 模拟集成电路仿真实例

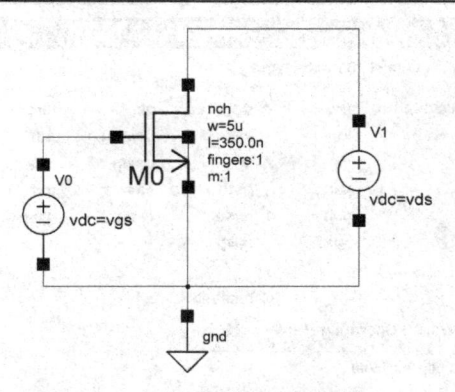

图 6.6 建立 MOS 管特性仿真电路图

图 6.7 模拟设计环境窗口

选择 Variables→Edit，建立图 6.8 所示的 vds 和 vgs 两个变量，变量的初值分别设为 1V 和 0.5V。

图 6.8 建立设计变量

选择 Analyses→Choose，在弹出的窗口中对 dc 分析进行如图 6.9 所示的设置。对 MOS 管的漏源电压 vds 进行直流扫描，扫描范围为 0~5V，扫描步长为 0.2V。

本设计的输出波形为 MOS 管漏极的电流，因此选择 Outputs→To Be Plotted→Select On Schematic，在弹出的电路图中选择 MOS 管的漏极，所显示的变量已出现在图 6.10 中，如 NM0/D。

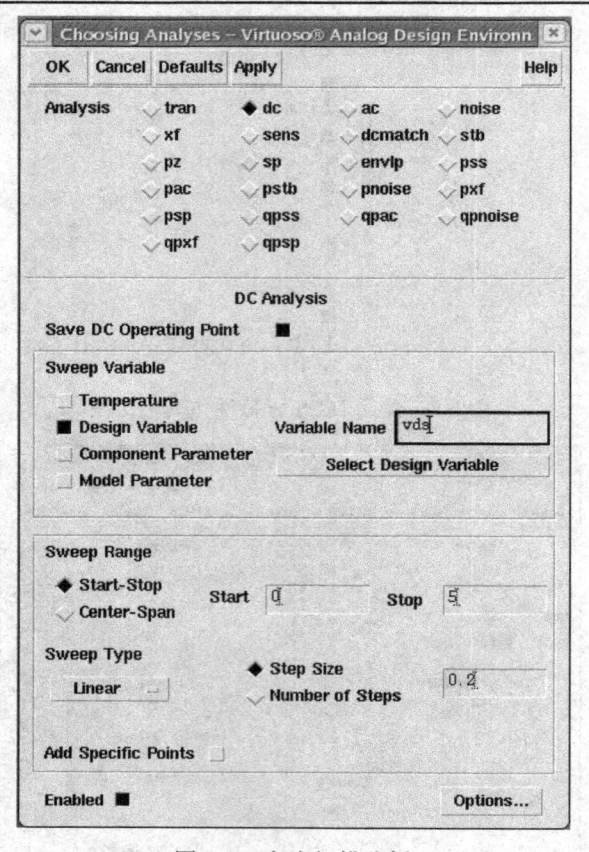

图 6.9　直流扫描分析

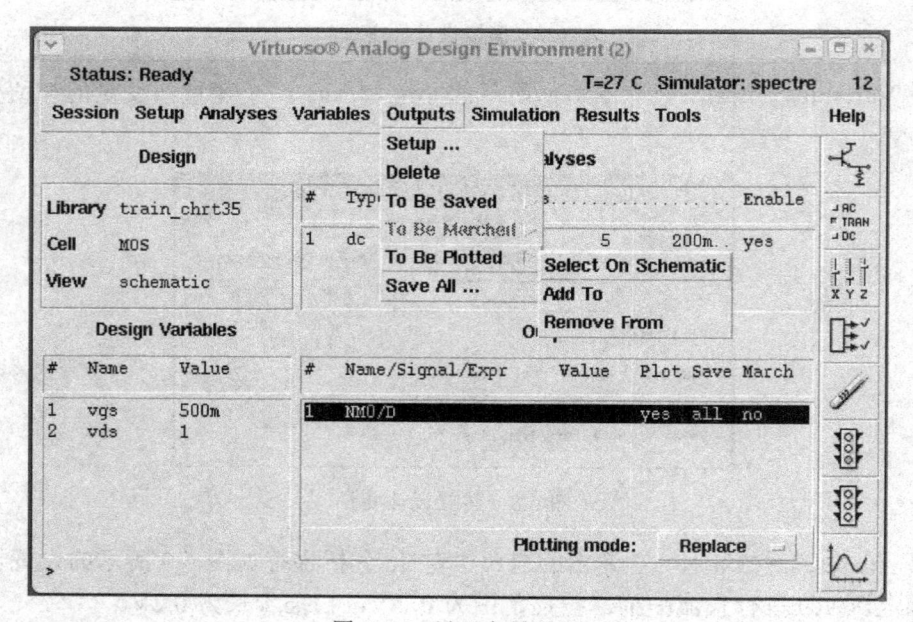

图 6.10　显示变量设置

选择 Setup→Model Library，选择设计采用的工艺库，如图 6.11 所示。选择 Simulation→Netlist and Run，得到 MOS 管 vgs 为 0.5V 时的漏极输出电流曲线，如图 6.12 所示。

第 6 章 Spectre 模拟集成电路仿真实例

图 6.11 工艺库设置

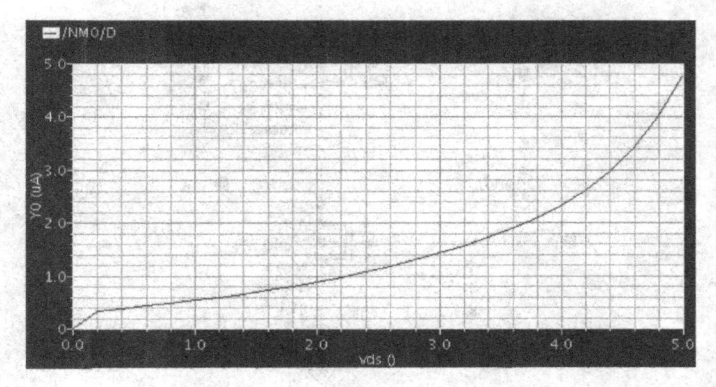

图 6.12 MOS 管漏极输出电流曲线

选择 Tools→Parametric Analysis，对 MOS 管的 vgs 变量进行设置，如图 6.13 所示，扫描范围为 0.5~1.5V，总扫描数为 6。

图 6.13 参数扫描分析

选择 Parametric Analysis 中的 Analysis→Start，进行仿真，得到图 6.14 所示的 MOS 管漏极输出电流曲线族。

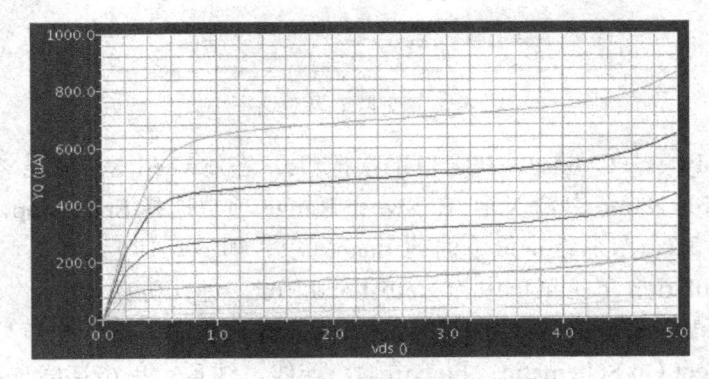

图 6.14 MOS 管漏极输出电流曲线族

6.2 共源放大器仿真

本节以模拟电路中最基本的单级放大器电路为例,介绍在 Spectre 工具下的仿真界面与仿真过程,电路采用最常用的共源放大器结构,电路图如图 6.15 所示。

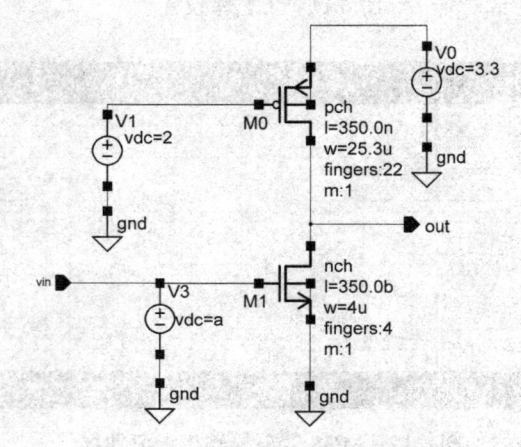

图 6.15 共源放大器电路图

6.2.1 直流特性仿真

首先将输入变量 VIN 从 0V 增大到 3.3V,观察输出 VOUT 的波形。

(1) 在电路图中将输入变量 VIN 的值改为变量 a,并打开仿真窗口。

(2) 单击 Variables 的下拉菜单 Edit,弹出图 6.16 所示的对话框,在 Name 中输入 a,在 Value 中输入初始值 0,再单击 Add 按钮,弹出图 6.17 所示的对话框。

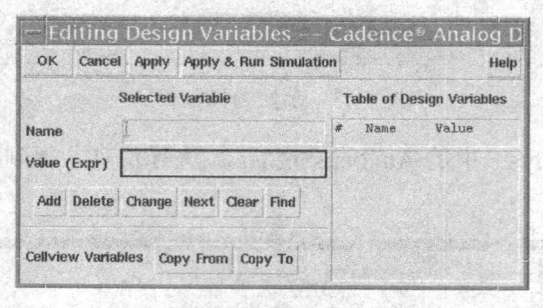

图 6.16 变量编辑对话框

(3) 单击 Analyses→Choose,在窗口中选择 dc,在 Sweep Variable 项中选择 Design Variable,在 Variable Name 中输入 a,在 Sweep Range 项中选择 Start-Stop,在 Start 中输入 0,在 Stop 中输入 3.3,最后选中最下面的 Enable 项,如图 6.18 所示。

(4) 单击 Simulation 下拉菜单中的 Netlist and Run,进行仿真。

(5) 单击 Results→Direct Plot→DC,弹出 Waveform 窗口,此步也可以单击 Outputs→To Be Plotted→Select On Schematic,再单击输出连线。注意:单击连线选取节点电压,单击元件端点选取节点电流。输出波形如图 6.19 所示。

第 6 章　Spectre 模拟集成电路仿真实例

图 6.17　变量添加后的对话框

图 6.18　变量直流扫描设置

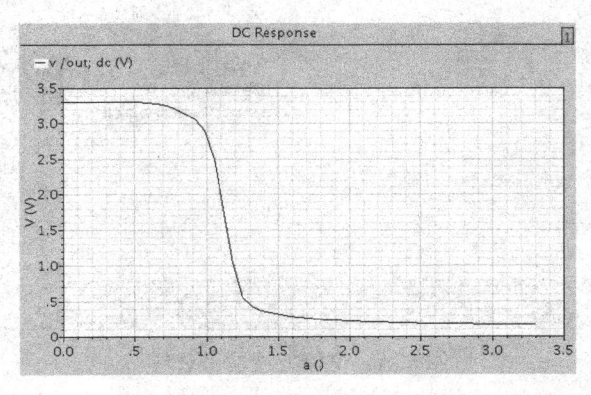

图 6.19　直流扫描输出

6.2.2 交流特性仿真

在输入的交流信号源 v2(vin) 中的参数填写为 vdc=1.5V，acm=1。其中，vdc=1.5V 是直流电位，保证 M1 和 M2 都工作在饱和区，acm=1 是交流信号的摆幅。交流特性仿真电路图如图 6.20 所示。

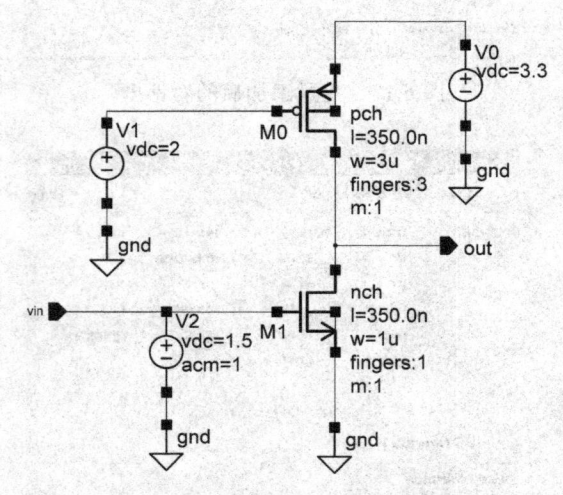

图 6.20 交流特性仿真电路图

（1）单击 Analyses→Choose→AC，在 Sweep Variable 中选择 Fequency，在 Sweep Range 中选择 Start-Stop，输入 10 和 10M，表示输入信号频率在 10Hz~10MHz 范围变化。

（2）单击 Netlist and Run 进行仿真，选择 Results→Direct Plot，单击所要观察的交流特性选项，如图 6.21 所示。

（3）单击所要观察的输出线，观察幅频特性和相频特性，如图 6.22 和图 6.23 所示。

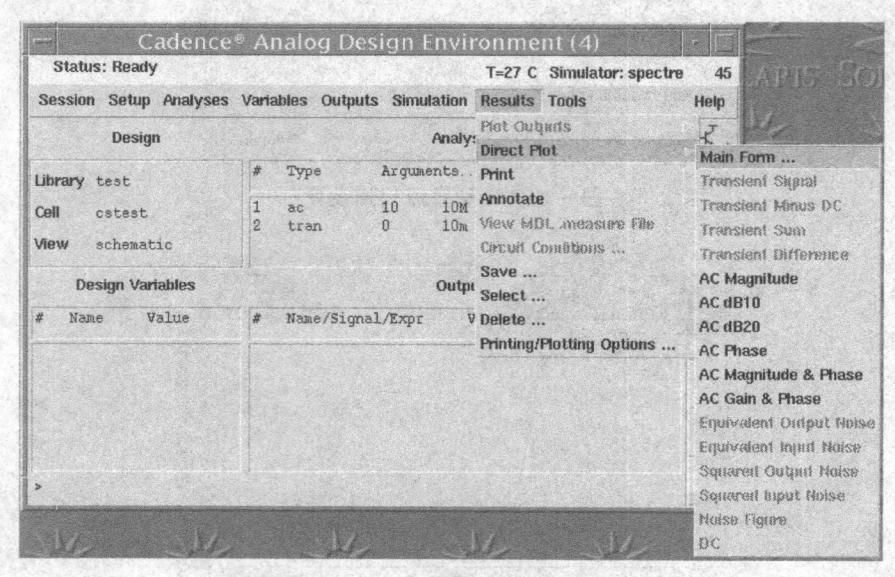

图 6.21 交流特性输出选项

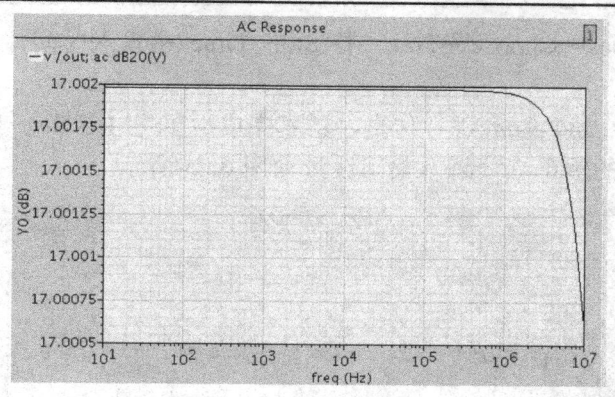

图 6.22 幅频特性输出

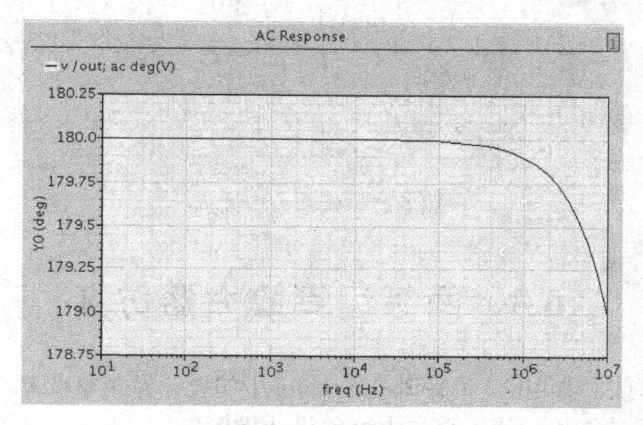

图 6.23 相频特性输出

6.2.3 瞬态特性仿真

将电路图进行修改，输入信号源单击 Setup→Simulation，将 Function 改为 sin，DC Voltage 输入为 1.5，Amplitude 输入为 0.01V，Frequency 输入为 1k。最后选中 Enabled，并单击 Change 或 OK 按钮，电路图如图 6.24 所示。

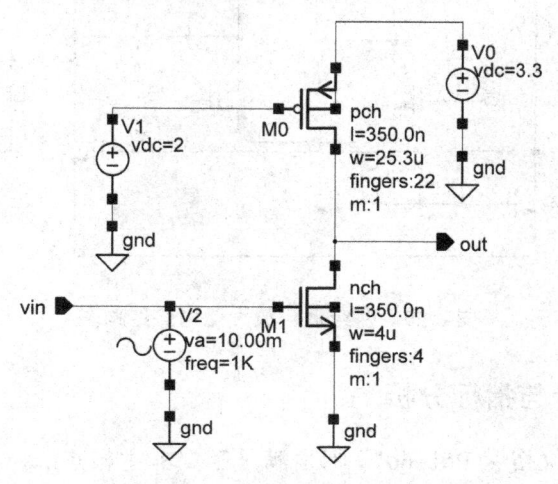

图 6.24 瞬态特性仿真电路图

（1）单击 Analyses→Choose→Tran，在 Stop Time 中输入时间，这里输入 10m，最后选中 Enabled。

（2）单击 Netlist and Run 进行仿真，仿真完成后单击 Results→Direct Plot→Transient Signal，选中要观测的输出端。瞬态输出波形如图 6.25 所示。

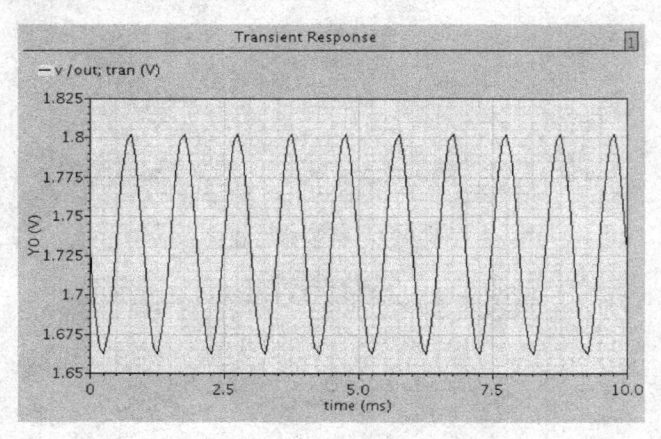

图 6.25 瞬态输出波形

6.3 两级运算放大器仿真

本节以两级运算放大器为例，介绍其在 Spectre 中的设计界面与步骤。运算放大器采用基本的密勒补偿的两级运放结构。该运算放大器的设计指标包括：增益大于 6000，相位裕量大于 60°，负载电容 10pF，GBW 为 5MHz，输入共模范围 1～2.5V，压摆率大于 10V/μs，输出电平范围 0～3.3V。本设计采用 0.35μm CMOS 工艺，电源电压 3.3V，电路结构图如图 6.26 所示。

该工艺的参数如下：K_p=70μA/V^2，K_n=240μA/V^2，V_{THn}=0.55V，V_{THp}=0.85V。

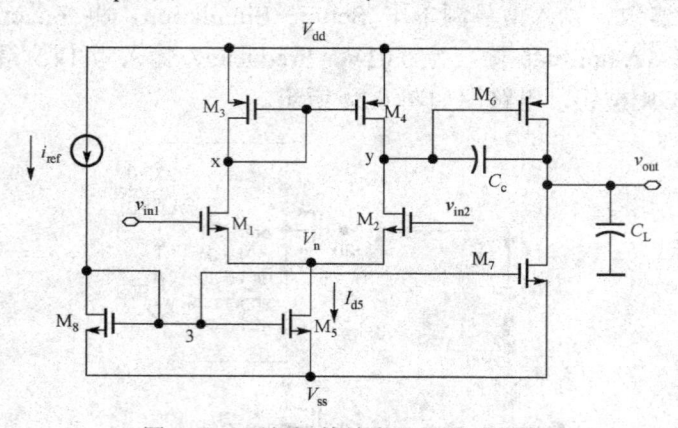

图 6.26 两级运算放大器电路结构图

6.3.1 电路设计与指标分析

（1）假定运放的相位裕度 PM=60°，则须满足第二非主极点 f_{nd2}=2GBW，因为 C_L=10pF，假定选取 C_c=3pF，则 g_{m6}≈10g_{m1}。

(2) 压摆率 SR=I_5/C_c

用摆压率指标和 C_c 计算出输入端偏置电流 I_5，根据 I_5=SR×C_c，则

$$I_5 = (3\times 10^{-12})(10\times 10^6)=30\mu A$$

(3) 输入共模范围 ICMR：

正 CMRR $V_{in(max)}=V_{dd}-V_{SG3}+V_{T1}=V_{dd}-[I_5/(K_3\times(W/L)_3)]^{1/2}-|V_{TO3}|max+V_{T1(min)}$

负 CMRR $V_{in(min)}=V_{ss}+V_{DS5}+V_{GS1}=V_{ss}+[(I_5/(K_1\times(W/L)_1)]^{1/2}+V_{DS5(饱和)}+V_{T1(max)}$

根据正 CMRR $V_{in(max)}$ 指标：

$$(W/L)_3 = I_5/\{K_3[V_{dd}-V_{in(max)}-|V_{TO3}|max+V_{T1(min)}]^2\}$$

得到：　　　　　$(W/L)_3= 30\times10^{-6}/70\times10^{-6}[3.3-2.8-0.85+0.55]^2=10$

因此：　　　　　$(W/L)_3=(W/L)_4=10$

(4) 增益带宽 GBW= g_{m1}/C_c

根据　　　g_{m1}=GBW×C_c，$g_{m1}= (5\times10^6)\times(2\times\pi)\times(3\times10^{-12})\approx 94\mu S$

得到：　　　　　$(W/L)_1=(W/L)_2=g_{m1}^2/2K_nI_1=(94.25)^2/2\times240\times15\approx 6$

(5) 根据负 CMRR $V_{in(min)}$ 指标

$$V_{DS5}= V_{in(min)}- V_{ss} - (I_5/K_1\times(W/L)_1)^{1/2}- V_{T1(max)}$$

得到：　　　　　$V_{DS5}= 1-(0)-[(30\times\times 10^{-6}/(240\times10^{-6}\times 6))]^{1/2}-0.85=0.2V$

由式 $I_5=(1/2)\times K(W/L)_5 V_{DS5}^2$

得到：　　　　　$(W/L)_5=2\times(30\times10^{-6})/(240\times10^{-6}\times 0.2^2)=6.25$

取 $(W/L)_5=7$。

(6) 根据 $g_{m6}\approx 10 g_{m1}$，得到：g_{m6}=942.5μS

由 $V_{DS4}= V_{DS6}$ 推出 $(W/L)_6= (W/L)_4 \times g_{m6}/g_{m4}$

得到：　　　　　$(W/L)_6=10\times 942.5/150=94.2$

取 $(W/L)_6=(W/L)_4=94$。

(7) 根据平衡方程 $(W/L)_7=(W/L)_5\times I_6/I_5$

得到：　　　　　$(W/L)_7=7\times(95\times10^{-6}/30\times10^{-6})=22.17$

取 $(W/L)_7=22$。

最后检测 $V_{out(min)}$ 指标：

$V_{out(min)}= V_{DS7(饱和)}=(2\times 95/(240\times 22))^{1/2}=0.0351V$，比期望值小。

功耗为：P_{diss}=3.3V (30μA+95μA)=0.4125mW

增益为：$A_v=A_{v1}\times A_{v2}=(-g_{m1}/g_{DS2}+g_{DS4})\times(-g_{m6}/g_{DS6}+g_{DS7})$

　　　　=2×92.45×10^{-6}×924.5×10^{-6}/ 30×10^{-6}×(0.04+0.05)×95×10^{-6}×(0.04+0.05)

　　　　=7696　　　满足增益指标

至此初步设计完成。

6.3.2 直流扫描分析

在 Spectre 中新建 Project 名称为 chrt35rf_train，根据计算分析出的晶体管宽长比构建电路，Schematic 名称为 twostageAMP，如图 6.27 所示。

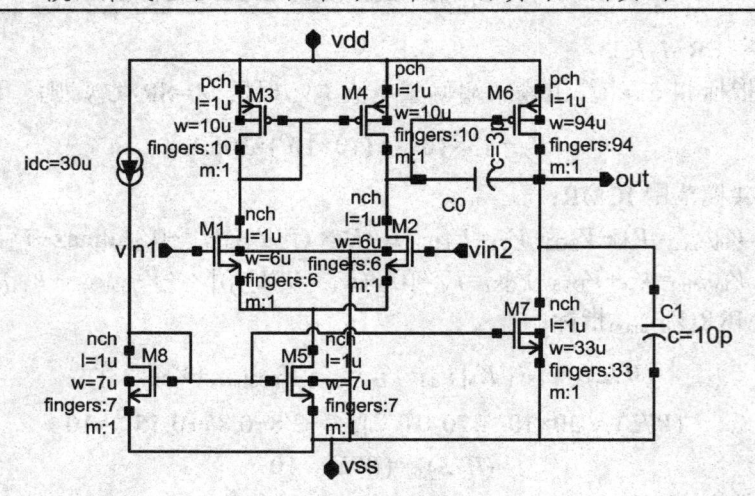

图 6.27 绘制的电路图

在电路编辑窗口中，在 schematic 中创建 symbol，选择 Design→Creat Cellview→From Cellview，如图 6.28 所示。在 symbol view 对话框中自动添加 symbol 的名字，系统自动继承 schematic 中的所有的 pin，如图 6.29 所示。生成的 symbol 如图 6.30 所示，对外相连只与 pin 有关。

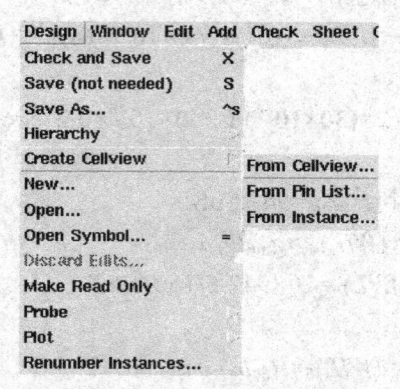

图 6.28 Design 菜单选项

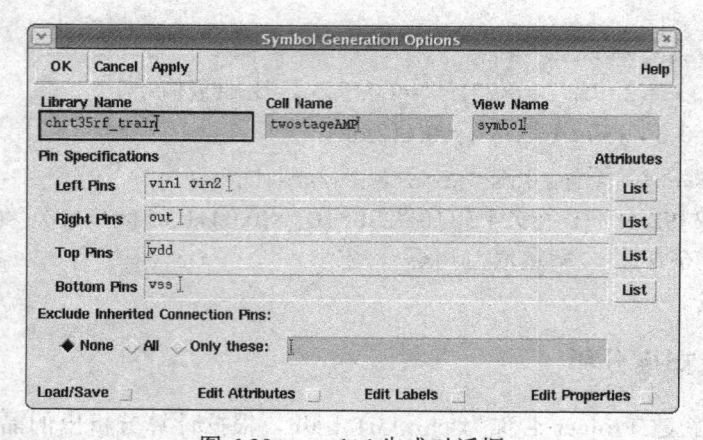

图 6.29 symbol 生成对话框

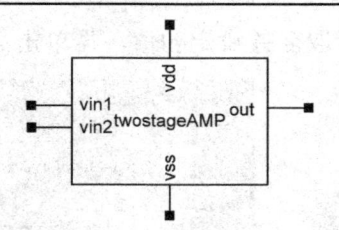

第 6 章　Spectre 模拟集成电路仿真实例　　133

图 6.30　生成的 symbol

（1）利用生成的 symbol 构建电路编辑窗口，其中添加电路仿真所需要的电压源和信号源，如图 6.31 所示。选择 Tools 菜单选项中的 Analog Environment，然后在性能分析窗口中选择 Setup 菜单栏中的 Model Libraries，添加功能分析过程中所需要的库，如图 6.32 所示。

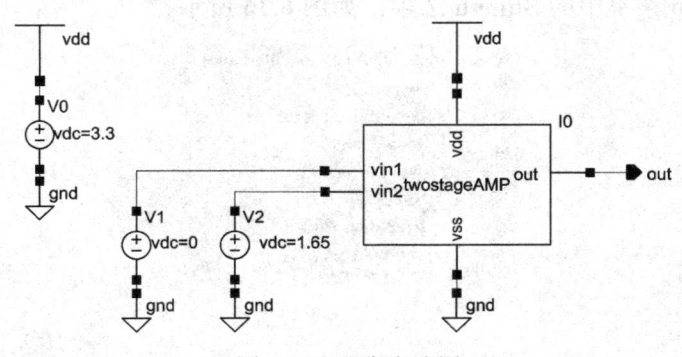

图 6.31　仿真电路图

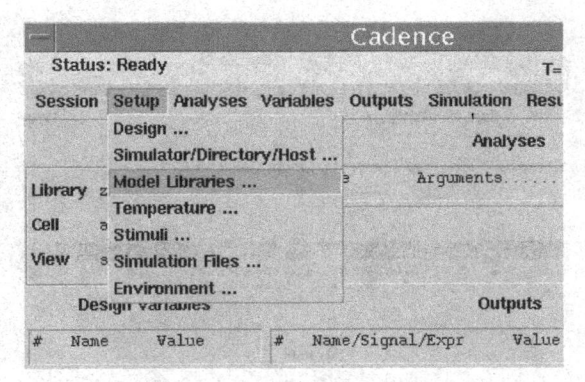

图 6.32　性能分析窗口

（2）添加工艺库。在弹出的对话框中，单击 Browse 按钮选择自己的库文件，如图 6.33 所示。

图 6.33　添加库文件

（3）扫描变量设定。在性能分析窗口的 Variable 菜单中选择 Edit，如图 6.34 所示。

在变量编辑窗口中,给变量取名并设定初值,再单击 Add 按钮添加,如图 6.35 所示。

图 6.34 变量编辑

图 6.35 设定变量

(4) 选择 Setup 菜单中的 Stimuli 选项,如图 6.36 所示。

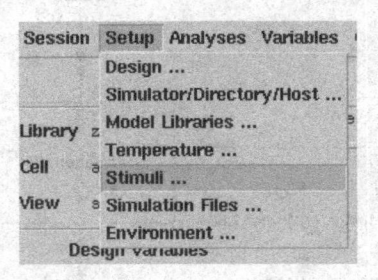

图 6.36 仿真设置

在弹出的对话框中,按图 6.37 所示设置输入变量,设置结束后选择 Enabled 并单击 Change 按钮。

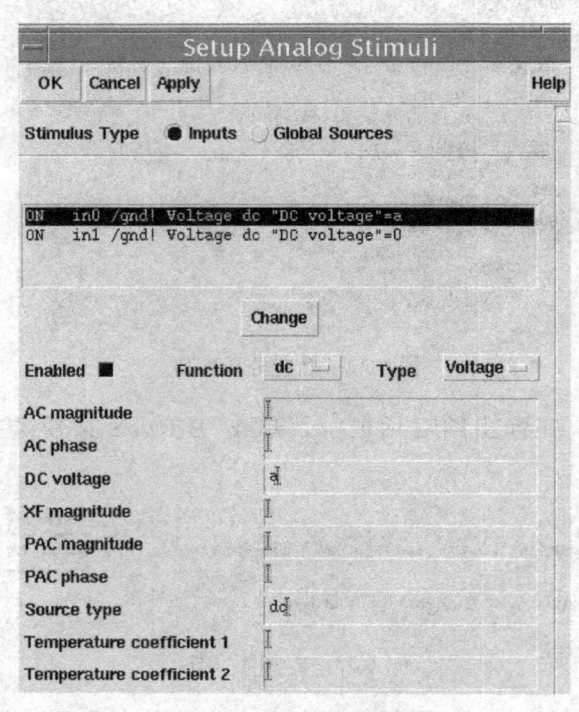

图 6.37 设置输入变量

第 6 章 Spectre 模拟集成电路仿真实例

（5）进行 dc 分析，选择性能分析窗口中 Analyses 菜单的 Choosing Analyses 选项，在该窗口中选择 dc，对输入变量激励进行编辑，如图 6.38 所示。

（6）输出分析结果。在性能分析窗口的 Outputs 菜单中，选择 To Be Plotted 和 Select On Schematic 选项，如图 6.39 所示。

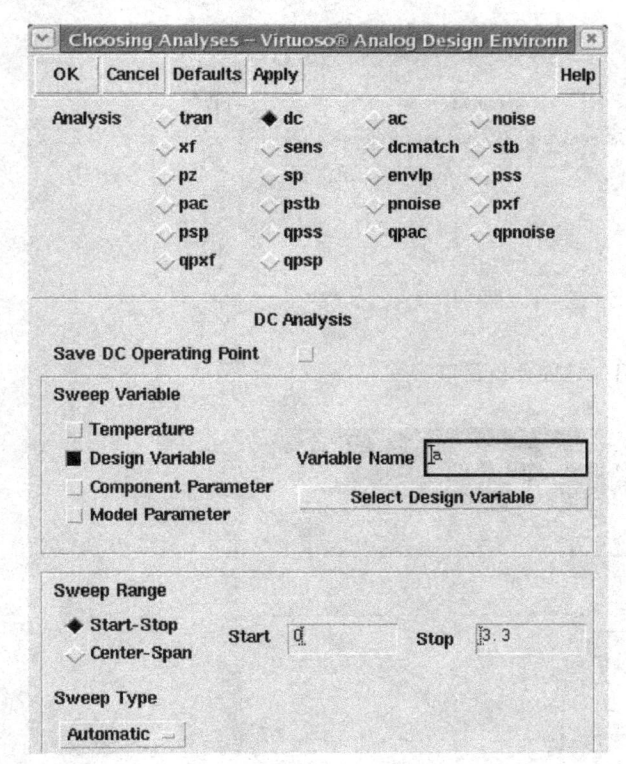

图 6.38 分析选择及设置

图 6.39 输出分析结果

在弹出的电路图中单击要看的输出节点，如图 6.40 所示。

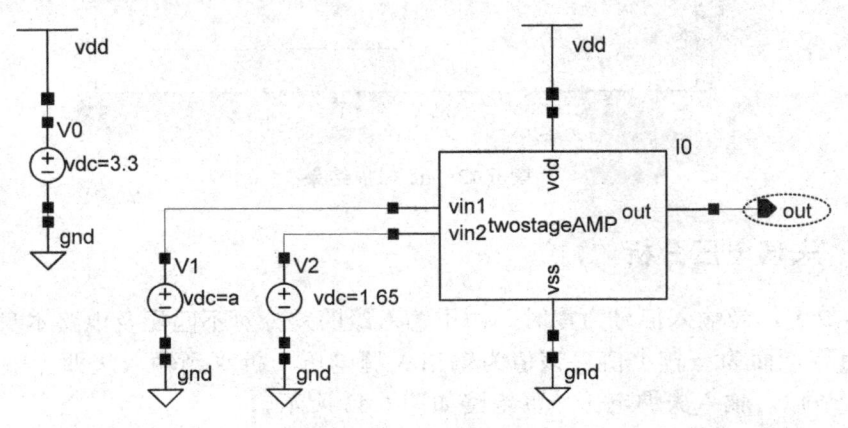

图 6.40 选择输出节点

设置完成后，性能分析窗口如图 6.41 所示。

得到的 dc 扫描结果如图 6.42 所示。

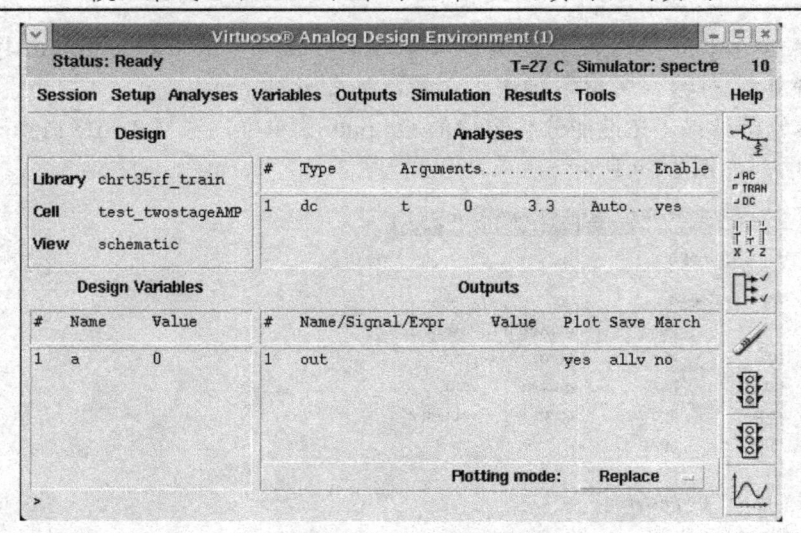

图 6.41 性能分析窗口

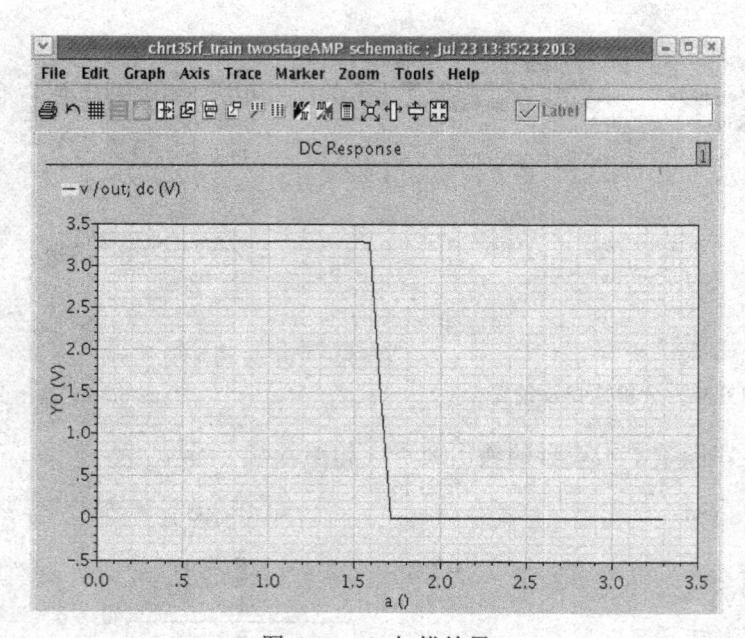

图 6.42 dc 扫描结果

6.3.3 失调电压分析

实际运放中，当输入信号为零时，由于输入级的差分对不匹配及电路本身的偏差，使得输出不为零，而为一较小值，该值为输出失调电压，折算到输入级即为输入失调电压（Voltage Offset）。输入失调电压仿真电路如图 6.43 所示。

对单电源运放，V_i 取幅度为共模点的直流电压，对双电源运放取 $V_i=0$。对电路进行直流工作点分析和工艺容差分析，可以测出 V_o 的值，则有：

$$V_{OS} = |V_o - V_i| \text{ (mV)}$$

系统失调电压随温度的变化率即为系统失调电压温度系数，对系统失调电压温度系数的仿真同样如图 6.43 所示。

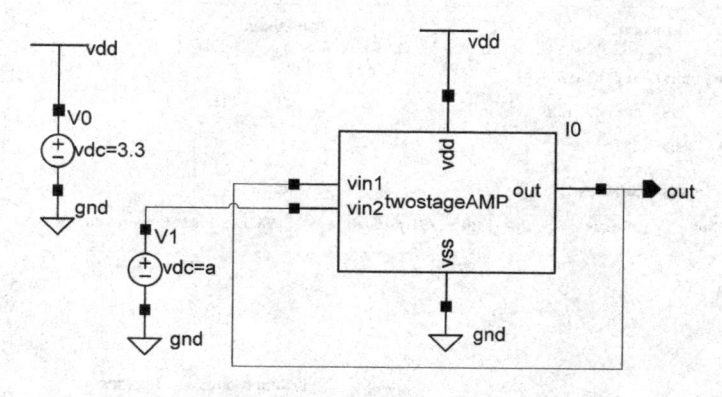

图 6.43 输入失调电压仿真电路

如图 6.44 所示，在直流扫描窗口中，选择扫描变量为 Temperature，变量选择范围为 −40℃~115℃，扫描步长为 1℃。性能分析窗口与 V_{os} 温度特性分析结果分别如图 6.45 和图 6.46 所示。

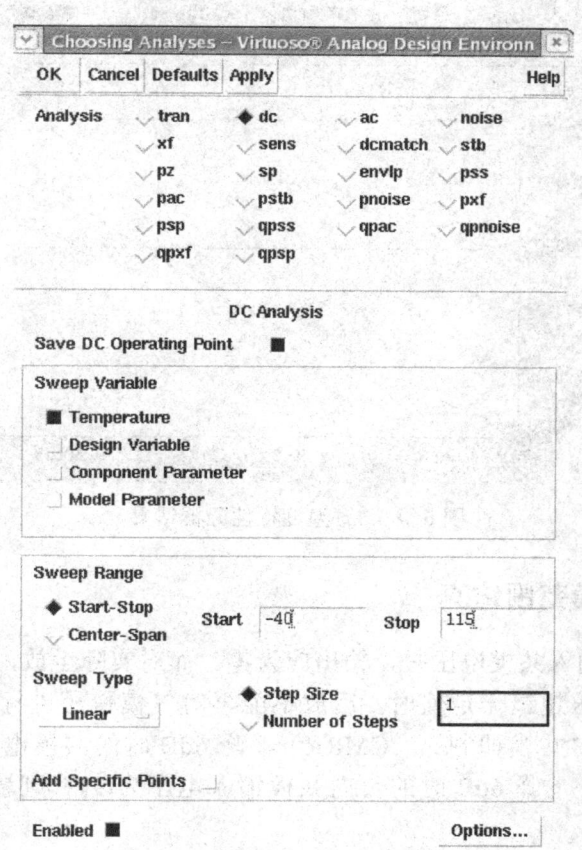

图 6.44 分析选择与设置

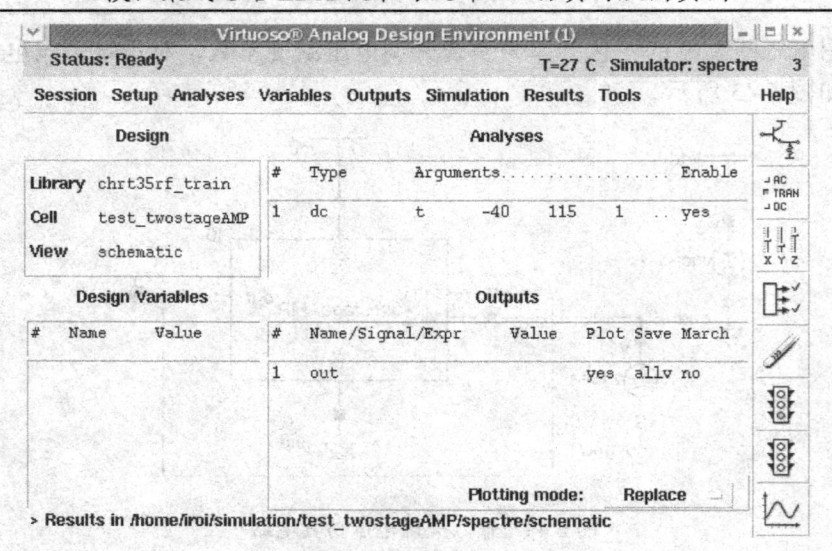

图 6.45　性能分析窗口

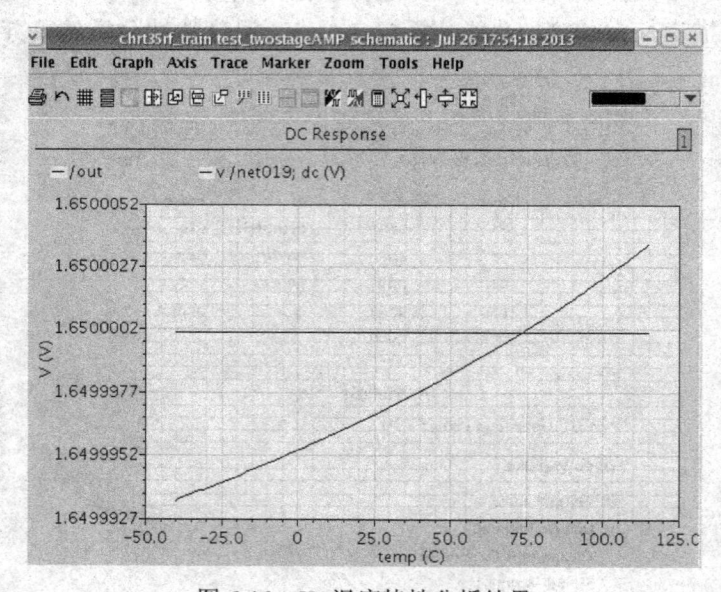

图 6.46　V_{os} 温度特性分析结果

6.3.4　输入共模范围仿真

对理想运放，当输入共模电压时，输出应为零。而对实际运放，输入共模电压时，输出不为零，当共模电压超过一定值时，运放不能再对差模信号进行正常放大。在正向共模电压不断增大，使得共模抑制比（CMRR）下降 6dB 时的共模电压为正向共模输入电压（V_c+），同理，CMRR 下降 6dB 时的负向共模输入电压为 V_c-，则输入共模范围（ICMR）为 $V_c- \sim V_c+$。

运算放大器常采用图 6.47 所示的单位增益结构来仿真运放的输入共模电压范围，即把运放的输出端和反相输入端相连，同相输入端加直流扫描电压，从 0V 扫描到 3.3V 电源。

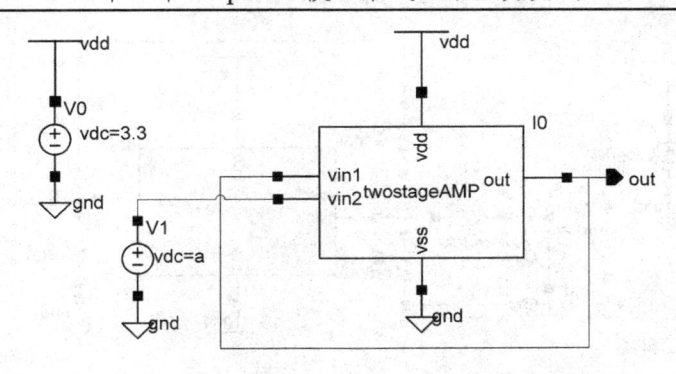

图 6.47 测量输入共模范围的电路图

得到的 dc 扫描结果如图 6.48 所示，从图中可以得到输入共模电压范围满足设计指标 1~2.5V。

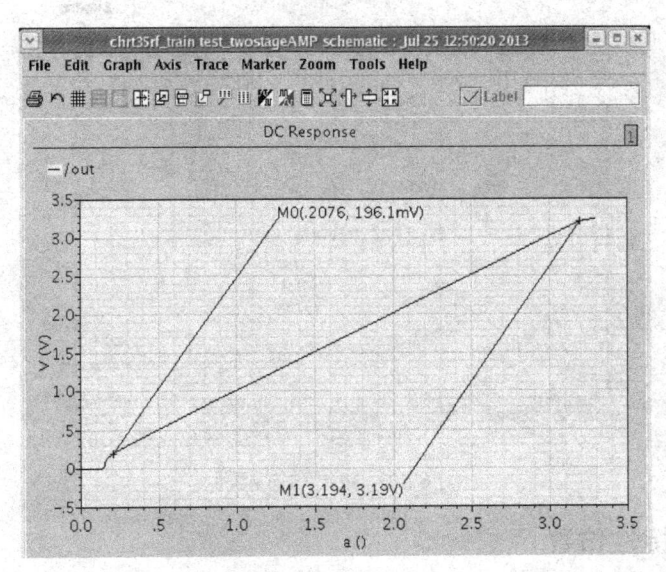

图 6.48 输入共模电压范围仿真结果

6.3.5 输出动态范围仿真

输出动态范围是在额定的电源电压和额定负载的情况下，运放可提供的没有明显失真的最大输出电压范围。在单位增益结构中，传输曲线的线性受到输入共模范围（ICMR）限制。若采用高增益结构，则传输曲线的线性部分与放大器输出电压摆幅一致。

测量输出电压范围的电路图如图 6.49 所示。V1 为偏置于 VCOM(V3=1.65V)上的 DC 电压源，仿真时取 R0=R4=60kΩ，R1=R3=600kΩ，一般应有 R0≤R1，这样才能保证运放的输出动态范围不受输入动态范围的影响。图中为反相增益为 10 的结构，通过 R_L 的电流会对输出电压摆幅产生很大的影响，要注意对其选取，这里选取 R_L=60kΩ。在 0~V_{dd} 范围内，对电路进行 DC 分析，观察输出 out 点波形，测试出图 6.50 中输出电压的线性范围为 0.2665~3.269V，即为输出动态范围。

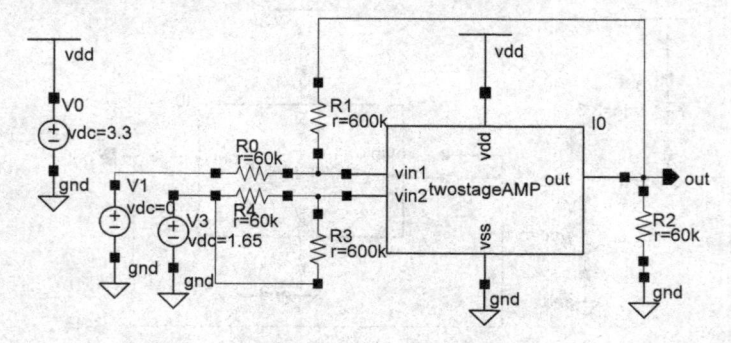

图 6.49 测量输出电压范围的电路图

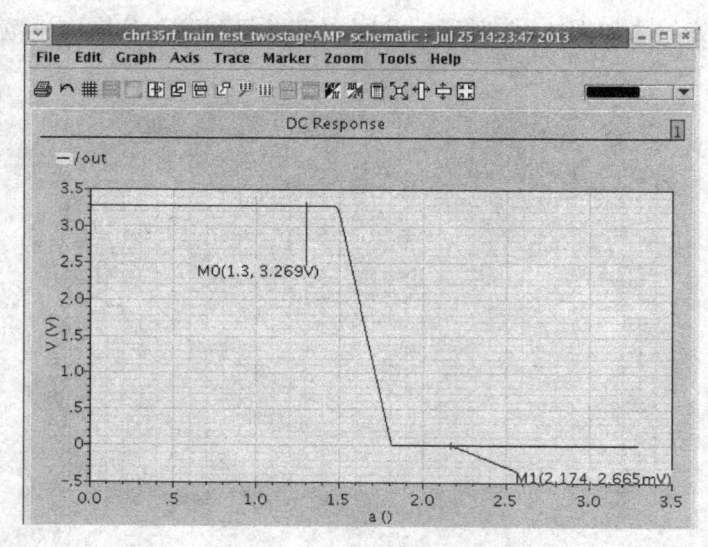

图 6.50 输出动态范围

6.3.6 频率特性仿真

(1) 添加 ac 分析所需要的交流信号激励源。对输入信号源 V1，选中后按 Q 键，在弹出的 Edit Object Properties 对话框的 AC magnitude 选项中，输入交流电压 0.5V，在 DC Voltage 选项中输入直流电压 1V。同样，选中 V2，分别在 AC、DC 选项中输入-0.5V、1V。设置后的电路如图 6.51 所示。

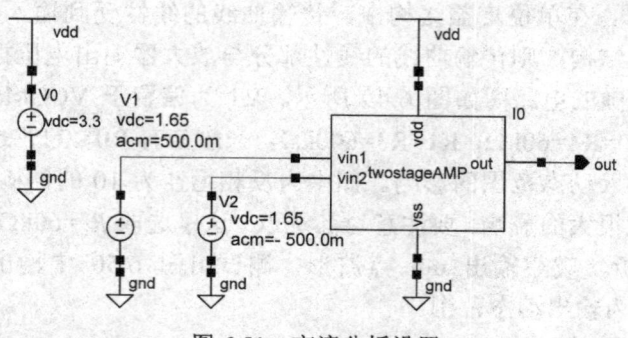

图 6.51 交流分析设置

(2) 在性能分析窗口中进入 ac 分析界面,设置分析所需的参数,如图 6.52 所示。
(3) 选择要输出扫描的节点,设置后的性能分析窗口如图 6.53 所示。

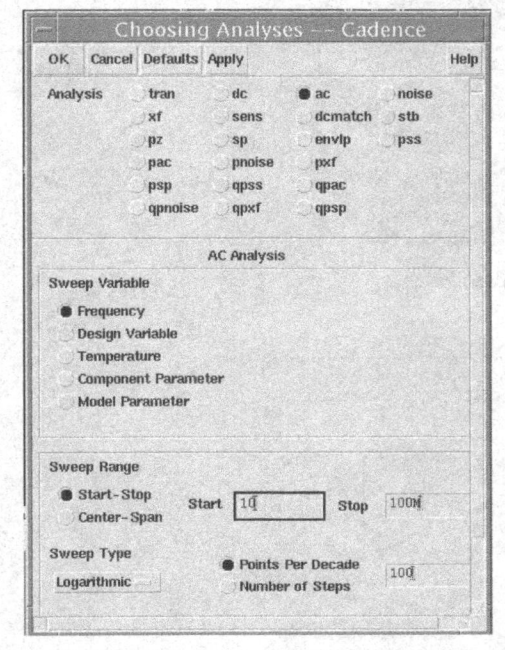

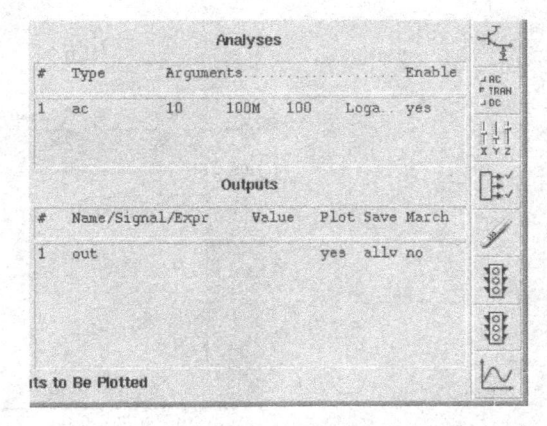

图 6.52　设置 ac 分析参数　　　　　图 6.53　设置后的性能分析窗口

ac 分析的电压增益输出值如图 6.54 所示。

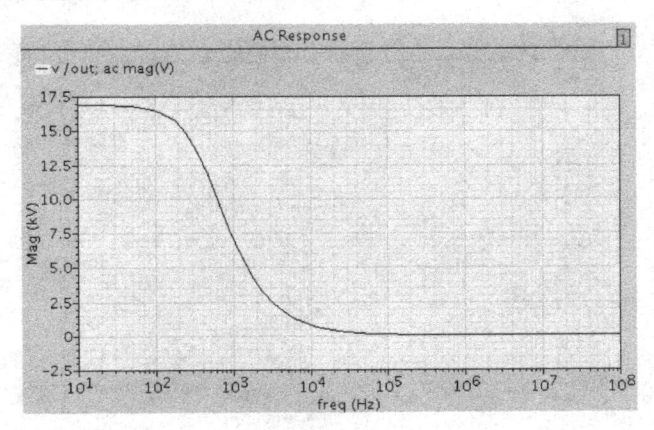

图 6.54　电压增益输出值

(4) 如果要看电压增益的 dB 值,可以在性能分析窗口 Results 菜单的 Direct Plot 中选择 AC dB20,如图 6.55 所示。

在弹出的电路图编辑框中选中所要输出的节点,然后按键盘上的 Esc 键,则得到图 6.56 所示的电压增益 dB 值。按下快捷键 M,找到 0dB 时所对应的频率值,即得到其单位增益带宽 GBW 的值,可以看到其大于 5MHz,满足设计指标。

选择 AC Phase,输出图 6.57 所示的相频特性,按下快捷键 M,得到相位裕度约为 60°,达到设计要求。

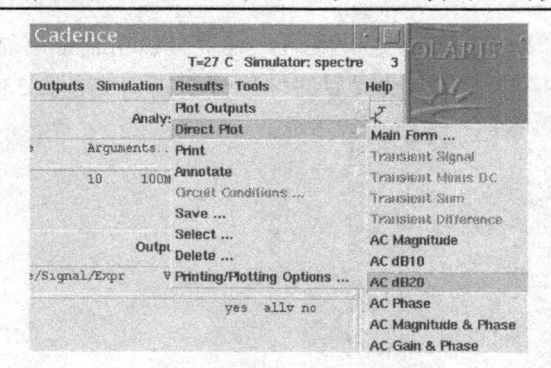

图 6.55 转换输出结果

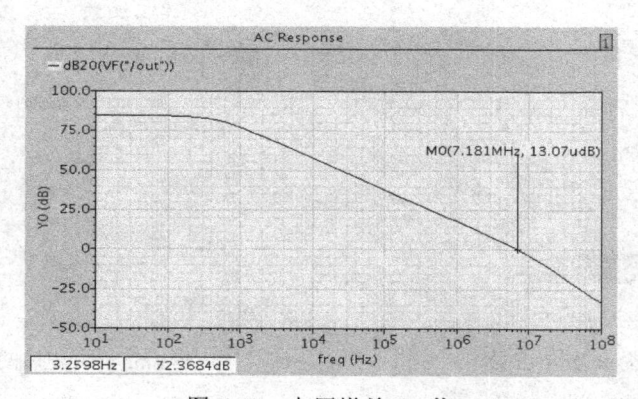

图 6.56 电压增益 dB 值

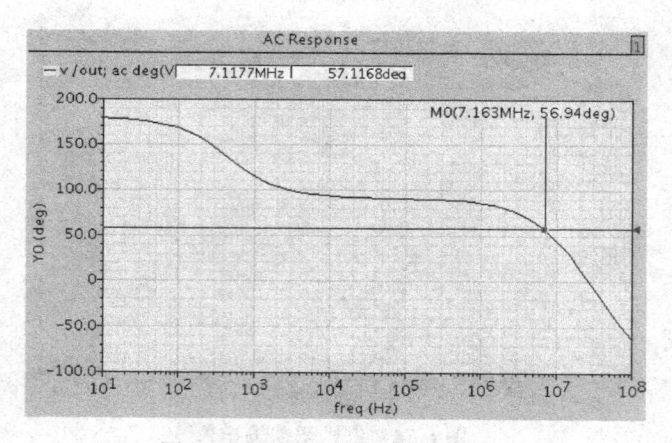

图 6.57 相位与频率的对应波形

6.3.7 共模抑制比仿真

差动放大器的一个重要特性就是其对共模扰动影响的抑制能力，实际上，运算放大器不可能是完全对称的，电流源的输出阻抗也不可能是无穷大的，因此共模输入的变化会引起电压的变化。差模电压增益与共模电压增益之比即为共模抑制比（CMRR），CMRR 常用对数表示。CMRR 越大，则运放的对称性越好，表达式如下。

$$CMRR = 20\log(A_{ID}/A_{CM})$$

测试 CMRR 的原理图如图 6.58 所示。

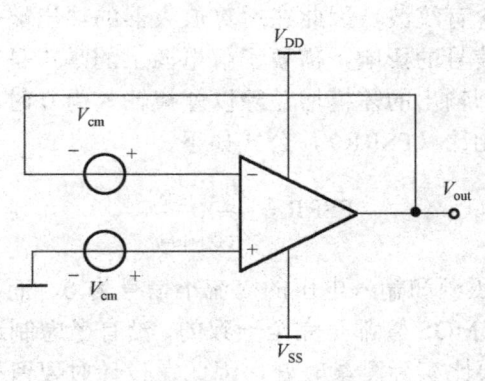

图 6.58 测试 CMRR 的原理图

共模抑制比仿真电路如图 6.59 所示，V1 为偏置于共模电压 VCOM（1.65V）上的交流电压源，V3 是幅度为 1V 的交流电压源。对电路进行 AC 分析，观察 out 点波形，1/out 即为 CMRR 值。CMRR 幅频曲线如图 6.60 所示。

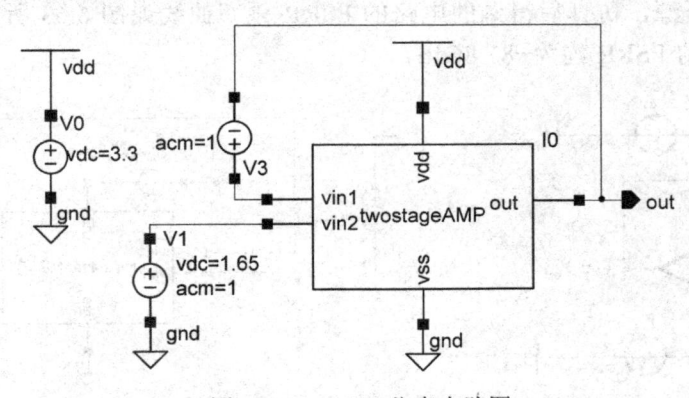

图 6.59 CMRR 仿真电路图

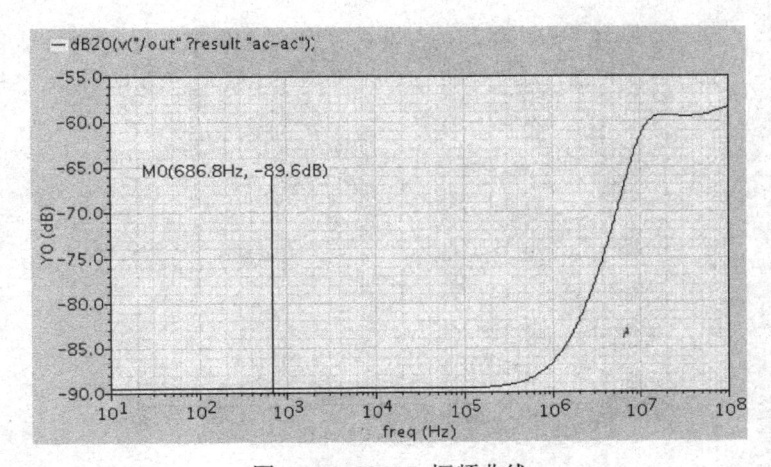

图 6.60 CMRR 幅频曲线

6.3.8 电源抑制比仿真

在实际使用的电源中含有纹波,因此在运算放大器的输出端会引入很大的噪声。为了有效抑制电源噪声对输出信号的影响,需要了解电源上的噪声是如何体现在运算放大器的输出端的。把从运放输入到输出的差模增益除以差模输入为 0 时电源纹波到输出的增益定义为运算放大器的电源抑制比(PSRR),公式如下。

$$\text{PSRR} = \frac{A_V|_{vdd=0}}{A_{DD}|_{vin=0}}$$

式中,vdd=0、vin=0 指电压源和输入电压的交流小信号为 0,而不是指直流电平。需要注意的是,电路仿真时,认为 MOS 管都是完全一致的,没有考虑制造时 MOS 管的失配情况,因此仿真得到的 PSRR 都要比实际测量时好,因此在设计时要留有裕量。

电源抑制比仿真的原理图如图 6.61 所示。

当双电源供电时,电路的参考点电位一般是零电位(GND),此时应分别给出正、负电源 V_{dd} 和 V_{ss} 的 PSRR;而对于单电源供电情况,电路的参考点电位一般是 GND,此时只要给出电源电压的 PSRR 即可。图 6.62 所示的电路只有一个正电源电压,在电源电压处加一个 1V 的交流电压源,仿真后得到的电路的 PSRR 频率曲线如图 6.63 所示,从图中可得到本电路在低频处的 PSRR 约为-87.86dB。

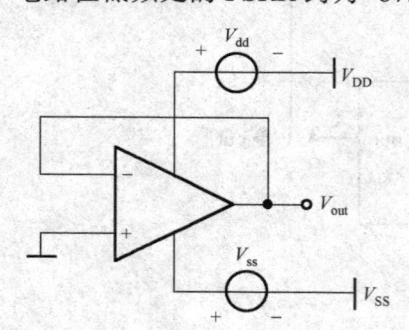

图 6.61 电源抑制比仿真的原理图

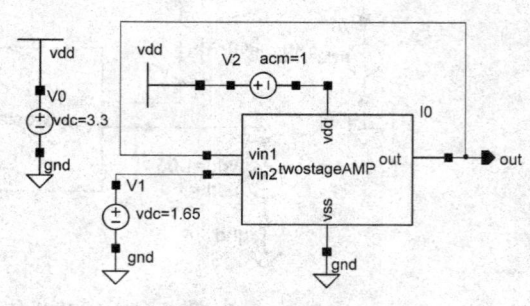

图 6.62 PSRR 仿真电路图

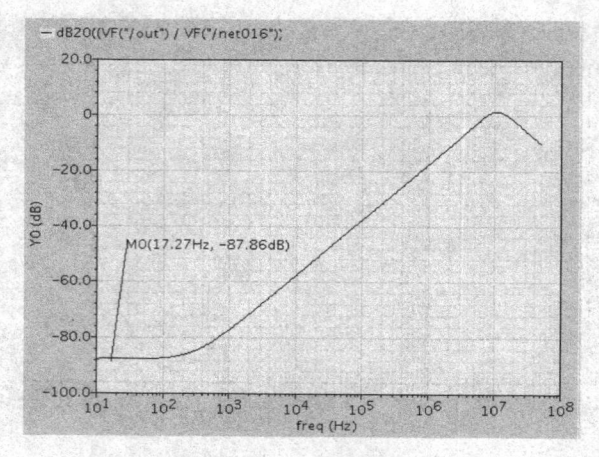

图 6.63 电路的 PSRR 频率曲线

6.3.9 瞬态参数仿真

转换速率是指运放输出电压对时间的变化率，在测试转换速率时，应取最大变化率。设输出电压为 $V_o = V_{om} \times \sin \omega t$，则 $\mathrm{SR} = \frac{dV_o}{dt}|_{max} = V_{om} \times \omega$（V/μs）。可见 $V_{om} = \mathrm{SR}/\omega$，因此，当工作频率（$\omega$）增大时，若 SR 太小，则运放输出达不到 V_{om}，即运放输出跟不上输入信号的变化。所以，必需保证运放的 SR 要大于输入信号的最大变化率。

转换速率是指输出端电压变化的极限，它由所能提供的对电容充、放电的最大电流决定。一般来说，摆率不受输出级的限制，而是由第一级的源/漏电流容量决定。

建立时间是运算放大器受到小信号激励时输出达到稳定值（在预定的容差范围内）所需的时间。稳定值的误差范围一般为 0.1%V1。较长的建立时间意味着模拟信号处理速率将降低。建立时间既表示了运放的转换速率，又表示了其阻尼特性，与相位裕度（Phase Margin）有关。

转换速率和建立时间的测量原理如图 6.64 所示，将运算放大器输出端与反相输入端相连，输出端接电容，同相输入端加的高、低电平分别为 +2.5V 和 -2.5V，周期为无时间延迟的方波脉冲。因为单位增益结构的反馈最大，从而导致最大的环路增益，所以能用做最坏情况的测量，因此采用这种结构来测量转换速率和建立时间。

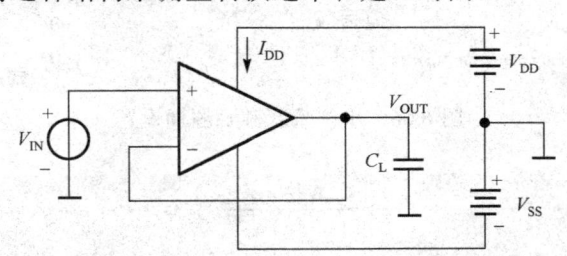

图 6.64 转换速率和建立时间的测量原理

转换速率与建立时间的仿真电路如图 6.65 所示。V1 为阶跃大信号，幅度为运放实际应用时的输入信号范围，设置如图 6.66 所示，进行 tran 分析。

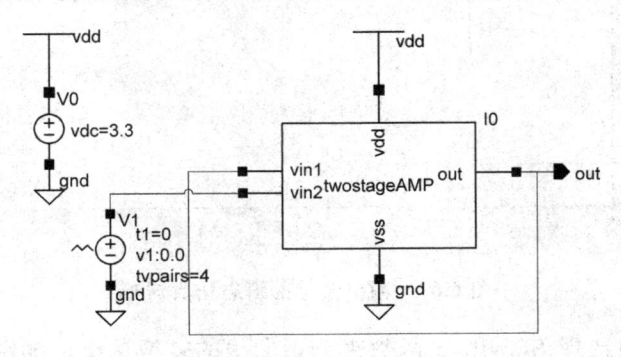

图 6.65 转换速率与建立时间的仿真电路

输出信号的瞬态仿真波形如图 6.67 所示，输出信号曲线与输入阶跃大信号曲线细节图如图 6.68 所示。

图 6.66 单位阶跃激励源调设置

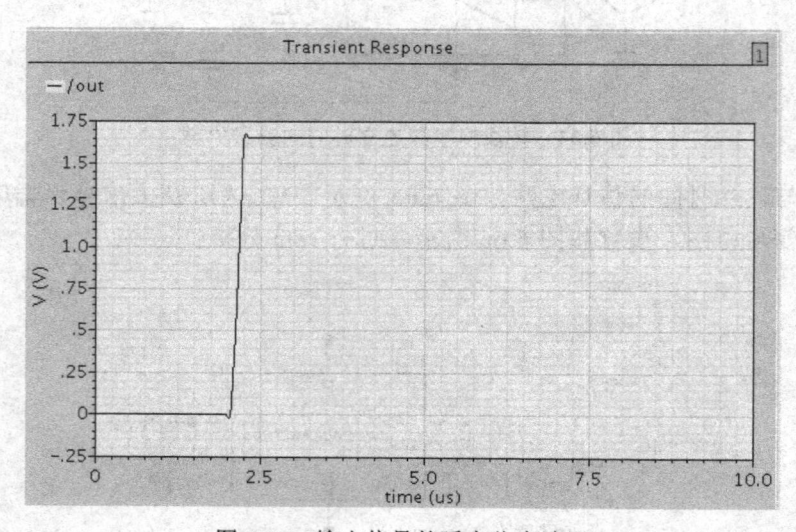

图 6.67 输出信号的瞬态仿真波形

在 Calculator 中选择 SlewRate 函数来测量曲线的转换速率，如图 6.69 所示。图 6.70 所示为计算得到的转换速率值，计算结果为 9.5V/μs。

在 Calculator 中选择 SettlingTime 函数来测量建立时间，如图 6.71 所示。计算结果如图 6.72 所示，这里显示的时间 2.25μs 是运算放大器建立结束时间，真正的建立时间是 2.25μs 减去跳变时间 2μs，所以运放的建立时间是 0.25μs。

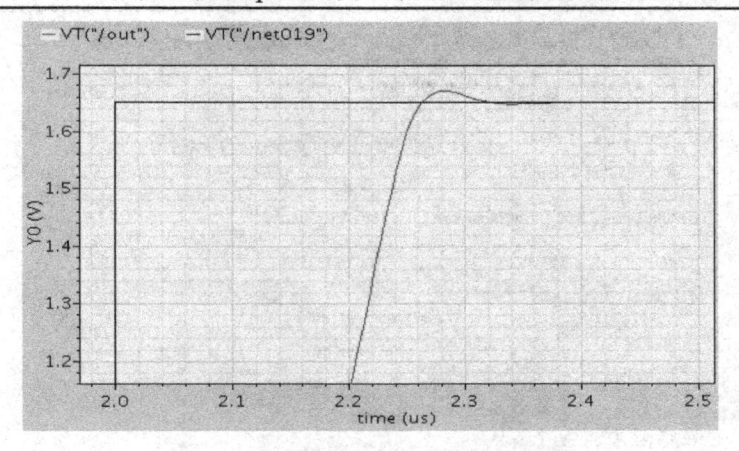

第 6 章　Spectre 模拟集成电路仿真实例

图 6.68　输出、输入信号曲线细节图

图 6.69　转换速率函数设置

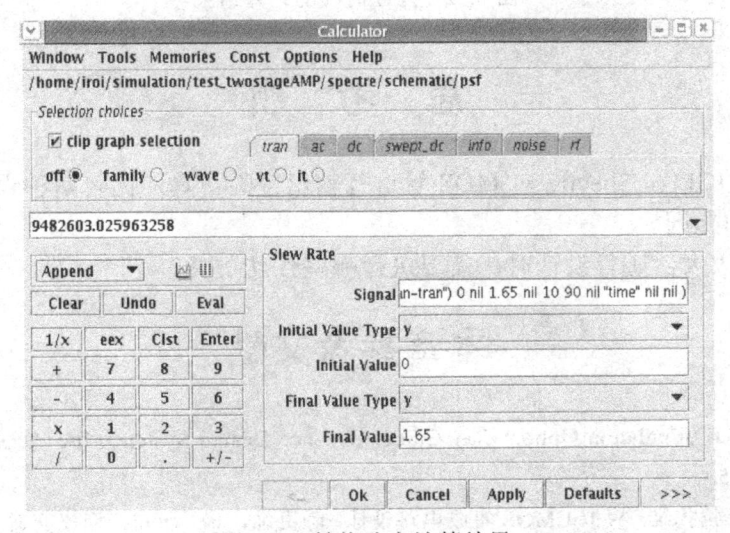

图 6.70　转换速率计算结果

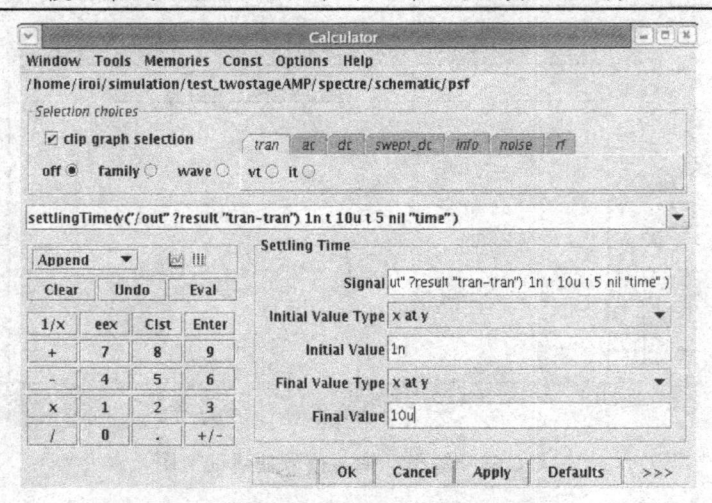

图 6.71　建立时间的函数设置

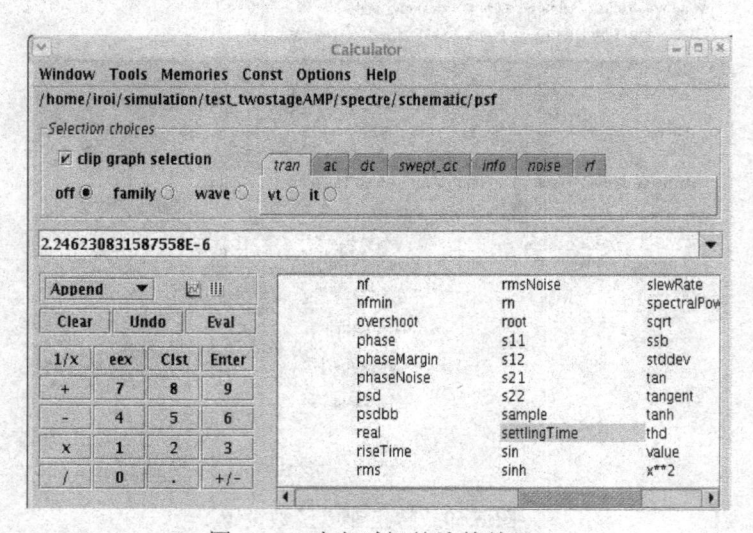

图 6.72　建立时间的计算结果

思 考 题

1. 采用 SPICE 和 Spectre 对 MOS 管进行输出特性仿真，比较两种设计工具的仿真方法和仿真结果的异同。

2. 对运算放大器进行设计时，需要进行哪些性能仿真？

本章参考文献

[1] Spectre RF Simulation Option User Guide, Cadence Design Systems, Inc., Product Version 5.1.41, Nov, 2005.

[2] 毕查德·拉扎维. 模拟 CMOS 集成电路设计. 陈贵灿，译. 西安：西安交通大学出版社，2003.

第 7 章 版 图 设 计

版图（Layout）是集成电路设计者将设计、模拟和优化后的电路转化成为的一系列几何图形，它包含了集成电路尺寸、各层拓扑定义等器件相关的物理信息数据。集成电路制造厂家根据这些数据来制造掩模。根据复杂程度，不同工艺需要的一套掩模可能为几层到十几层。一层掩模对应于一种工艺制造中的一道或数道工序。很多集成电路的设计软件都有设计版图的功能，如 Cadence 公司的 Virtuoso Layout™、Synopsys 公司的 Columbia™、Mentor Graphics 公司的 IC Station SDL™和中国华大的熊猫系统等。

7.1 版图几何设计规则

为了保证器件正确工作并提高芯片的成品率，要求设计者在版图设计时遵循一定的设计规则，这些设计规则直接由流片厂家提供。设计规则（Design Rule）是版图设计和工艺之间的接口。符合设计规则的版图设计是保证工艺实现的第一个基本要求。

集成电路版图上的基本图形通常仅限于正多边形（Rectilinear Polygons），即由水平和垂直线段构成的封闭图形，如图 7.1(a)所示。然而，某些工艺准许带 45°角的多边形，如图 7.1(b)所示。

版图几何设计规则主要包括各层的最小宽度、层与层之间的最小间距等。

1. 最小宽度（minWidth）

宽度指封闭几何图形的内边之间的距离，如图 7.1 所示。

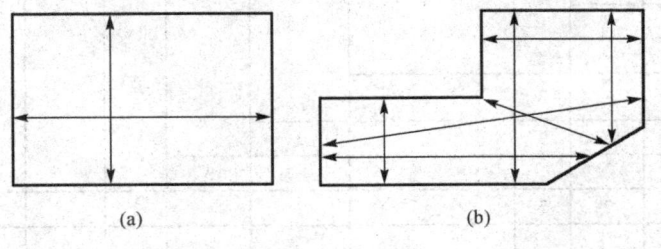

图 7.1 宽度定义

在利用 DRC（设计规则检查）对版图进行几何规则检查时，对于宽度低于规则中指定的最小宽度的几何图形，计算机将给出错误提示。

表 7.1 所示为 TSMC 0.35μm CMOS 工艺中各版图层的线条最小宽度。

表 7.1 TSMC 0.35μm CMOS 工艺中各版图层的线条最小宽度

层（Layer）	最小宽度，单位λ为 0.2μm
N 阱（N_well）	12
扩散层（P_plus_select/N_plus_select）	2

续表

层（Layer）	最小宽度，单位λ为 0.2μm
多晶硅（Poly）	2
有源层（Active）	3
接触孔（Contact）	2×2（固定尺寸）
第一层金属（Metal1）	3
接触孔（Via1）	2×2（固定尺寸）
第二层金属（Metal2）	3
第二层多晶硅（Electrode）	3
接触孔（Via2）	2×2（固定尺寸）
第三层金属（Metal3）	5

2. 最小间距（minSep）

间距指各几何图形外边界之间的距离，如图 7.2 所示。

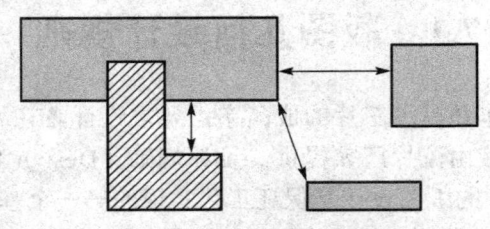

图 7.2 间距的定义

表 7.2 所示为 TSMC 0.35μm CMOS 工艺版图各层图形之间的最小间距。

表 7.2 TSMC 0.35μm CMOS 工艺版图各层图形之间的最小间距

最小宽度（minSep）单位λ为 0.2 μm	N_well	Active	Poly	P_l\plus_select/ N_plus_select	Contact	Metal1	Via1	Metal2	Electrode	Via2	Metal3
N_well	18										
Active	6	3									
Poly		1	3								
P_plus_select/ N_plus_select			3	2							
Contact		2	2		3						
Metal1						3					
Via1		2	2		2		3				
Meltal2								4			
Electrode	2	2			3				3		
Via2								2		3	
Metal3		15	15			15		15			3

3. 最小交叠（minOverlap）

交叠有两种形式：

（1）一几何图形内边界到另一图形的内边界长度（Overlap），如图 7.3(a)所示；

（2）一几何图形外边界到另一图形的内边界长度（Extension），如图 7.3(b)所示。

第 7 章 版图设计

(a) Overlap　　　　　　　　　　(b) Extension

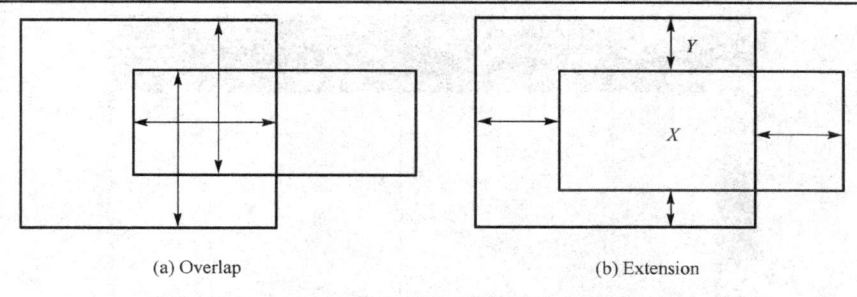

图 7.3　交叠的定义

表 7.3 所示为 TSMC 0.35μm CMOS 工艺版图各层图形之间的最小交叠。

表 7.3　TSMC 0.35μm CMOS 工艺版图各层图形之间的最小交叠

Y \ X	N_well	Active	Poly	P_l\plus_select/N_plus_sel	Contact	Metal1	Via1	Metal2	Electrode	Via2	Metal3
N_well		6									
Active											
Poly		2									
P_plus_select/N_plus_select		2									
Contact		1.5	1.5	1							
Metal1					1						
Via1						1					
Metal2							1				
Electrode			2		2						
Via2								1			
Metal3										1	
Glass											6

7.2　Virtuoso 版图编辑与验证

对版图进行编辑与验证的基本流程如下：（1）新建一个 library/cell/view；（2）进行 cell 的版图编辑；（3）版图验证；（4）寄生参数提取与后仿真；（5）导出 GDSII 文件。

1．新建一个 library/cell/view

（1）创建新的 design library

单击 File→New→Library，弹出 New Library 窗口，在 Name 框中输入 lab，选择 attach to an existing techfile，在弹出的窗口中选择工艺库 chrt35rf。

（2）在 lab 下建立一个新的 Cellview

单击 File→New→Cellview，弹出 Create New File 窗口。在 Library Name 中输入 lab，在 Cell Name 中输入 inv，在 Tool 中选择 Virtuoso，创建的版图如图 7.4 所示。

（3）开启 Display Options 对话框设定 Grid

一般 Grid 设定为 layout rules 里的最小单位，与工艺相关，在此设为 0.05，如图 7.5 所示。若 Grid 没有设好，在画 layout 时将会有很多的困扰，更严重时可能会有 error 的情况，所以每次开始画 layout 时请务必先进行设定。

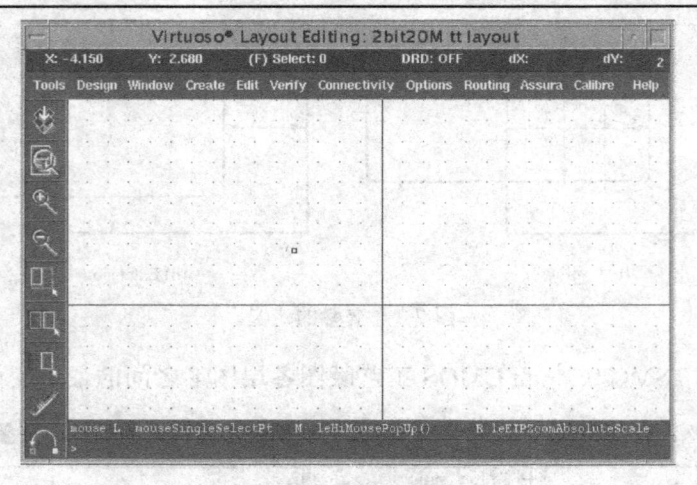

图 7.4 创建版图

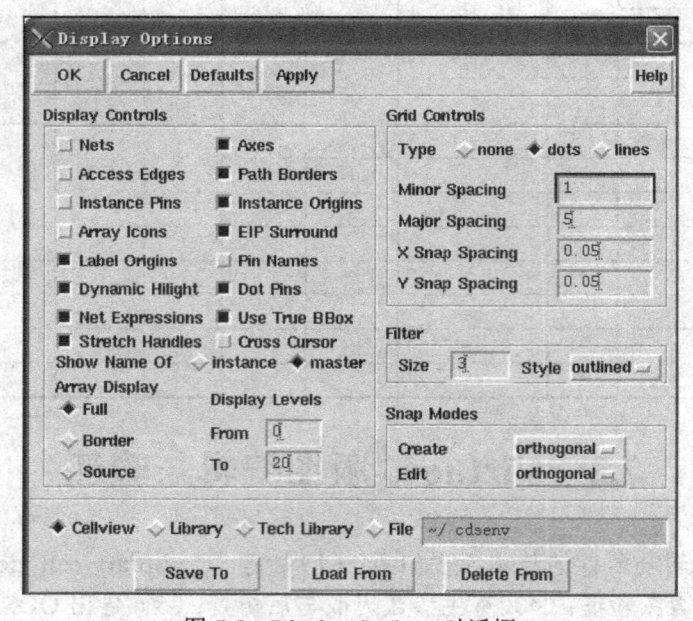

图 7.5 Display Options 对话框

2. 进行 cell 的版图编辑

在版图编辑窗口中，基本编辑操作有：选取版图的层，矩形（rectangle）、线（path）、标尺（ruler）的使用，图形尺寸调整（stretch），图形的移动和旋转，图形的复制和删除，图形属性修改，图形的合并（merge），加 contact，定义 multipath，加 PIN，调用已画单元（cell），组合键的使用，Esc 和 F3 键的使用等。

版图绘制过程中常用的组合键举例如下：

Shift+z	放大	Ctrl+z	缩小
Ctrl+d	撤销选择	s	拖拽
c	复制	m	移动
Shift+c	剪切	Shift+m	合并

k/Shift+k	标尺/去除标尺	f	适应屏幕
Shift+f	显示调用版图	u	撤销上步操作
g	格点对齐	F3	调整画线角度

3. 版图验证

虽然版图在设计过程中一直按照特定的电路图（Schematic）展开，并遵循着一整套设计规则，但是当版图首次完成时还是可能存在一些错误的，大规模集成电路尤其如此。其原因很简单，大规模集成电路的版图是成千上万的元件和几何图形的有机组合体，在设计过程中又有着成千上万次的操作，忽略、添加和错误都在所难免。于是版图的检查对于设计一个能正确实现预定功能的集成电路是非常重要和必要的。

版图验证的任务有设计规则检查（DRC，Design Rule Check）及版图和电路图对照（LVS）。

设计规则检查（DRC）的任务是检查发现设计中的错误。由于加工过程中的一些偏差，版图设计需满足工艺厂商提供的设计规则要求，以保证功能正确和一定的成品率。每一种集成电路工艺都有一套贯穿于整个制造过程的技术参数。这些参数通常是由所用的设备决定的，或者通过实验测量得到的。它们可能是极值、区间值或最优值。根据这些参数，工艺厂家制定出一套版图设计规则。每一个版图都应该遵循确定的规则进行设计。在画版图的过程中要不时地进行设计规则检查。没有设计规则错误的版图是技术上能够实现芯片功能的前提。运行 DRC，程序就按照相应的规则检查文件运行，发现错误时，会在错误的地方做出标记（Mark），并且做出解释（Explain）。设计者可以根据提示来进行修改。

以版图验证工具 Assura 为例，DRC 检查的窗口如图 7.6 所示。

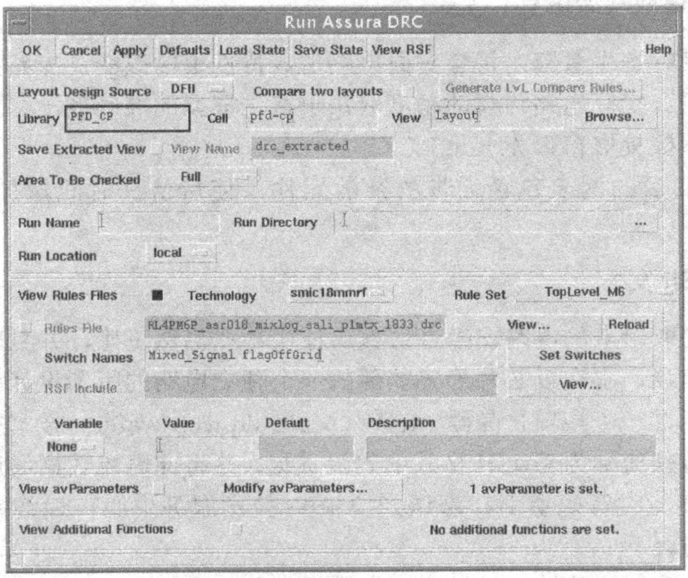

图 7.6 DRC 检查

版图设计不得改变电路设计内容，如元件参数和元件间的连接关系，因此要进行版图与电路图的一致性检查（LVS，Layout vs. Schematic）。LVS 程序的一个输入文件是由电路图产生的元件表、网表和端点列表，另一个输入文件是从版图提取出来的元件表、网表和端点列表。通过 LVS，所有元件的参数、所有网络的节点、元件到节点及节点到元件的关系一一扫描并进行比较。输出的结果是将所有不匹配的元件、节点和端点都列在一个文件之中，并在电路图和提取的版图中显示出来。Assura 工具中 LVS 检查的窗口如图 7.7 所示。

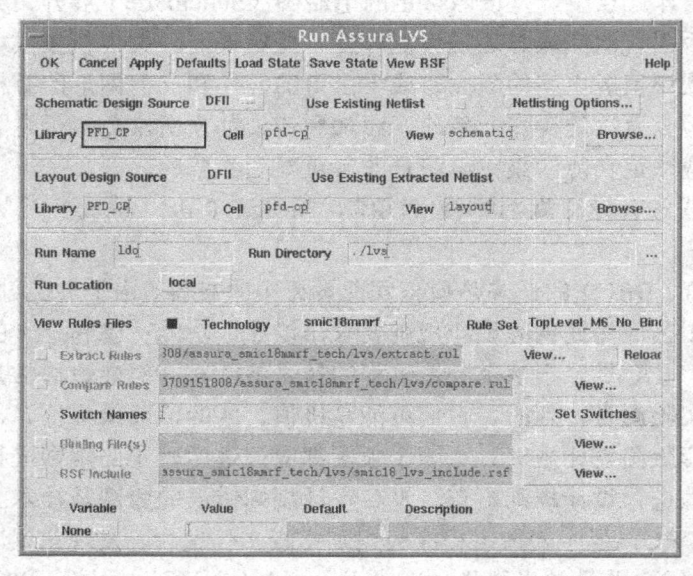

图 7.7　LVS 检查

4．寄生参数提取与后仿真

实际的电路具有寄生效应，将会对原电路造成特性上的改变，完整的设计应考虑版图设计后的寄生影响。实际电路仿真的精度取决于寄生模型的准确度。

Assura 寄生参数提取窗口为 Run RCX。

寄生参数提取后的网表包含大量的杂散元件，使后仿真时间增加，可采用 Device Reduction 来解决。

5．导出 GDSII 文件

如果从版图提取出来的电路图经过仿真后证明功能仍然正确，并且版图和电路图的对照已经没有任何错误，那么以芯片形式体现的一个独立电路的版图设计就完成了。如果这样一个独立电路通过一个多项目晶圆 MPW（Multi-Project Wafer）技术服务中心流片，就可以将版图数据转换成称为 GDSII 格式的码流数据，并将此码流数据通过因特网传送或复制到磁带、磁盘和光盘等媒质上，寄送到 MPW 技术服务中心，最终完成提交版图数据（Tape-out）的任务。

多个独立的电路（芯片）可以做成一个模块。芯片和模块最后应该布置到一个宏芯片（Macro-Chip）中。这个宏芯片应该进一步包括称为 PM（Process Monitor）的工艺监测图形、对准图形和宏芯片的框架，并应包括一套掩模的所有数据。这样的"拼图"和"装框"的工作，通常是在 MPW 技术服务中心完成的。"拼图"和"装框"后的宏芯片同样转换成

GDSII 格式的码流数据传送到芯片制造厂家的掩模制作部门。在那里根据 GDSII 格式的版图数据制作出一套掩模，最后，将掩模提供给工艺流水线完成集成电路制造。

导出 GDSII 文件的步骤如下：在 CIW 窗口，单击 File→Export→Stream，弹出 Stream Out 窗口，如图 7.8 所示；单击 Library Browser 按钮，选择 lab、drclvs、layout；在 Output File 中填写目录./verify；单击 OK 按钮完成设置。

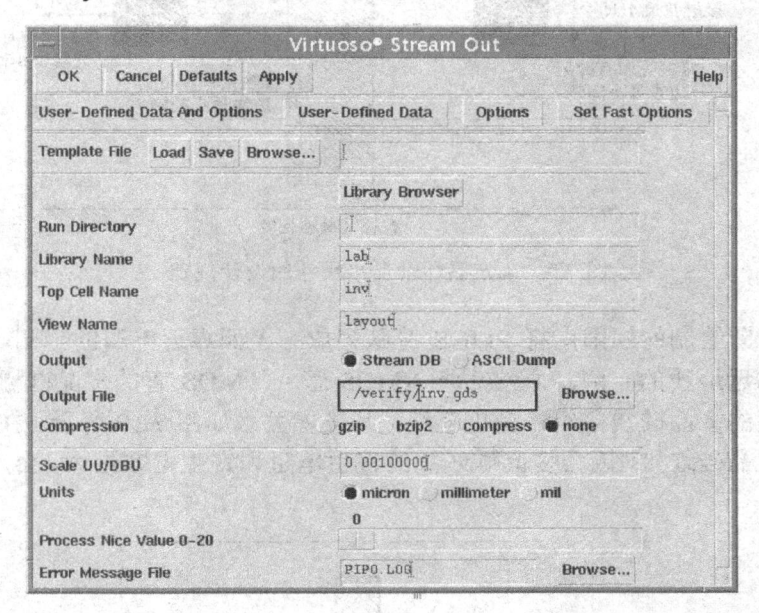

图 7.8 导出 GDSII 文件

7.3 CMOS 反相器版图设计

通过对 CMOS 反相器掩模版图的设计来逐步讲解版图设计规则的应用，其电路为最基本的一个 PMOS 和一个 NMOS 构成的 CMOS 反相器结构。

CMOS 反相器版图设计步骤如下：

（1）版图中 NMOS 管的绘制：一个 NMOS 管包括有源区、N 注入、栅极。栅、源、漏 3 个极的确定与 PMOS 管一致。

（2）版图中 PMOS 管的绘制：一个 PMOS 管包括有源区、P 注入、N 阱、栅极。栅极两边的有源区一边是源极，另一边是漏极，源、漏区在版图中可以互换，但是接入电路后，需要根据电位的高低进行区分。

假设要设计一个具有最小晶体管尺寸的反相器，其设计规则如图 7.9 所示。扩散区接触孔的最小尺寸（能满足源极与漏极互连）、扩散区接触孔到有源区两边的最小间隔决定了有源区的宽度。为了获得最快的速度，有源区上多晶硅层的宽度通常取最小宽度，也即晶体管的栅极通常取最小栅长。

PMOS 的有源区、n 阱和 n+有源区的最小重叠区决定 n 阱的最小尺寸。n+有源区同 n 阱间的最小间距决定了 NMOS 管和 PMOS 管间的距离。

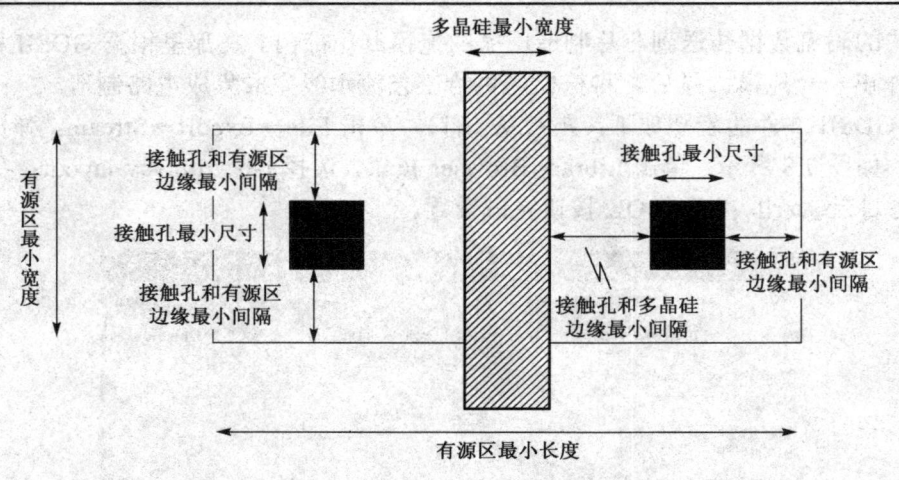

图 7.9 确定晶体管最小尺寸的设计规则

（3）根据版图绘制的规则，将 PMOS 管队列放在上面靠近电源的一侧，将 NMOS 管队列放在下面靠近地线的一侧。通常，将 NMOS 管和 PMOS 管的多晶硅栅极对准，这样可以由最小长度的多晶硅线条组成栅极连线，其位置关系如图 7.10 所示。在一般版图中要避免出现长的多晶硅连接，因为多晶硅线条的寄生电阻和寄生电容过大，会产生较大的 RC 延时。

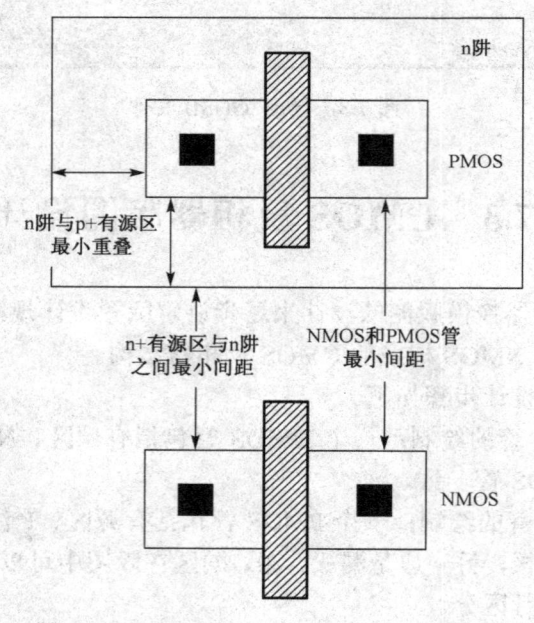

图 7.10 NMOS 管和 PMOS 管对应关系

（4）根据原理图对版图中的 MOS 管进行内部连线。掩模版图中的金属线尺寸通常由金属最小宽度和最小金属间距来决定。

（5）最后对 MOS 管衬底与 V_{DD} 和 GND 之间打接触孔，PMOS 管衬底 n 阱接 V_{DD} 高电位，NMOS 管衬底接 GND 低电位，CMOS 反相器的最终掩模版图如图 7.11 所示。

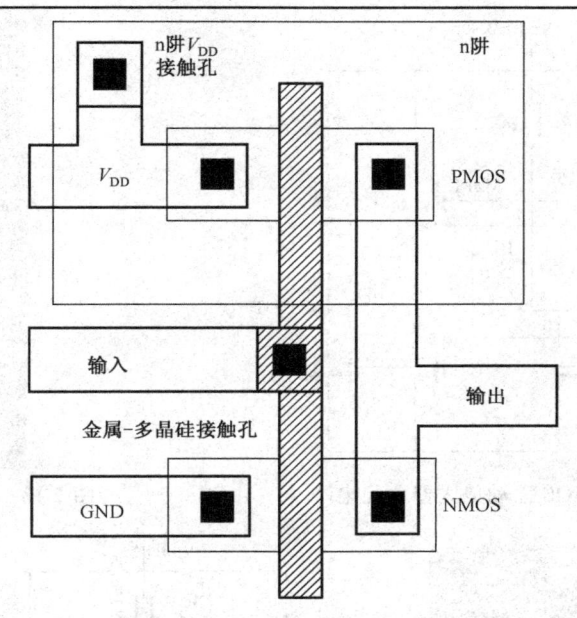

图 7.11 CMOS 反相器的最终掩模版图

什么情况下需要使用接触孔？

① 如果不同的连线层之间需要进行信号的传输，就需要进行打孔。例如，有源区与金属 1 的连接、金属 1 与 POLY 的连接都需要通过接触孔来实现。

② 所有的输入/输出信号都是通过金属 1 层与外电路连接的，所以由 POLY 制成的 MOS 管栅极应该通过 POLY 与金属 1 的接触孔，连接到金属 1 层上。

虽然版图设计规则对掩模几何排列有一系列的限制，但是全定制版图设计过程中，器件尺寸、单个器件定位以及器件间互连布线等方面都是有无穷的变化的，即使是只有两个晶体管组成的简单电路。根据主要的设计标准和设计规范，如整个硅区的最小化、延时的最小化、输入/输出引脚的定位等，可以设计出较优的掩模版图设计方案。而随着电路复杂度的增加，如电路中的晶体管数量的增加，设计出的版图也会千变万化。

7.4 差分放大器版图设计

差分放大器的版图设计为模拟集成电路版图设计的最有代表性的部分，由于差分电路对称性工作的特点，要求差分电路的版图必须严格对称。图 7.12 所示为本节所要讨论的 CMOS 差动放大器单元电路图。

图 7.13～图 7.17 所示为采用 Cadence 公司 Virtuoso 版图编辑工具对 CMOS 差动放大器单元电路进行版图设计的过程。其中，图 7.13 中的 L 形金属线一方面用做地线，连接两只 1/4 MCS 的源极（这里为了对称和减小版图的横向尺寸，MCS 分成 4 只管子并联），另一方面确定两条坐标线。

图 7.14 中画出了两只 1/4 MCS3，并将它们的栅、漏和源极互连。其中，栅极利用多晶硅层互连后通过通孔阵列与第一层金属连接。

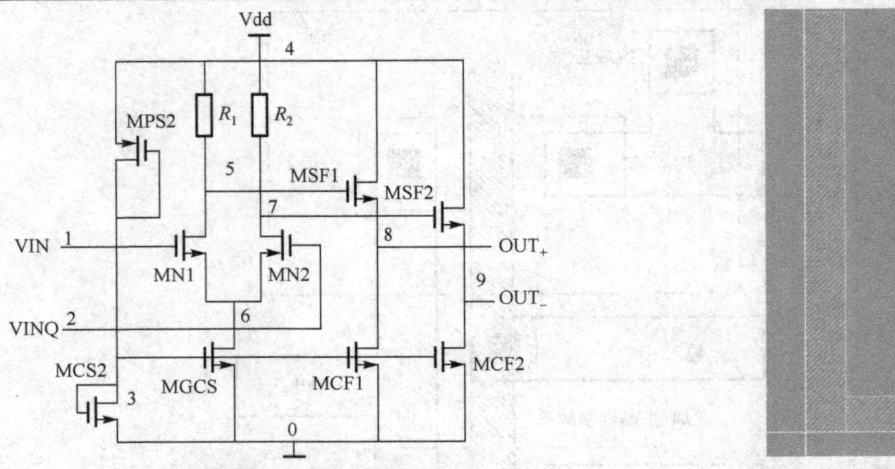

图 7.12 CMOS 差动放大器单元电路

图 7.13 画 L 形金属线作为地线

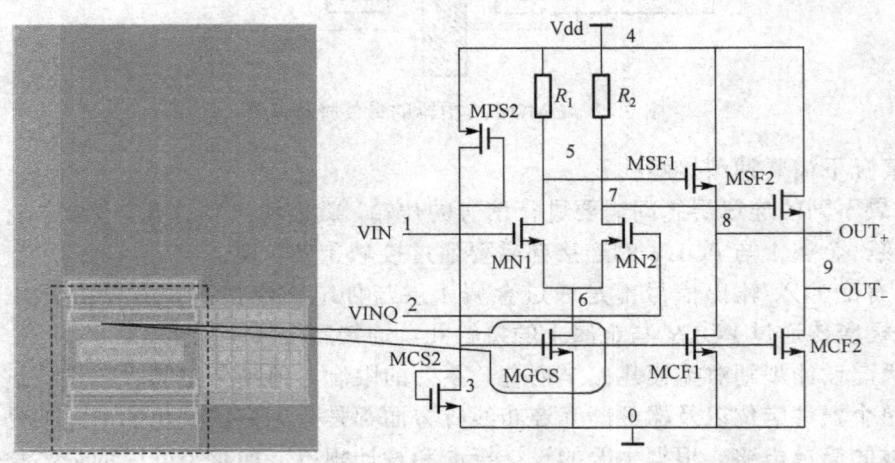

图 7.14 画出两只 1/4 MCS3 并将它们的栅、漏和源极互连

图 7.15 中画出了两只 1/2 MN1，并将它们的栅、漏和源极互连。

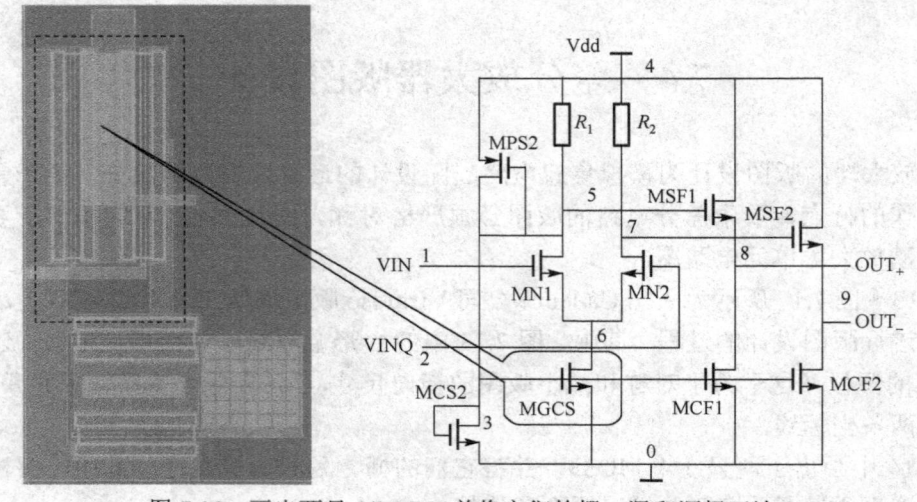

图 7.15 画出两只 1/2 MN1 并将它们的栅、漏和源极互连

图 7.16 依次画出了 R1、并联的两只 1/2 MSF1 和并联的两只 1/2 MCF1 及偏压等全部半边电路版图。

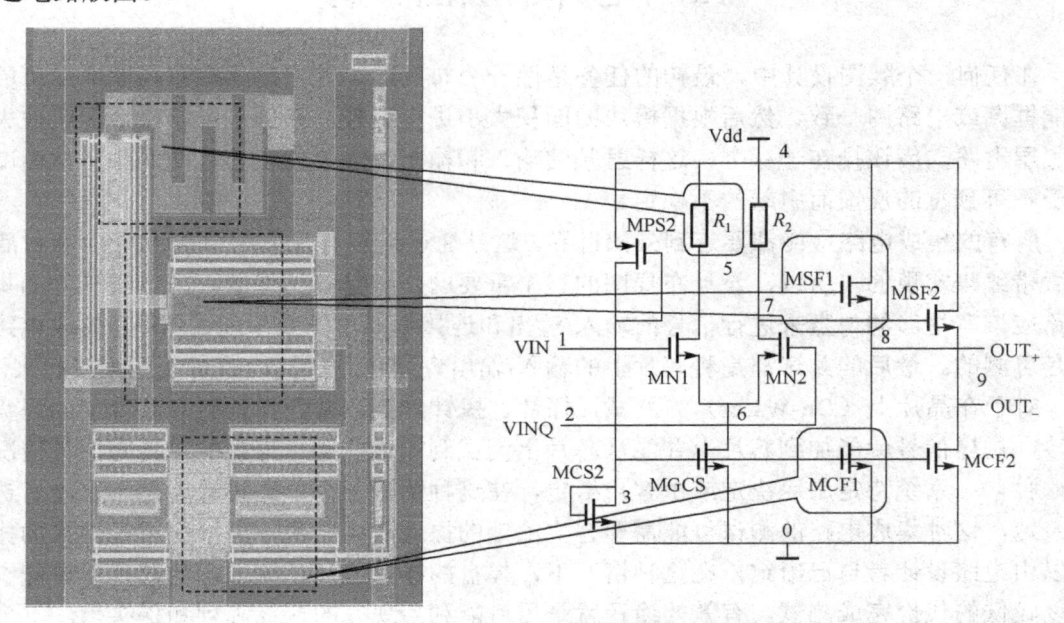

图 7.16 依次画出 R1、并联的两只 1/2 MSF1 和并联的两只 1/2 MCF1 及偏压等全部半边电路版图

图 7.17 所示为通过对图 7.16 中半边版图对 X 轴进行镜像复制形成的完整版图。

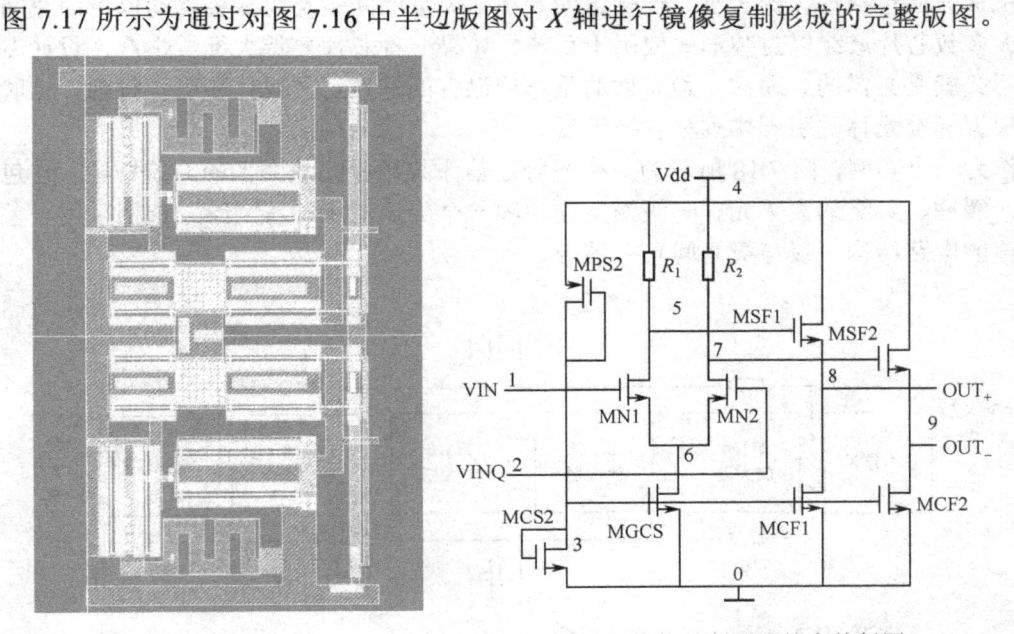

图 7.17 通过对图 7.16 中半边版图对 X 轴进行镜像复制形成的完整版图

通过这种方法设计的版图保证了电路的对称性。对电路图中单个 MOS 器件的分割并联除了保证对称性之外，还用来调整单元电路的长宽比。这对于前后单元电路之间的拼接和全图的布局具有重要意义。

7.5 芯片的版图布局

在任何一个版图设计中,最初的任务是做一个布局图。首先,这个布局图应尽可能与功能框图或电路图一致,然后根据模块的面积大小进行调整。举例来说,一个多级放大器的底层电路,应该排在一行上,这样射频的输入和输出部分就位于芯片的两头,从而减小由于不可预见的反馈而引起的不稳定。

所有的集成电路最终都要连到外部世界。这是通过连接芯片上的焊盘(Pad)和衬底上的微带线来实现的。所以,设计布局图的一个重要的任务是安排焊盘。一个设计好的集成电路应该有足够的焊盘来进行信号的输入/输出和连接电源电压及地线。此外,集成电路必须是可测的。最后的测试都是将芯片上的输入/输出焊盘和测试探针或封装线连接起来。

对于在晶片上(On-Wafer)的测试,探针、探针阵列或共面探针将与芯片上的焊盘相连接,这样信号就能加到芯片上并能从芯片上测试到输出信号。焊盘的排列有两种情况:第一种,由系统特定用途决定或由客户给定,在这种情况下,电路设计者基本上没有选择的余地,这种集成电路的测试可能需要客户给定的探针阵列;另一种情况就是焊盘的排列可以由电路设计者自己给定,在这种情况下,焊盘的排列应该使制造出的芯片尽可能容易地以较低的代价完成测试,有效的途径就是尽可能利用现有的探针阵列和探头。

可用的探头都有自身的机械和电路性能,这样就需要一系列的版图设计规则。版图规则的机械方面包括焊盘的大小、钝化窗的大小、焊盘的间距及为探头移动保留的空间等。

大多数芯片最终以封装形式应用于系统。如果一种芯片要特大批量生产,设计专用的封装形式就是必需的。通常,最有效的是选用已有的标准封装载体和引脚排列。这时,就需要根据标准载体的引脚排列来安排焊盘。

作为一个实例,图 7.18 所示为一个光纤通信系统用限幅放大器的系统框图。它包括一级输入缓冲、4 级放大单元、一级输出缓冲和一个失调电压补偿回路。该例采用全差分、全对称的电路结构,级与级之间直接耦合。

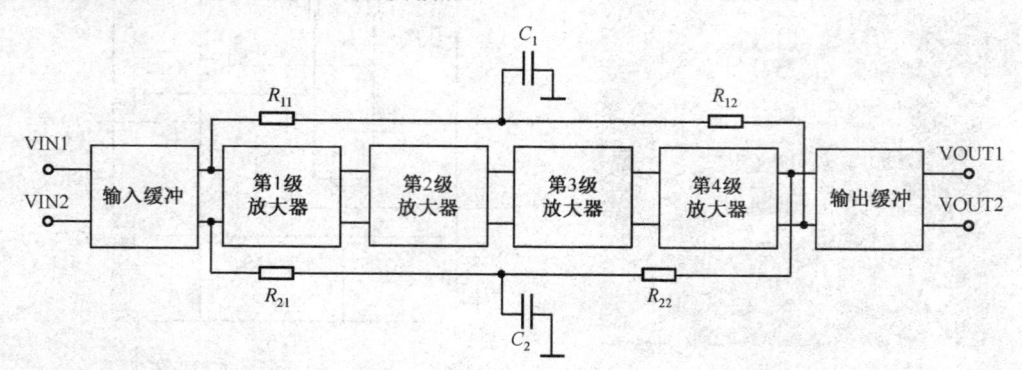

图 7.18 一个光纤通信系统用限幅放大器的系统框图

图 7.19 所示为图 7.18 中限幅放大器的版图布局,其特点包括:
(1) 全对称结构,这对于差动放大器的直流和高频高速性能至关重要;
(2) 输入/输出基本实现最短直线沟通,争取最小互连线寄生参数和信号的最小延迟;
(3) 输入/输出焊盘置于左右两边,在保证最短直线沟通的前提下争取最小串扰;

（4）输入/输出焊盘采用 GSGSG（S，Signal；G，Ground）排列的差动共面波导探头，可保证高频高速信号的有效传输；

（5）利用芯片空余面积在芯片实现电容 C1 和 C2 的部分分量；

（6）对地线和电源线分别布置了 6 个和 8 个焊盘，充分减小了它们的寄生电阻和电感。

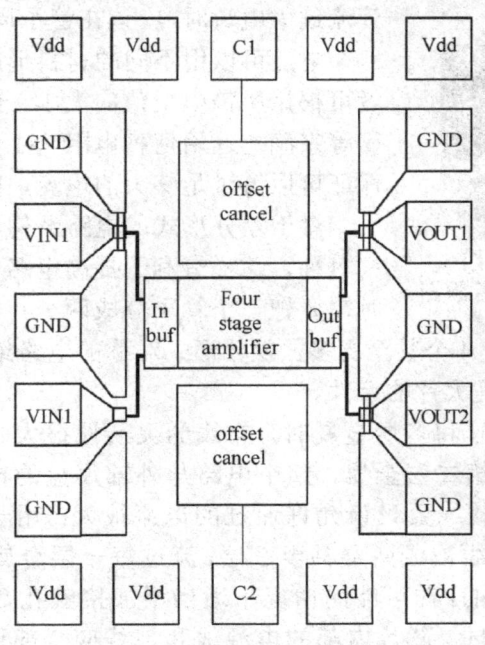

图 7.19　限幅放大器的版图布局

7.6　版图设计注意事项

在正式用 Cadence 画版图之前，一定要先构思，也就是要仔细想一想，每个晶体管打算怎样安排，晶体管之间怎样连接，最后的电源线、地线怎样走。输入和输出最好分别布置在芯片两端。例如，让信号从左边输入，右边输出，这样可以减少输出到输入的电磁干扰。对于小信号高增益放大器，这一点特别重要，设计不当会引起不希望的反馈，造成电路自激。

MOS 管的尺寸（栅长、栅宽）是由电路模拟时定下来的，画 MOS 管时应按照这些尺寸进行。但是当 MOS 管的栅宽过大时，为了减小栅电阻和栅电容对电路性能的影响，需要减小每个 MOS 管的栅宽，为达到所需的总栅宽可以采用并联的方式，或者采用多栅指结构的版图，即 MOS 管共用源区与漏区的版图形式，如图 7.20 所示，两个 MOS 管并联后共用一个漏区。多栅指结构的 MOS 管版图不改变原来晶体管的栅长与栅宽，但是带来了更多的优点。

（1）对于大尺寸晶体管，采用多栅指结构的 MOS 管版图，可以使得版图的长宽尺寸比更加合理，易于形成方形电路版图，便于版图拼接。

（2）电路中晶体管通常将漏极作为输出节点，共用漏区可以减小漏区的面积，从而减小漏端输出节点的寄生电容，提高电路的工作速度。

（3）对于大电流晶体管，需要较宽的金属线宽来传输电流，多栅指结构的 MOS 管版图可以增加源区和漏区电流传输的路径宽度。

另外，对于 NMOS 管，应当充分保证其衬底接地，而 PMOS 管应当保证其衬底充分接高电平，特别是 MOS 管流过大电流时，应该在管子周围形成隔离环进行保护。

电阻可以用不同的材料形成，可选择性很大，设计者可根据所需电阻值的大小、阻值的精确度、电阻的面积等来确定选用何种电阻。对于电阻宽度，也需要考虑，保证可以流过足够大的电流，防止电阻被烧坏。

对于差分形式的电路结构，最好在版图设计时也讲究对称，这样有利于提高电路性能。为了讲究对称，有时需要把一个管子分成两个，例如，为差分对管提供电

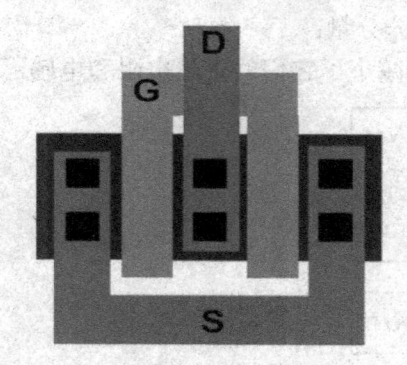

图 7.20 多栅指结构的 MOS 管版图

流的管子就可以拆成两个、4 个甚至更多。差分形式对称的电路结构，一般地线铺在中间，电源线走上下两边，中间是大片的元件。

当采用的工艺有多晶硅和多层金属时，布线的灵活性很大。一般信号线用第一层金属，信号线交叉的地方用第二层金属，整个电路与外部焊盘的接口用第三层金属。但也不绝对，例如，某一条金属线要设计允许通过的电流很大，用一条金属线明显很宽，就可以用两条甚至 3 条金属线铺成两层甚至 3 层，流过每一层金属线上的电流就小了 1/2。层与层是通过连接孔连接的，在可能的情况下适当增加接触孔数，可确保连接的可靠性。应确保电路中各处电位相同。芯片内部的电源线和地线应全部连通，对于衬底应该保证良好的接地。

整个电路的有效面积可能仅占整个芯片面积的很小一部分，因此对于芯片中的空闲面积，可以尽量设计成电容，利用这些电容来旁路外界电源和减少地对电路性能的影响。

① 金属线中寄生电阻和寄生电容效应

对于电路中较长的布线，要考虑电阻效应。金属、多晶硅分别有各自不同的方块电阻值，实际矩形结构的电阻值只跟矩形的长宽比有关。金属或多晶硅连线越长，电阻值就越大。为防止寄生大电阻对电路性能的影响，电路中尽量不走长线。寄生电阻会使电压产生漂移，导致额外噪声的产生，因此镜像电流源内部的晶体管在版图上应该放在一起，然后通过连线引到各需要供电的模块，对于存在对称关系的信号的连线也应该保持对称，使得信号线的寄生电阻保持相等。

寄生电容耦合会使信号之间互相干扰。对高频信号，尽量减少寄生电容的干扰；对直流信号，尽量利用寄生电容来旁路掉直流信号中的交流成分，从而稳定直流。第一层金属和第二层金属之间、第二层金属和第三层金属之间均会形成电容。

其他措施还包括：避免时钟线与信号线的重叠；两条信号线应该避免长距离平行，信号线之间交叉对彼此的影响比二者平行要小；输入信号线和输出信号线应该避免交叉；对于易受干扰的信号线，在两侧加地线保护；模拟电路的数字部分，需要严格隔离。

② 电迁移效应

当传输电流过大时，电子碰撞金属原子，导致原子移位而使金属断线。在接触孔周围，电流比较集中，电迁移效应更加容易发生。解决的方法可以根据电路在最坏情况下

的电流值来决定金属线的宽度以及接触孔的排列方式和数目,以避免电迁移。金属连线的宽度是版图设计必须考虑的问题。铝金属线电流密度最大为 $0.8\text{mA}/\mu\text{m}^2$,Metal1、Metal2($0.7\mu\text{m}$ 厚)的电流密度按 $0.56\text{mA}/\mu\text{m}^2$ 设计,Metal3($1.1\mu\text{m}$ 厚)按 $0.88\text{mA}/\mu\text{m}^2$ 设计。当金属中流过的电流过大时,在金属较细的部位会引起电迁移效应(金属原子沿电流方向迁徙),使金属变窄,直到截断。因此,流过大电流的金属连线应该根据需要设定宽度。

③ 大面积金属线

金属在制作过程中会长时间受热,热量不易散发,产生金属膨胀、脱离现象,因此在大面积金属线上应将其开窗口,设计成网状,以解决上述负面效应。

④ 天线效应

长金属线(面积较大的金属线)在刻蚀的时候,会吸引大量的电荷(因为工艺中刻蚀金属是在强场中进行的),这时如果该金属直接与管子的栅(相当于有栅电容)相连的话,可能会在栅极形成高电压,会影响栅极氧化层的质量,降低电路的可靠性和寿命。用另外一层更高一层的金属来割断本层的大面积金属,如图 7.21 所示。

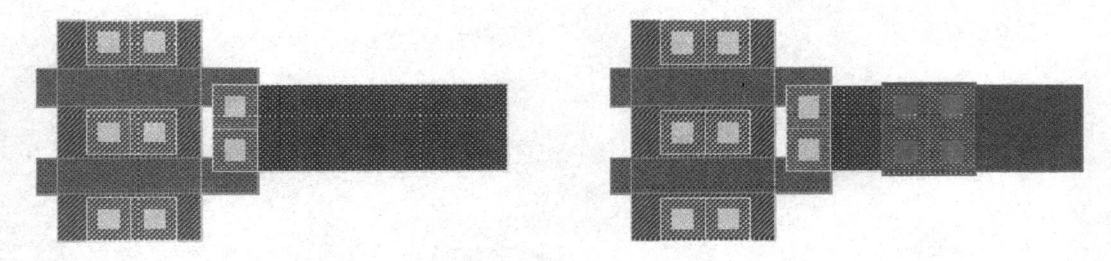

图 7.21 天线效应及解决方法

此外,还应注意以下几点。

- 力求层次化设计,即按功能将版图划分为若干子单元,每个子单元又可能包含若干子单元,从最小的子单元进行设计,这些子单元又被调用完成较大单元的设计,这种方法大大减少了设计和修改的工作量,且结构严谨、层次清晰。
- 图形应尽量简洁,避免不必要的多边形,对连接在一起的同一层应尽量合并,这不仅可减小版图的数据存储量,而且使版图一目了然。
- 设计者在构思版图结构时,除要考虑版图所占的面积、输入和输出的合理分布、减小不必要的寄生效应之外,还应力求版图与电路原理框图保持一致(必要时修改框图画法),并力求版图美观大方(利用适当空间添加标识符)。

版图设计中还有众多注意要点和技巧,需要版图设计者通过实践进行体会、总结和掌握。

思 考 题

1. 说明版图与电路图的关系。
2. 说明设计规则与工艺制造的关系。

3. 设计规则主要包括哪几种几何关系？
4. 版图设计中整体布局有哪些注意事项？
5. 版图设计中元件布局布线方面有哪些注意事项？

本章参考文献

[1] 李伟华. VLSI 设计基础. 北京：电子工业出版社，2002.
[2] 王志功，陈莹梅. 集成电路设计（第3版）. 北京：电子工业出版社，2013.

第 8 章 Cadence 模拟集成电路设计实例

本章以模拟集成电路的基本单元电路——压控振荡器和限幅放大器为例,介绍在 Cadence 平台下完整的全定制集成电路设计过程,包括前仿真、版图设计、版图验证和后仿真。限幅放大器常用于光纤通信系统中,本章也介绍了其电路设计原理。压控振荡器和限幅放大器的版图验证分别以 Calibre 和 Assura 工具为例进行了介绍。

8.1 压控振荡器设计

8.1.1 压控振荡器前仿真

1. 建立库(Library)

(1)启动 Cadence,CIW 命令解释窗口如图 8.1 所示。

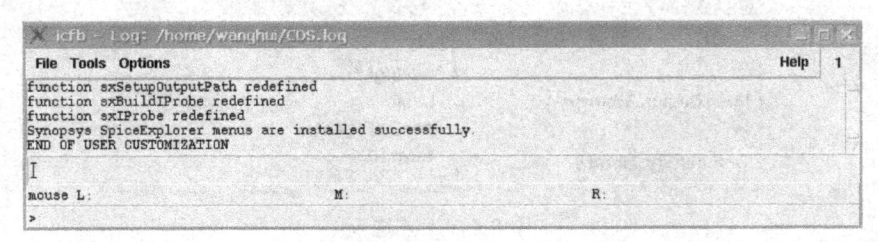

图 8.1 CIW 命令解释窗口

(2)创建一个新的名为 10GHz_VCO 的 Library 库。依次单击 Library Manager 中 File→New→Library,弹出图 8.2 所示的窗口。

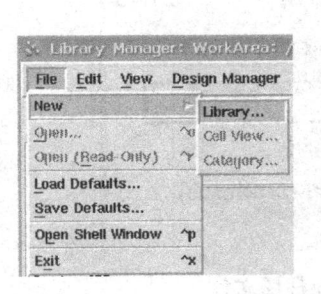

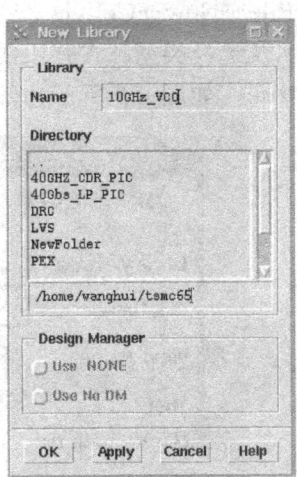

图 8.2 新建 Library 库

输入一个名为 10GHz_VCO 的 Library，单击 OK 按钮，弹出图 8.3 所示的工艺文件对话框。

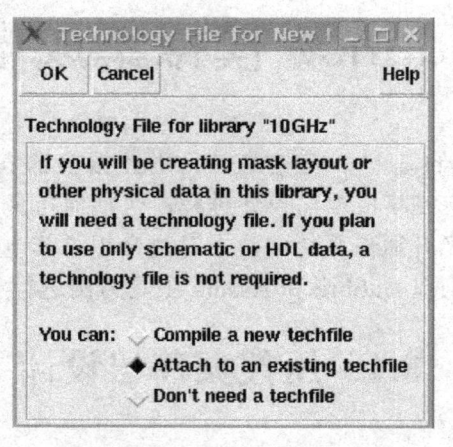

图 8.3　确定工艺文件

本次设计实例采用 TSMC 65nm CMOS 工艺，所以选择第二项：Attach to an existing techfile，单击 OK 按钮，弹出图 8.4 所示的工艺选项对话框，选择 tsmcN65 后单击 OK 按钮。

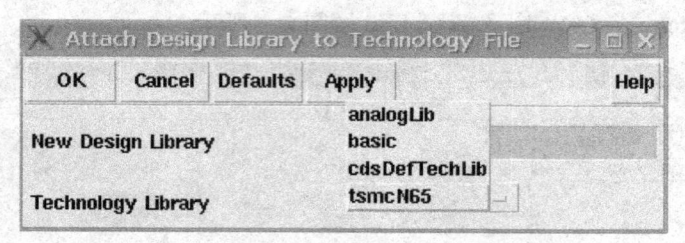

图 8.4　工艺选项

这样，一个基于 TSMC 65nm CMOS 工艺的 Library：10GHz_VCO 就建立好了。

2．建立原理图（Schematic）

（1）单击菜单 File→New→Cellview，建立一个 Cell。

（2）给 Cell 命名及选择类型。在弹出的菜单中，设置 Cell Name 为 LC_VCO，选择 Tool 为 Composer-Schematic，如图 8.5 所示，然后单击 OK 按钮确认。

图 8.5　新建原理图文件

此时在 Library Manager 的 Cell 一栏中会显示新建好的名为 LC_VCO 的 Schematic 文件。

3. 原理图的编辑

原理图的编辑主要通过 Schematic 编辑窗口中的工具栏和 Edit 菜单以及快捷键来实现。编辑后的电路图如图 8.6 所示，交叉耦合的 4 个 MOS 晶体管对构成负阻单元，电感和电容构成选频回路，差分控制的 VTUNE+ 和 VTUNE- 端为外部调谐电压，通过调节调谐电压的值改变可变电容的大小，从而改变 VCO 的振荡频率。

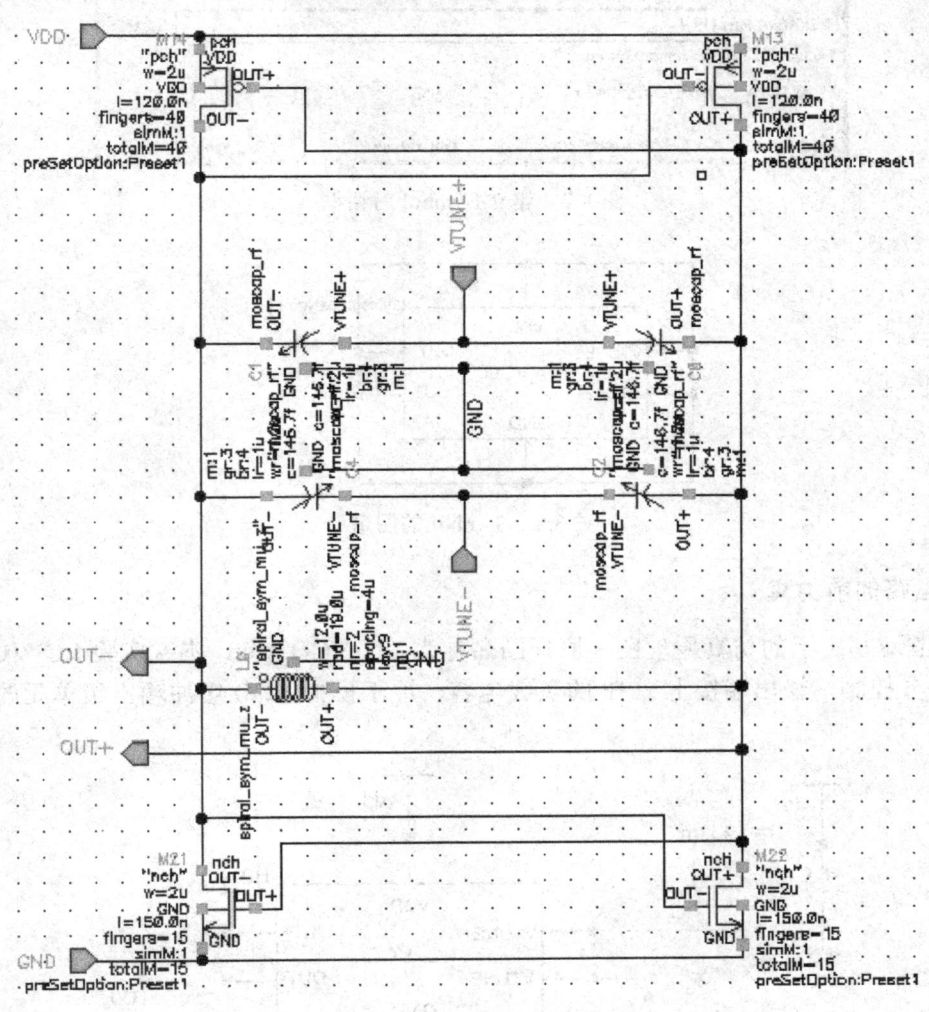

图 8.6 LC_VCO 电路图

4. 建立 Symbol

打开已经设计好的 LC_VCO 电路图，在 Schematic 编辑窗口中单击菜单键 Design→Create Cellview→From Cellview，弹出图 8.7 所示的对话框。

单击 OK 按钮确认后，弹出 Symbol 的图形，如图 8.8 所示，单击 Schematic 编辑窗口工具栏左侧的 Save 按钮存储。

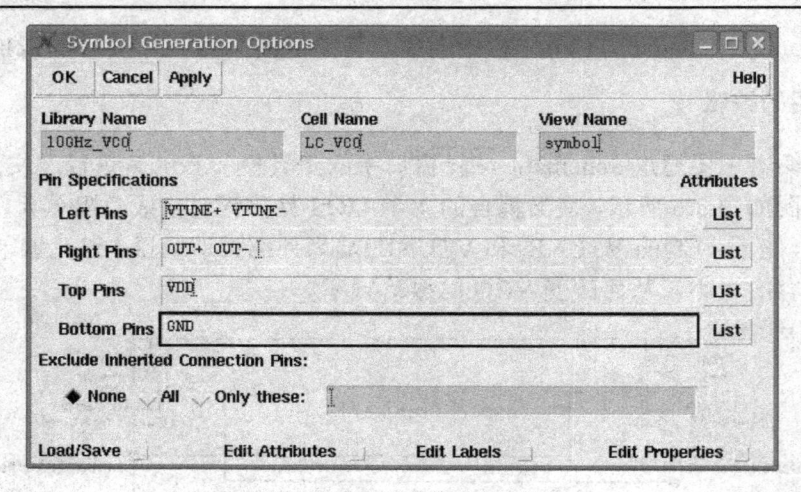

图 8.7　建立 Symbol 对话框

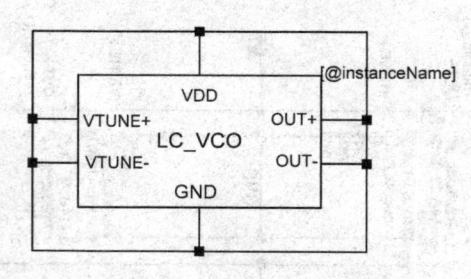

图 8.8　Symbol 的图形

5．电路的前仿真

搭建图 8.9 所示的仿真原理图，原理图名称为 LC_VCO_test，本次实验 LC_VCO 的设计采用差分控制，输出端接上 20fF 的负载电容，用于模拟 VCO 缓冲输出级单元的等效输入电容。

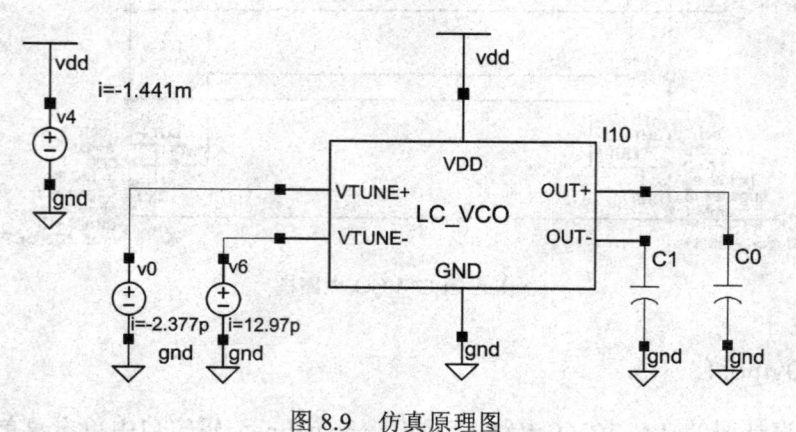

图 8.9　仿真原理图

（1）静态工作点的仿真

首先调出仿真环境窗口：Tools→Analog Environment，采用变量设置的方法，将外部控制端口 VTUNE+和 VTUNE−端的电压值分别设为变量 vtune 和 1−vtune，然后将 vtune 的

第 8 章 Cadence 模拟集成电路设计实例

值设置为电源电压 1.2V 的一半，即 0.6V。然后单击 Analyses→Choose，弹出图 8.10 所示的对话框，选择 dc，按照图 8.10 所示的对话框设置。

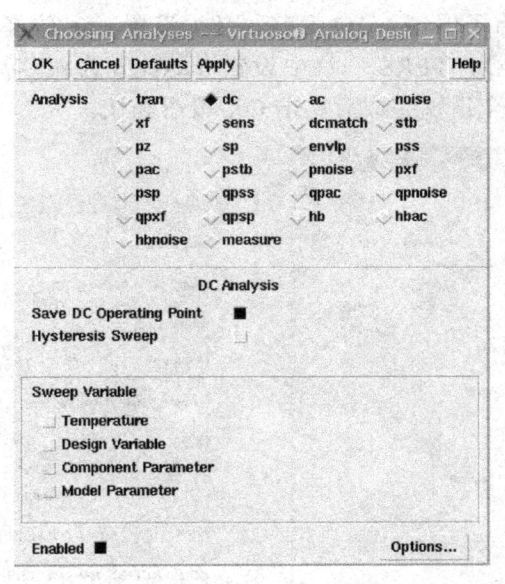

图 8.10 dc 仿真设置

设置完成后，单击 Simulation→Netlist and Run，进行电路分析。直流仿真结果选项，如图 8.11 所示，从 Results→Annotate 中选择观察的参数，其中单击 DC Node Voltages 可以查看每个节点的电压，单击 DC Operating Points 可以查看每个晶体管的电压、电流，单个晶体管的直流仿真结果如图 8.12 所示。

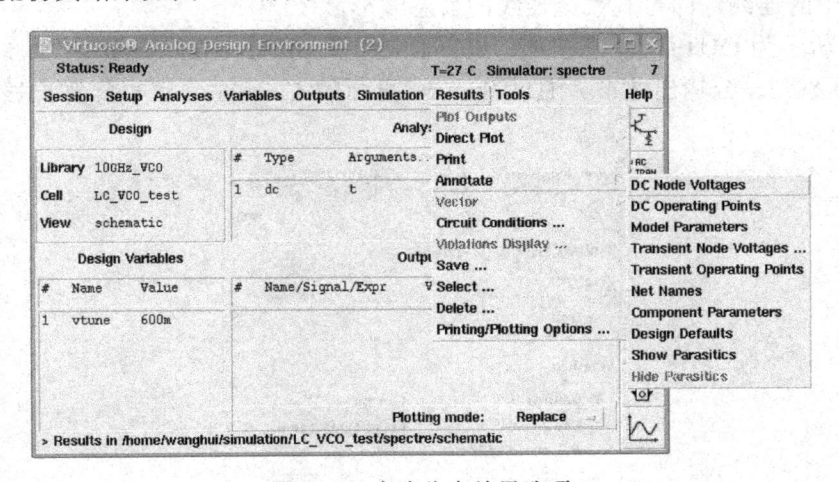

图 8.11 直流仿真结果选项

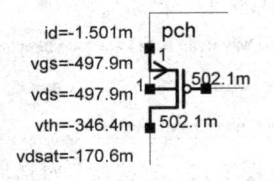

图 8.12 单个晶体管的直流仿真结果

(2) 瞬态仿真

和 DC 仿真一样，首先单击 Analyses→Choose，选择 tran，其中设置 Stop Time 为 10ns，如图 8.13 所示。另外，为了保证 VCO 振荡，必须设置 tran 仿真的步长，单击 Options 按钮，在 TIME STEP PARAMETERS 一栏中设置 maxstep 为振荡周期的五十分之一，即为 2ps，如图 8.14 所示，完全设置完成后单击 OK 按钮确认。

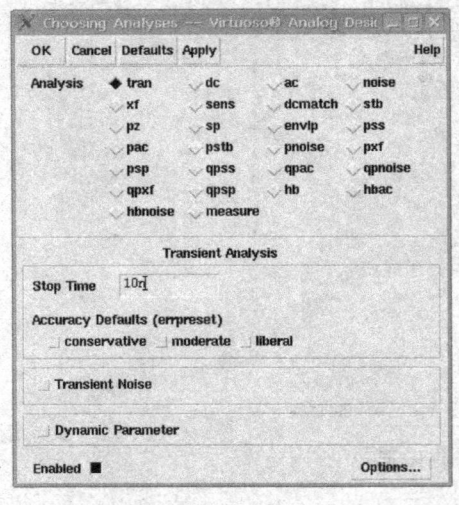

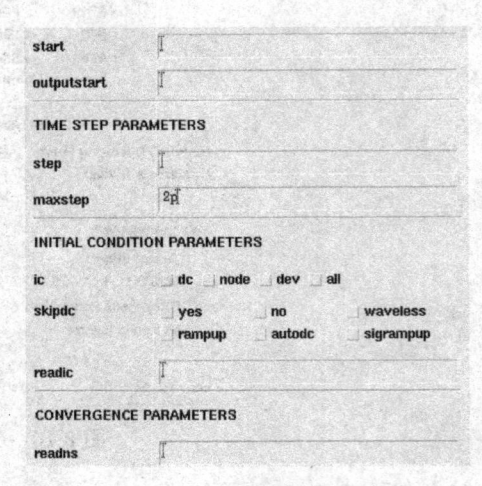

图 8.13　瞬态仿真设置　　　　图 8.14　瞬态仿真步长设置

单击 Simulation→Netlist and Run，进行电路 tran 仿真，仿真结束后，依次选择 Results→Direct Plot→Main Form，弹出如图 8.15 所示的对话框，然后在 Select 一栏中选择 Net，再单击原理图中的连线，即可观察该连线的瞬态波形。

图 8.16 所示为 OUT+的瞬态波形。Select 中选择 Differential Nets，然后单击 OUT+和 OUT−即可观察到差分输出波形。通过 Spectre 里面的 Calculator 可以计算出振荡频率约为 15.5GHz。

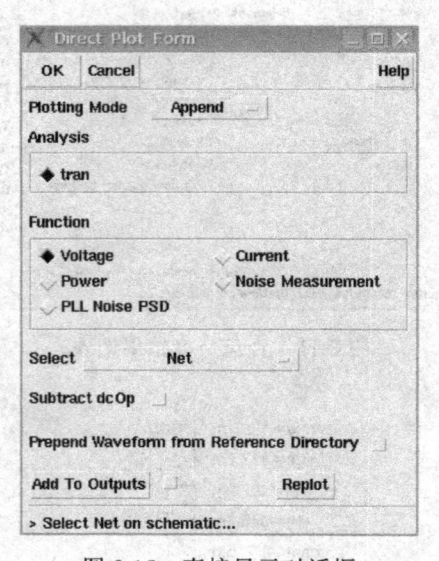

图 8.15　直接显示对话框

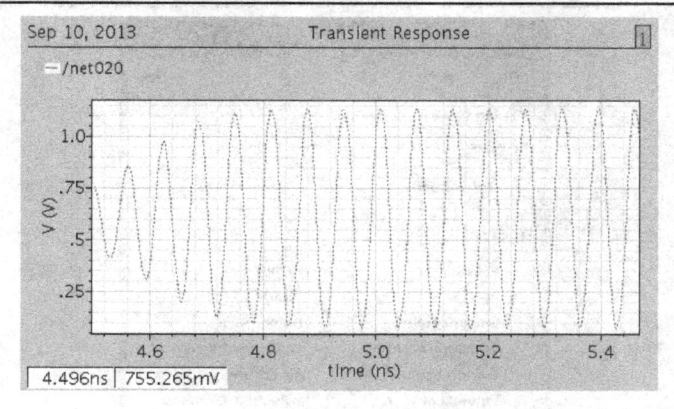

第 8 章 Cadence 模拟集成电路设计实例

图 8.16 振荡器瞬态输出波形

（3）调谐特性仿真

下面将改变外部控制端口 VTUNE+ 和 VTUNE- 端的电压值，观察输出频率随外部控制电压的变化情况。将一个调谐电压设为变量 vtune，另外一个设为 1-vtune，这样实现了差分控制，单击 Analyses→Choose，选中 pss，按照图 8.17 和图 8.18 所示设置相应项。

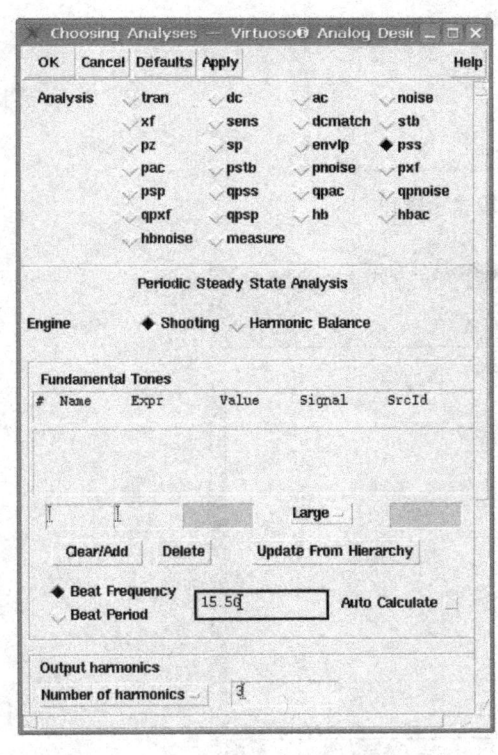

图 8.17 pss 仿真设置（1） 　　　图 8.18 pss 仿真设置（2）

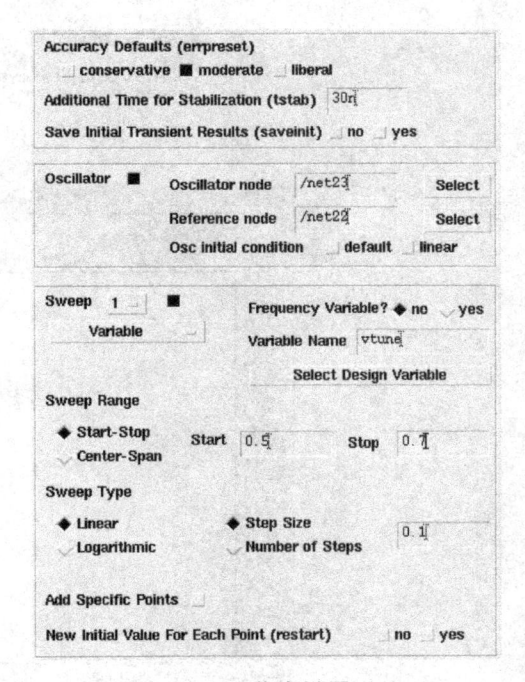

其中 Sweep 变量为 vtune，其电压扫描范围为 0.5～0.7V。完全设置完成后按照上述步骤进行仿真。仿真完成后单击 Results→Direct Plot→Main Form，在图 8.19 所示的对话框中选择 pss，选中 Hamonic Frequency，然后选择一次谐波，单击 Plot 按钮即可得到图 8.20 所示的调谐特性波形，调谐范围为 15.2～15.9GHz。

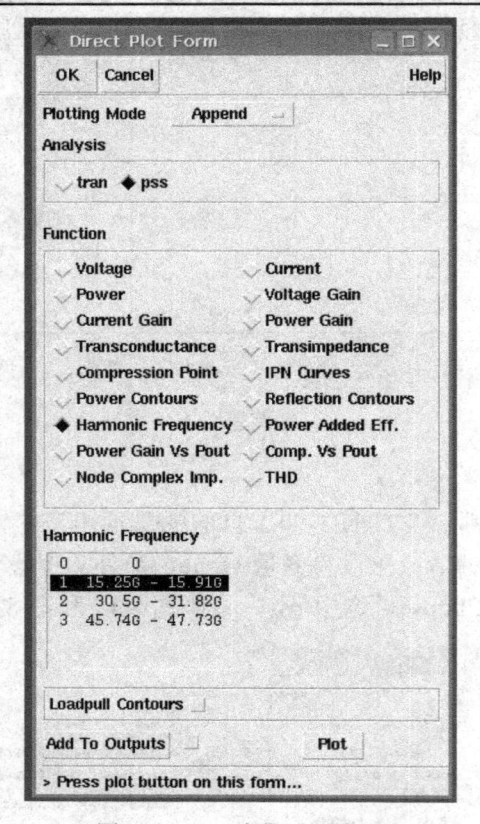

图 8.19 pss 直接显示窗口

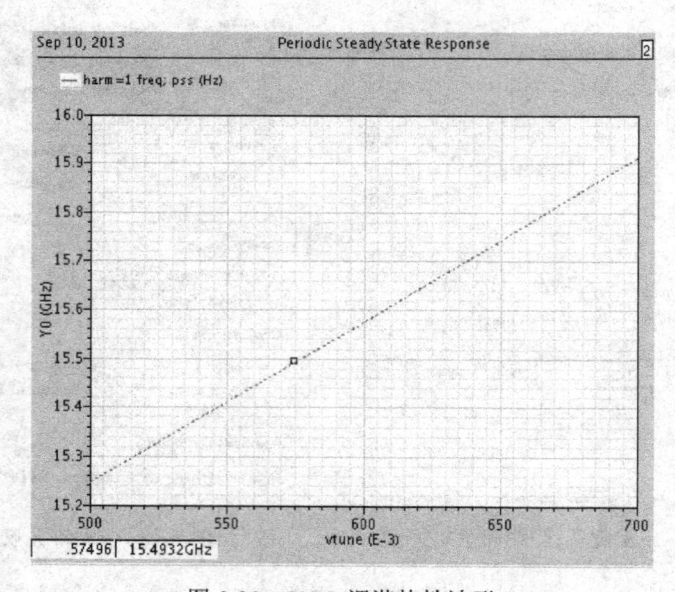

图 8.20 VCO 调谐特性波形

(4) 相位噪声仿真

相位噪声仿真需要同时进行 pss 和 pnoise 仿真。将 vtune 设置为定值 0.6V，即 VCO 在中心控制频率点。单击 Analyses→Choose，选择 pss，重复调谐特性仿真中 pss 仿真设置，但是不同点在于此时不需要设置 Sweep 一栏。pss 设置完成后单击 pnoise，按照图 8.21 所示设置各选项。

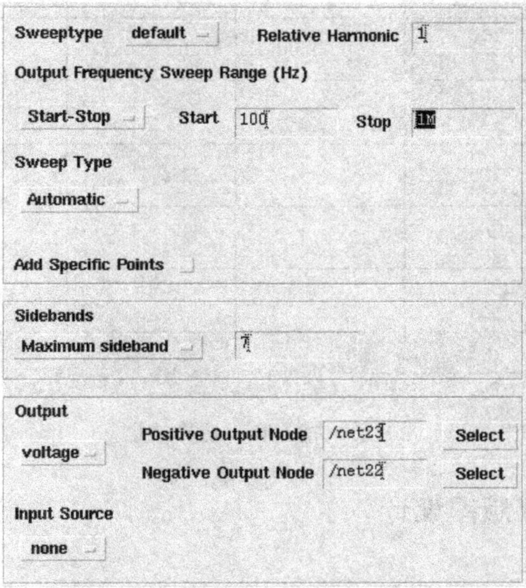

图 8.21 pnoise 仿真设置

然后进行仿真，仿真完成后单击 Results→Direct Plot→Main Form，在图 8.22 所示的对话框中选择 pnoise，然后选择 Phase Noise，最后单击 Plot 按钮，弹出图 8.23 所示的相位噪声仿真结果，从图中可以看出，相位噪声在 100kHz 时为 −81.23dBc/Hz。

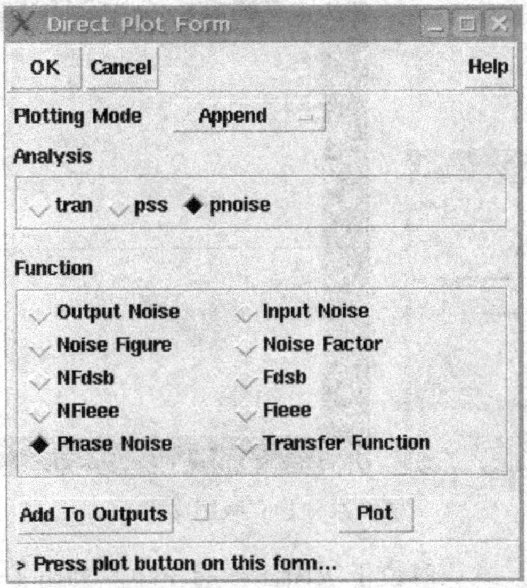

图 8.22 pnoise 直接显示窗口

还可以利用 Parametric Analysis 工具仿真出不同开关控制电压下的相位噪声，其设置按照前面章节变量扫描设置中的方法。

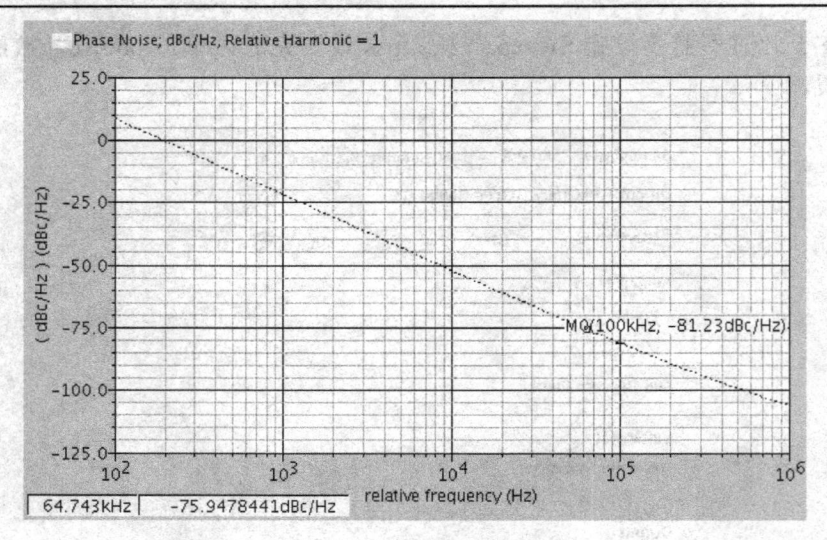

图 8.23 相位噪声仿真结果

8.1.2 压控振荡器版图设计

1. 建立版图文件

单击菜单 File→New→Cellview，建立一个 Cell。在弹出的菜单中，设置 Cell Name 为 LC_VCO，选择 Tool 为 Virtuoso，如图 8.24 所示，然后单击 OK 按钮确认，弹出版图编辑窗口。窗口由 3 部分组成：Icon menu、menu banner 和 status banner。

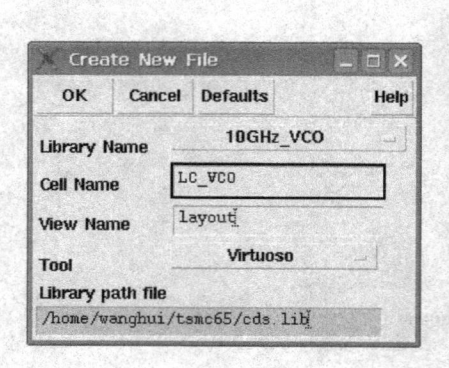

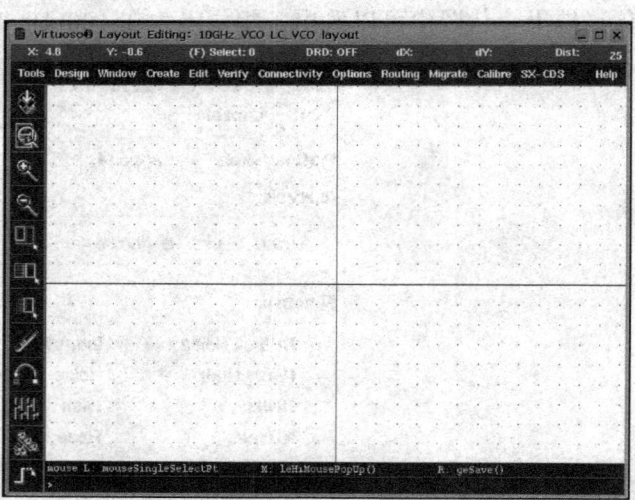

图 8.24 建立版图文件

Icon menu（图标菜单）默认时位于版图图框的左边，列出了一些最常用命令的图标，要查看图标所代表的指令，只需要将鼠标滑动到想要查看的图标上，图标下方即会显示出相应的指令。menu banner（菜单栏）包含了编辑版图所需要的各项指令，并按相应的类别分组。status banner（状态显示栏）位于 menu banner 的上方，显示的是坐标、当前编辑指令等状态信息。

在版图视窗外的左侧还有一个层选择窗口 LSW（Layer and Selection Window），如图 8.25 所示，LSW 视图的功能包括：

（1）可选择所编辑图形所在的层；
（2）可选择哪些层可供编辑；
（3）可选择哪些层可以看到。

2．Option 设置

在版图编辑窗口中单击 Options→Display，弹出图 8.26 所示的对话框，按照图 8.26 所示设置各选项。设置完成后开始进行版图的编辑。

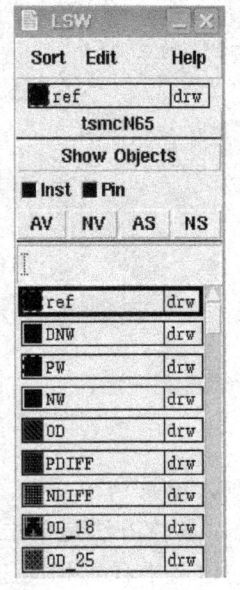

图 8.25　层选择窗口 LSW

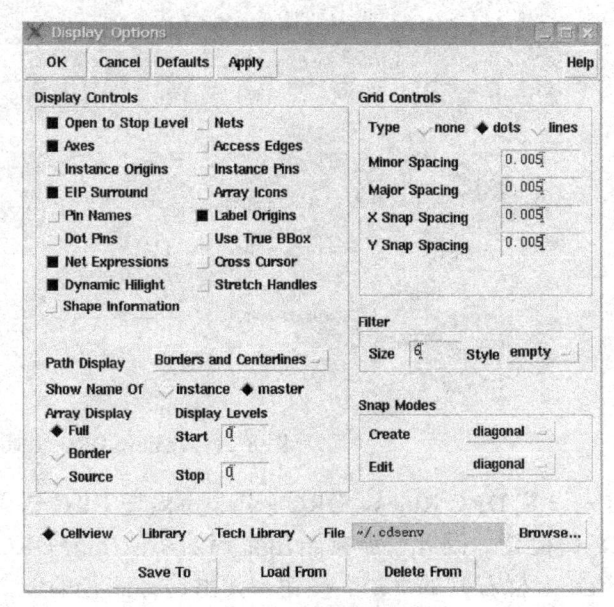

图 8.26　Display 设置

3．版图编辑绘制

详细的版图绘制注意事项可参考本书的第 7 章内容，图 8.27 所示为最后 VCO 的版图。

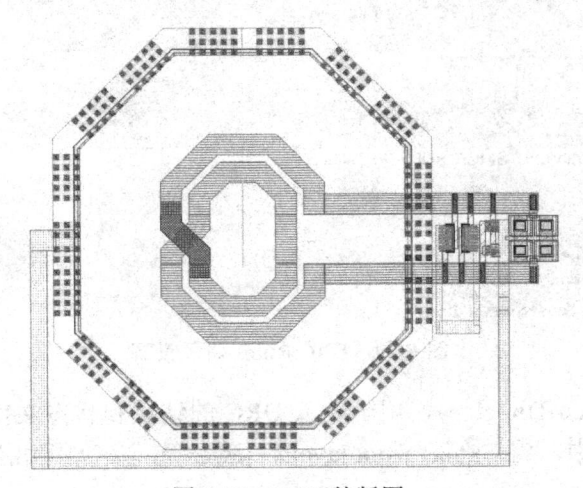

图 8.27　VCO 的版图

8.1.3 压控振荡器 Calibre 工具版图验证

本次版图设计的 DRC、LVS、寄生参数提取和后仿真采用 Calibre 工具。

1. 版图设计规则检查 DRC

版图设计规则检查（DRC，Design Rules Check）的目的是检查版图是否满足工艺厂商的工艺制造要求，打开 Calibre DRC 工具窗口，单击版图编辑窗口上方的 Calibre→Run DRC，弹出图 8.28 所示的窗口。

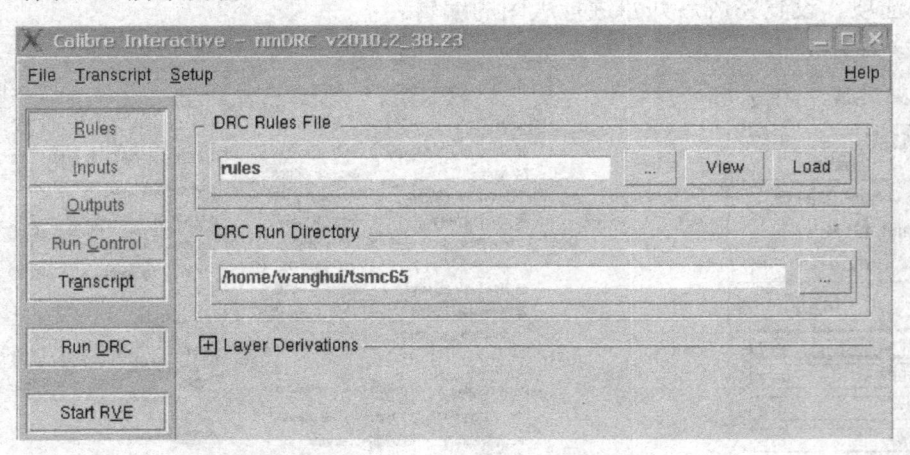

图 8.28　Calibre DRC 工具窗口

首先设置 DRC Rules，DRC Rules 为检查 DRC 错误的标准准则，没有这个文件，无法进行 DRC 检查。因此，必须给出正确的相应工艺 DRC Rules 路径，具体方法是单击 DRC Rules File 一栏右侧的 "…" 按钮，弹出选择路径的窗口，在弹出的窗口中找到相应工艺的 DRC Rules，单击 OK 按钮确认，如图 8.29 所示。

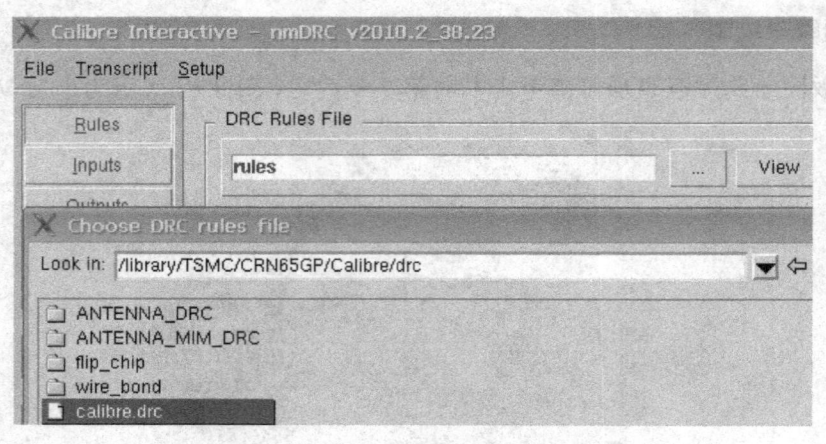

图 8.29　DRC Rules 路径设置

然后设置 DRC Run Directory，用于存放 DRC 的结果和状态文件。最后还有一个重要的设置在 Inputs 一栏中，将 Export from layout viewer 选上，如图 8.30 所示。

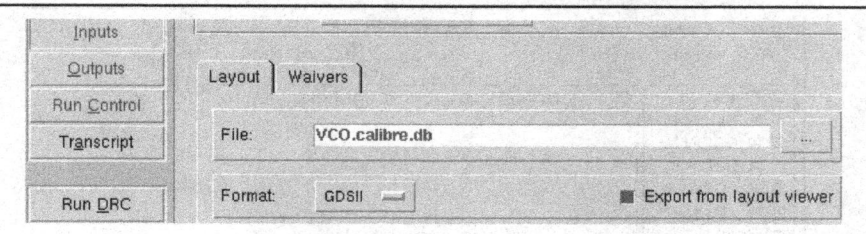

图 8.30 Inputs 设置

Outputs 一栏的设置如图 8.31 所示，其余栏的设置采用默认设置即可。所有全部设置完成之后，单击 Run DRC 按钮，开始 DRC 检查。

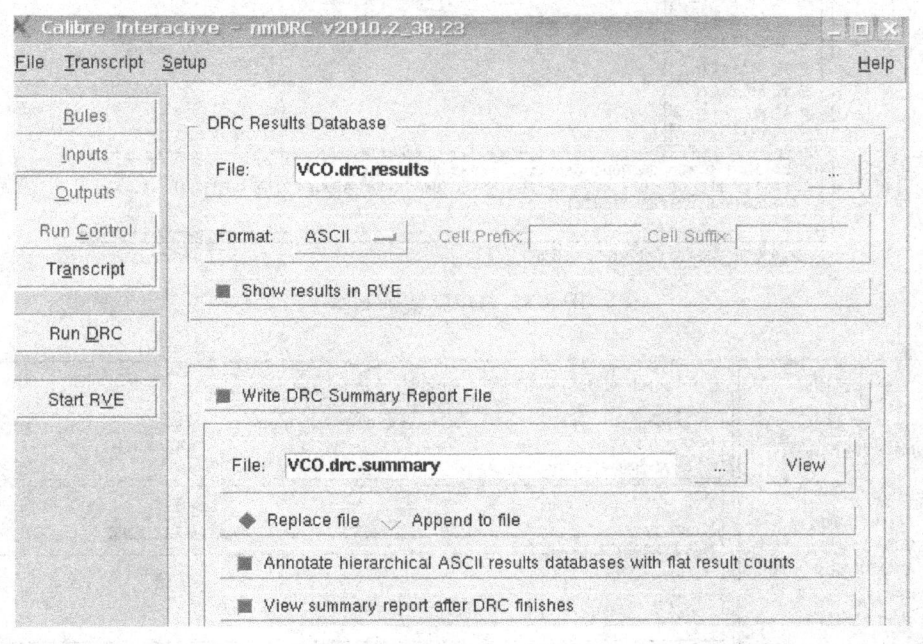

图 8.31 Outputs 设置

DRC 检查完成之后，会自动跳出结果窗口，如图 8.32 所示，左边一栏为各种 DRC 错误的种类，最下方一栏为该种 DRC 错误的说明，设计者可以根据这些说明修改版图中的 DRC 错误。如果设计者无法通过说明看懂 DRC 错误，可以根据 DRC 错误编号查找工艺厂商提供的 design rule 文件。右栏上方给出版图中此种 DRC 错误的个数，此栏的正下方一栏为发生此种 DRC 错误在版图中具体的位置坐标。DRC 错误完全修改完成之后，左边栏理论上应该为空白。

2．版图和电路图对照 LVS

LVS 为版图和电路图对照检查，单击 Calibre→Run LVS，弹出 LVS 控制窗口，同 DRC 一样，首先设置 Rules 路径、结果保存路径、Inputs、Outputs，设置方法如同 DRC。单击 Run LVS,开始 LVS 检查。检查完毕会自动出现错误信息窗口,如图 8.33 所示,在 Comparison Results 一栏中，可以看出只有一个 LVS 错误，下方还给出了具体错误的信息。

经过对比分析，发现是由于版图中电感的保护环没有接地所致。修改后再次 Run LVS，即可完全正确，具体显示结果如图 8.34 所示。

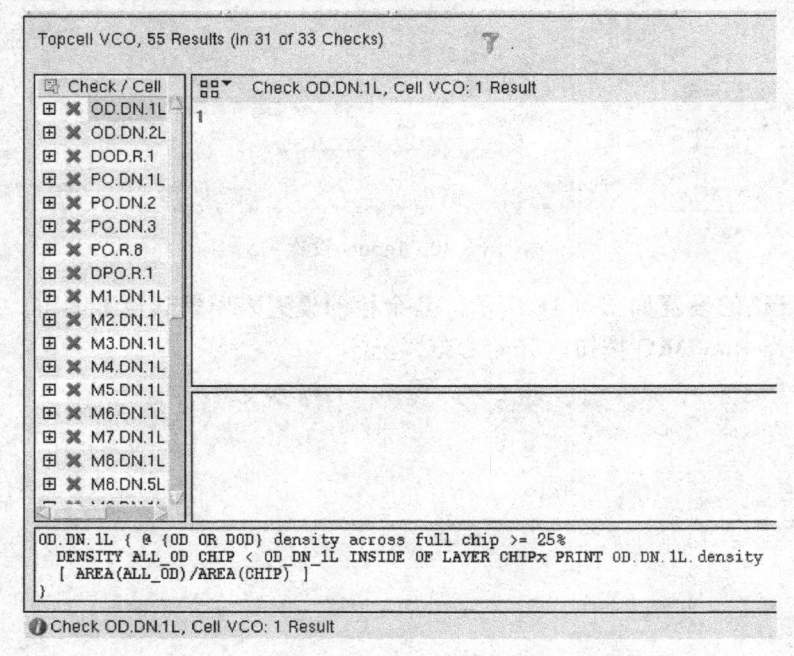

图 8.32　DRC 结果显示

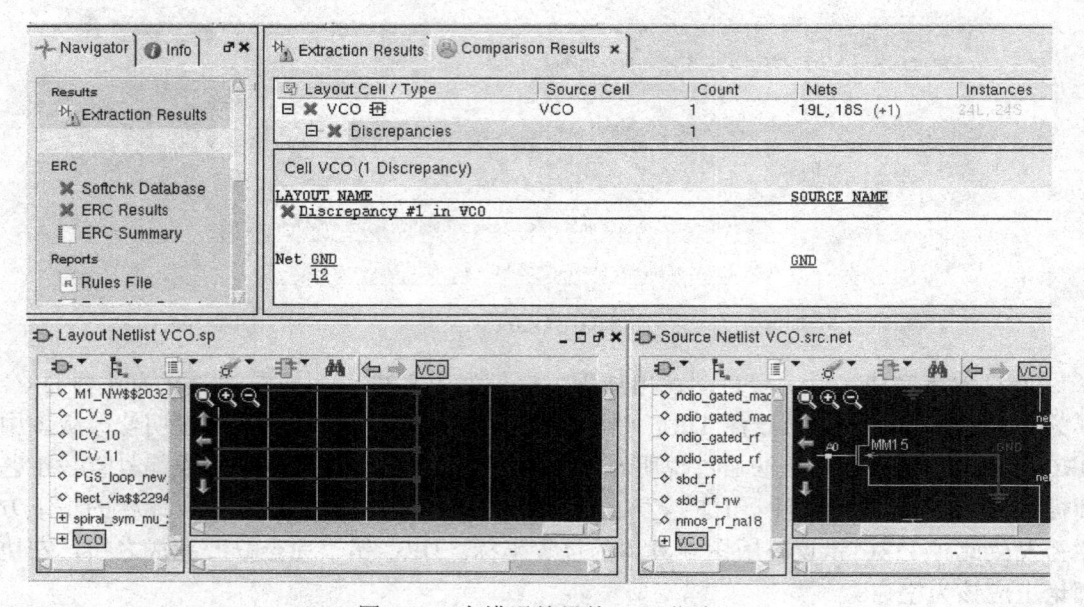

图 8.33　有错误结果的 LVS 报告

3. 寄生参数提取

寄生参数提取是将版图中的寄生参数提取出来,为后面的后仿真进行准备。单击 Calibre→Run PEX,弹出 RCX 的控制窗口,首先仍然是 Rules 路径和结果报告存储路径设置,如同 DRC、LVS 设置。

最关键的是 Outputs 设置,设置窗口如图 8.35 所示,要特别注意的是,Extraction Type 一栏中,根据不同的要求可以提取不同的参数。第一项一般选择 Transistor Level,表示提取寄生的晶体管；第二项一般选择 R+C+CC，表示提取电阻、对地电容以及耦合电容；最后一项一般选择 L+M，表示提取走线的自感和互感，该设置方法最为全面。

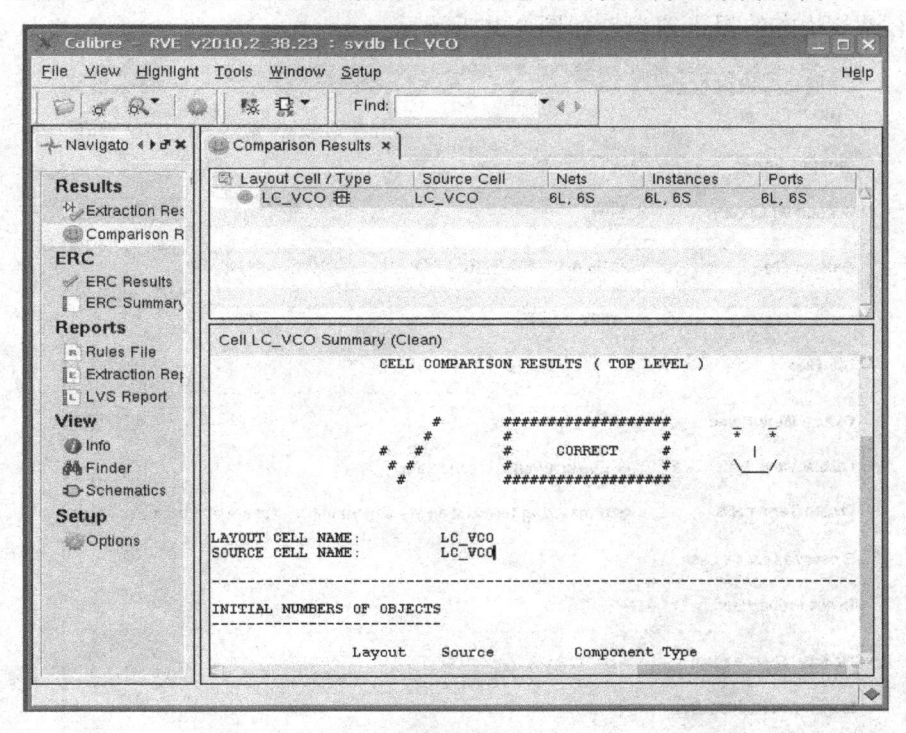

图 8.34　完全正确的 LVS 报告

设置完成后单击 Run PEX 按钮，开始提取寄生参数。

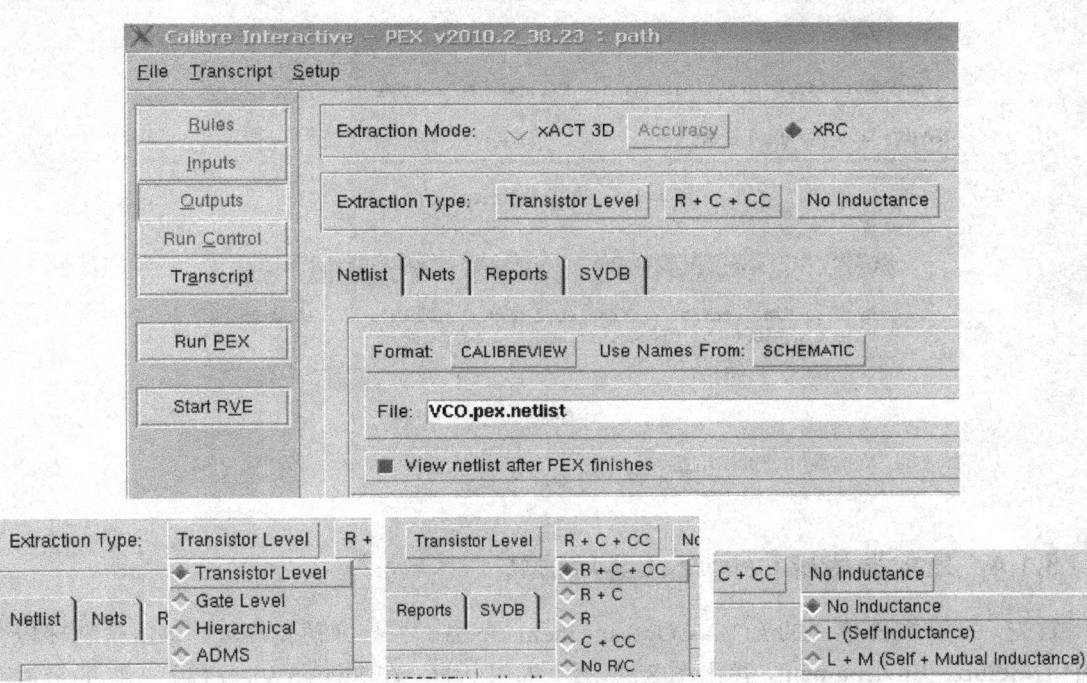

图 8.35　寄生参数提取 Outputs 设置

参数提取完成后自动弹出图 8.36 所示的窗口，此时需要装载 Cellmap 文件。将图中的 Cellmap File 路径修改为设计者自己的 calview.cellmap 文件路径。单击 OK 按钮确认，完成后自动弹出提参状态的报告窗口，如图 8.37 所示。

图 8.36　装载 cellmap 文件

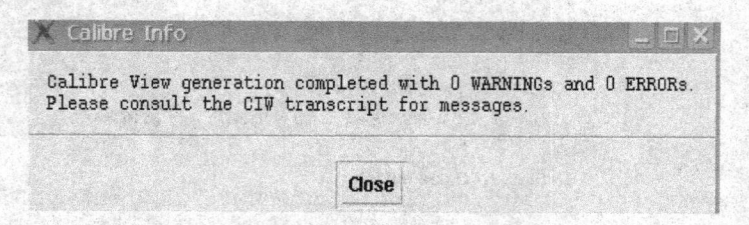

图 8.37　提参状态报告窗口

8.1.4　压控振荡器 Calibre 工具后仿真

首先，打开之前建立的 LC_VCO_test schematic 窗口，打开仿真环境，单击仿真环境窗口中的 Setup→Environment，弹出图 8.38 所示的对话框。在 Switch View List 一栏的最前面补上 caliber 字样，单击 OK 按钮确认，各种仿真的设置与前仿真一样。按照前仿真的步骤即可得到后仿真的结果。

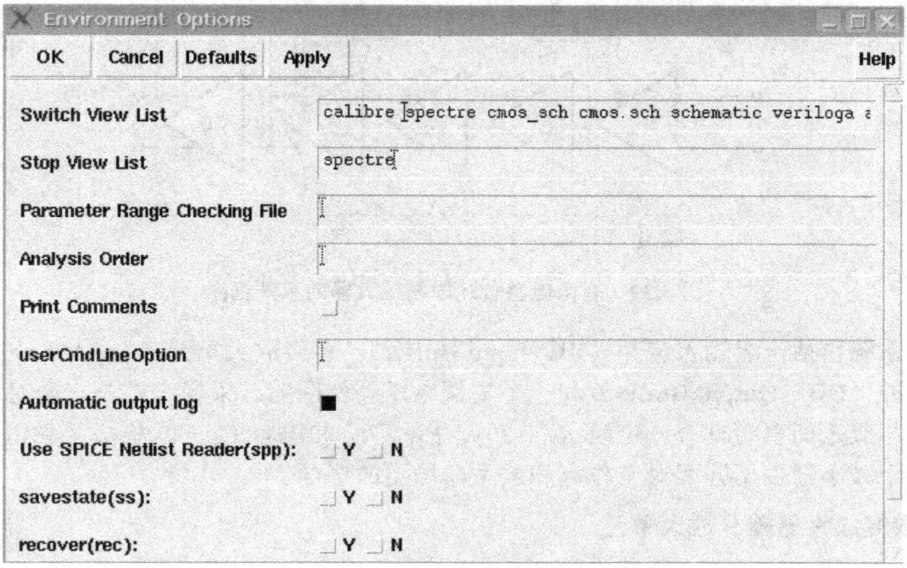

图 8.38　Calibre 工具后仿真设置

8.2　限幅放大器设计

8.2.1　限幅放大器电路设计

光纤通信、空间通信及雷达通信系统等系统中接收机前端接收到的为比较微弱的信号，需要一个前置放大器进行放大。在前置放大器和数据处理电路之间，需要一个有一定输入动态范围的放大器，从而当输入信号幅度在一定范围内变化时，输出信号幅度保持恒定，完成这些功能的就是主放大器。主放大器有两种实现方式：自动增益控制（AGC）放大器和限幅放大器。

AGC 放大器和限幅放大器各有特点：

AGC 放大器利用输出电压信号的幅度，通过反馈环路来自动调节放大器的增益，从而达到稳定输出信号幅度的目的。AGC 放大器达到稳定工作状态的时间较长，且电路形式复杂，占用的芯片面积较大。AGC 放大器广泛应用于模拟信号接收系统。

与 AGC 放大器相比，限幅放大器的限幅功能直接作用于输入数据的每个脉冲上，限幅放大器可以抑制数据信号幅度的慢速变化，也可以抑制数据信号幅度的较快速变化。限幅放大器不存在 AGC 放大器的时间常数问题。限幅放大器取消了增益控制环路，电路设计简单，芯片面积小。限幅放大器常用于光纤通信等数字传输系统。

有源电感负载限幅放大器的系统框图如图 8.39 所示。

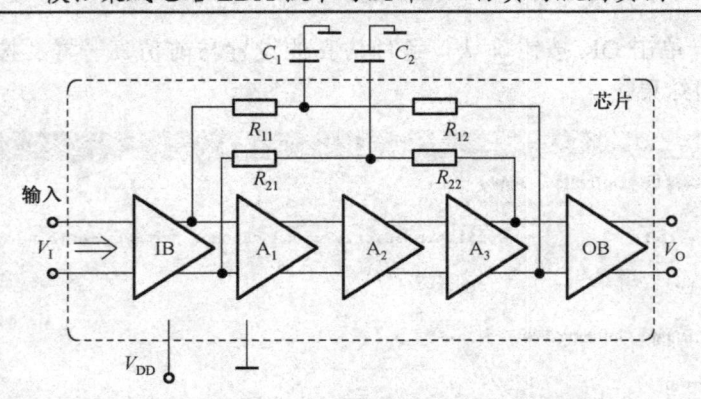

图 8.39 有源电感负载限幅放大器的系统框图

整个系统包括一级输入缓冲（IB，Input Buffer）、多级放大单元（A_1, A_2, ⋯, A_n）、一级输出缓冲（OB，Output Buffer）和一个失调电压补偿回路。采用全差分、全对称的电路结构，级与级之间直接耦合。电阻 R_{11}、R_{12}、R_{21}、R_{22} 和电容 C_1、C_2 构成了失调电压补偿回路，用于减小器件不匹配对工作点和放大器增益的影响。

1. 限幅放大器差分放大单元

限幅放大器放大单元的增益必须足够大，这样当输入信号较小时，最后一级放大单元仍能达到限幅状态，从而提高限幅放大器的动态范围。为使放大器在所需的速率上正常工作，放大器应当有足够的带宽。本次设计引入并联峰化技术，采用有源电感负载的基本放大单元，电路结构如图 8.40 所示。

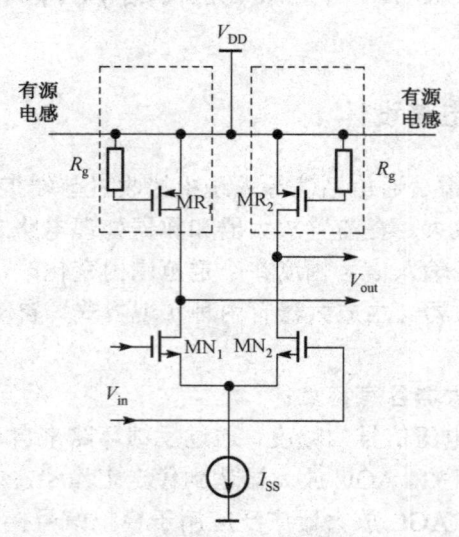

图 8.40 有源电感负载的基本放大单元

每级基本放大器的 DC 增益主要由 NMOS 晶体管 MN_1 和 MR_1 或 MN_2 和 MR_2 尺寸之比决定（若 $L_{MN_1} = L_{MR_1}$）：

$$A_{dc} = \frac{g_{MN_1}}{g_{MR_1}} = \sqrt{\frac{W_{MN_1}}{W_{MR_1}}}$$

第 8 章　Cadence 模拟集成电路设计实例

从此式可以看出放大器 DC 增益与工艺、温度和偏置情况无关。

能够满足大带宽低成本的一项技术就是并联峰化技术，并联峰化放大器的简图如图 8.41 所示。如果假定 MOS 管是理想的，则控制带宽的因素有 R、L 和 C_{tot}。电容 C_{tot} 表示输出节点对地的总电容，电感 L 引入了一个零点，能使得带宽扩展，建立小信号放大器模型如图 8.42 所示。

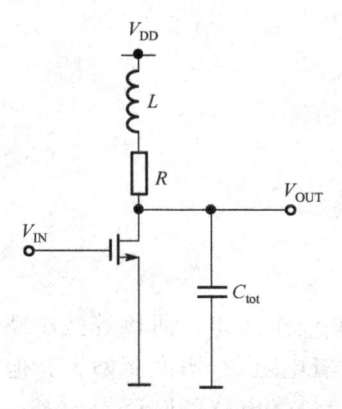

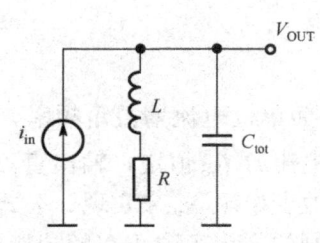

图 8.41　并联峰化放大器　　　　图 8.42　小信号并联峰化放大器模型

并联峰化技术中的电感可以通过螺旋电感或有源电感来实现，分别如图 8.43(a)和(b)所示。由于螺旋电感实现大电感值且使其自谐振频率保持在通带之外比较困难，且螺旋电感占用较大的芯片。而有源电感能工作在较高的频率，芯片面积较小。并且宽带放大器并不苛求较高的 Q 值，所以本次设计采用有源电感的实现方式。图 8.44(a)所示为有源电感的小信号等效模型。

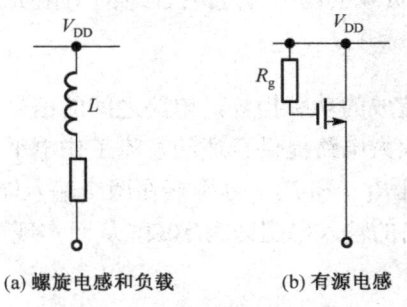

(a) 螺旋电感和负载　　　(b) 有源电感

图 8.43　并联峰化技术中的电感

(a) 有源电感小信号等效模型　　　(b) 简化等效模型

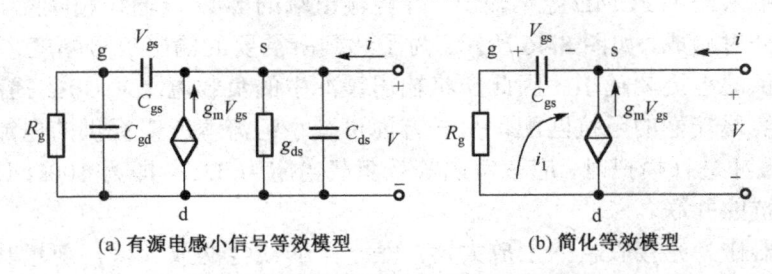

图 8.44　小信号等效模型及其简化等效模型

为了简化计算，在 $C_{gs} \gg C_{gd}$、$C_{gs} \gg C_{ds}$、$g_m \gg g_{ds}$ 时，可以忽略 C_{gd}、C_{ds} 和 g_{ds}，小信号等效模型如图 8.44(b)所示。因此，有源电感的等效阻抗可以表示为：

$$Z_{in} = \frac{1 + R_g \cdot sC_{gs}}{g_m + sC_{gs}}$$

可得等效电感值 L 和串联电阻 R：

$$L = \frac{\dfrac{R_g}{\omega_T} - \dfrac{1}{g_m \omega_T}}{1 + \left(\dfrac{\omega}{\omega_T}\right)^2}$$

$$R = \frac{\dfrac{1}{g_m} + R_g\left(\dfrac{\omega}{\omega_T}\right)^2}{1 + \left(\dfrac{\omega}{\omega_T}\right)^2}$$

式中，ω_T 为单位电流增益角频率。

如果电流源 I_{SS} 恒定，输出直流工作点由放大管的 g_m 来决定，所以等效电感值的调整主要通过改变电阻 R_g 来实现。公式表明等效电感值随着电阻 R_g 增大而增大。但是这种增长是有限制的。为了防止在频响特性曲线上出现尖峰，最优电感值应该为：

$$L_{opt} = \frac{1}{1+\sqrt{2}} \cdot R^2 \cdot C$$

此时等效串联电阻 $R \approx 1/g_m$（若 $\omega \ll \omega_T$）。在这种情况下，放大器带宽约为无峰化时的 1.72 倍。但如果超过了这个最优值，将会出现"相位失真"，引起信号传送过程中的误码，此外电感的自谐振频率也会下降，这将限制限幅放大器的工作速率。因此必须通过每级电路的容性负载和晶体管负载的跨导来选取合适的电阻 R_g 的值。

2．输入缓冲

为消除由于信号反射而造成的功率损耗，电路之间的信号通道应以 50Ω 的传输线相互连接。输入缓冲还可以给内部放大电路提供合适的直流工作电平。如图 8.45 所示，输入缓冲采用源极跟随器实现，50Ω 电阻 R_{1_m} 和 R_{2_m} 分别接在两个输入端与 A 点之间。在差模输入的情况下，A 点形成"虚地"，电路的输入电阻即为 50Ω，从而实现与输入端的 50Ω 传输线的匹配。

3．输出缓冲

输出缓冲用来提供 PCML 电平输出，并与输出端的 50Ω 传输线相匹配。输出缓冲由一源极耦合的差分对构成，如图 8.46 所示。为了达到所需要的输出信号幅度，负载电阻越大，恒流源所需提供的电流就越小。因此，将输出缓冲中的负载电阻从 50Ω 提高到 100Ω，一方面仍然能够实现较好的阻抗匹配，另一方面可减小恒流源所需提供的电流，从而减小功耗。在对输出缓冲进行模拟时，应该考虑等效负载电阻为 33Ω，即为 100Ω 负载电阻和 50Ω 传输线特征阻抗的并联。

限幅放大器作为光接收机的主放大器，是一个非线性的放大器，衡量其工作性能的重要指标来源于其在一定输入动态范围内输出信号的眼图，其次是其小信号增益、带宽。本次设计的限幅放大器的主要设计指标如下。

（1）电源电压：5V

（2）直流静态功耗：<250mW

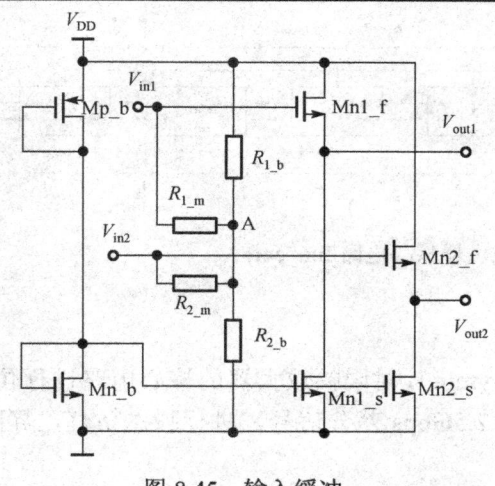

图 8.45 输入缓冲

图 8.46 输出缓冲

（3）核心直流静态功耗（不考虑输出驱动）：<150mW
（4）增益：>50dB
（5）工作速率：>2.5Gbps
（6）带宽：>2GHz
（7）输入动态范围：>50dB

8.2.2 限幅放大器前仿真

按照本章 8.1 节的步骤，建立限幅放大器核心单元电路的原理图，Schematic 名称为 lim_cell，电路图如图 8.47 所示。

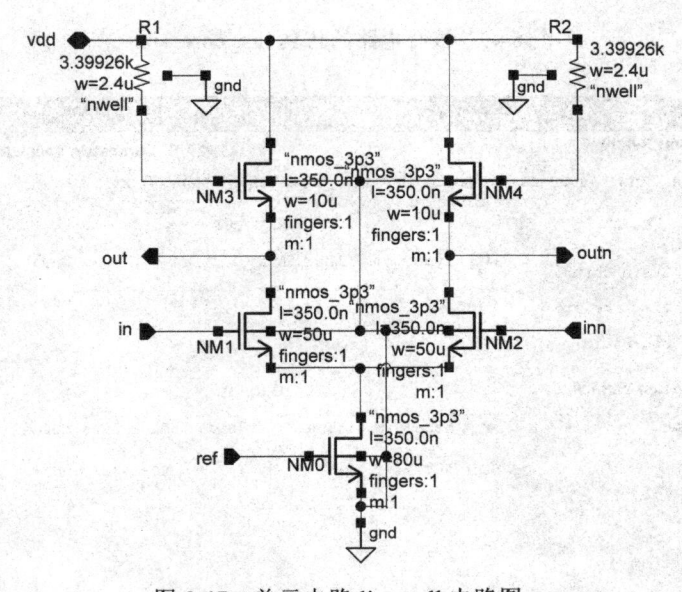

图 8.47 单元电路 lim_cell 电路图

将单元电路 lim_cell 建立 Symbol 后，进行多级级联构成限幅放大器的核心电路 lim_core，其电路图如图 8.48 所示。

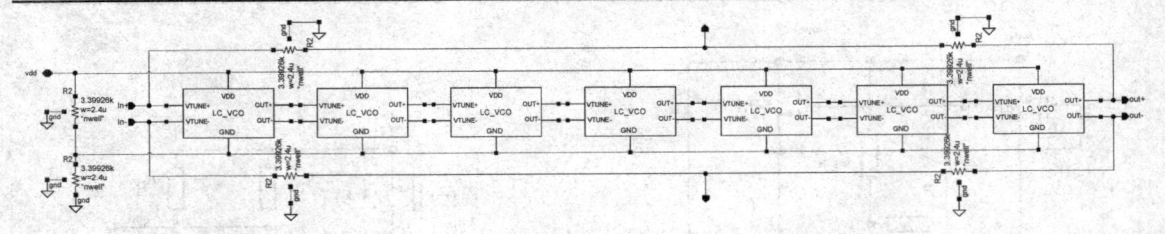

图 8.48 多级级联的限幅放大器核心电路 lim_core

1. 时域仿真

新建 lim_core_sim 单元,调用核心电路的 Symbol,对限幅放大器的核心电路进行仿真,电路图如图 8.49 所示,其中输入幅度为 5mV,2.5Gbps 差分信号,进行瞬态仿真,界面如图 8.50 所示。

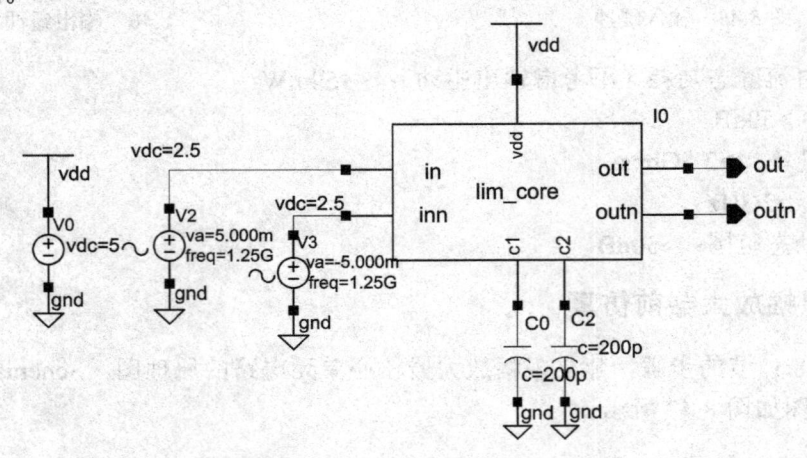

图 8.49 核心电路的仿真 lim_core_sim

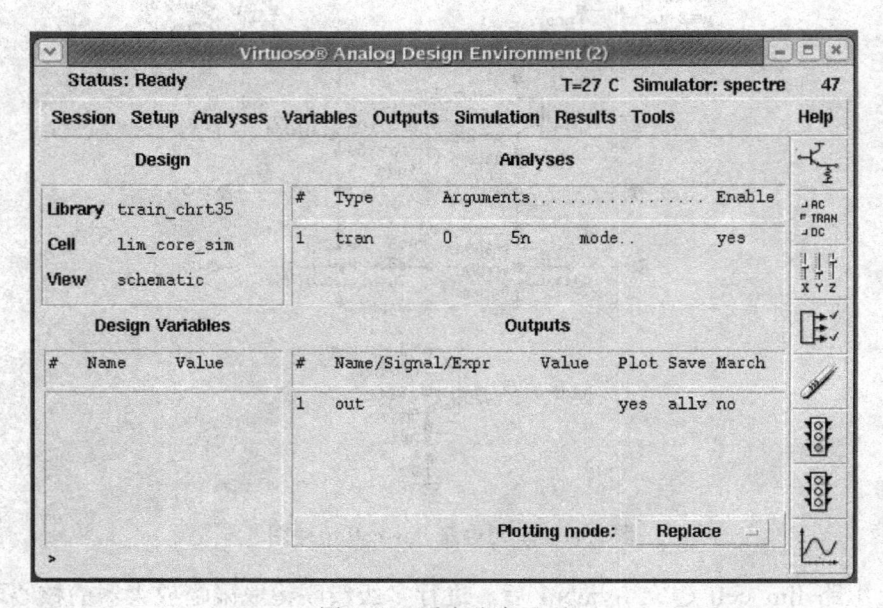

图 8.50 瞬态仿真界面

瞬态仿真的输出波形如图 8.51 所示，在输入 5mV 的微弱信号下，输出波形已经达到了限幅的状态，输出信号的幅度为 2.25~3.75V。

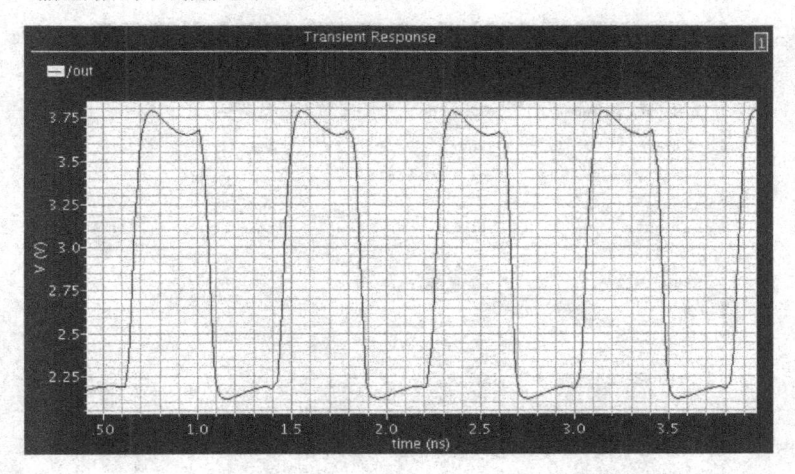

图 8.51 核心电路限幅后的输出波形

可以将上述瞬态仿真的设置进行 state 保存，在图 8.50 所示的界面中，单击 Session→Save State，弹出图 8.52 所示的对话框，选择 Cellview 后，给 State 选项命名 state_tran，单击 OK 按钮保存，保存后在 Library Manager 窗口的 View 中，可以看到生成的 state_tran。

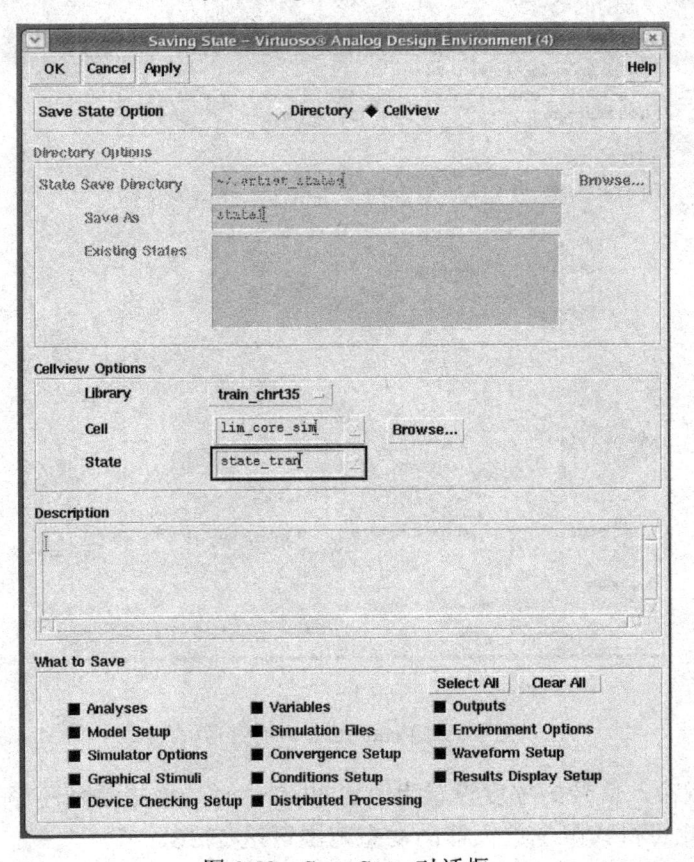

图 8.52 Save State 对话框

state_tran 状态保存以后，在下次使用时，可以通过单击 Session→Load State 进行再次调用，调用对话框如图 8.53 所示。

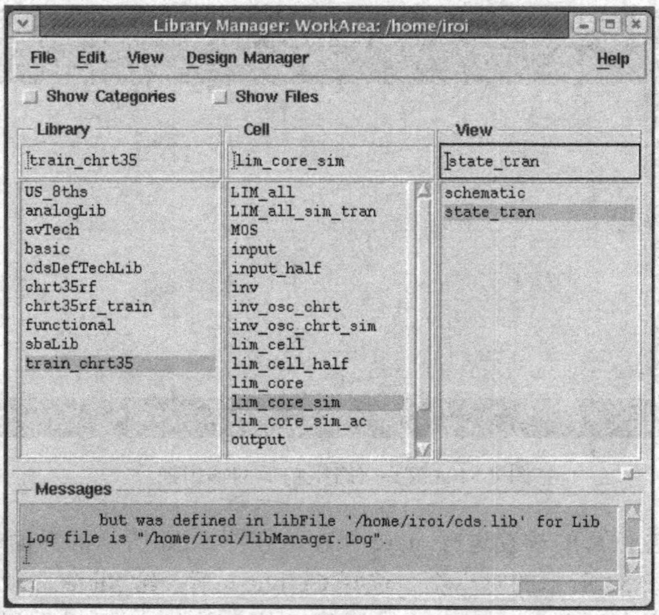

图 8.53 Load State 调用对话框

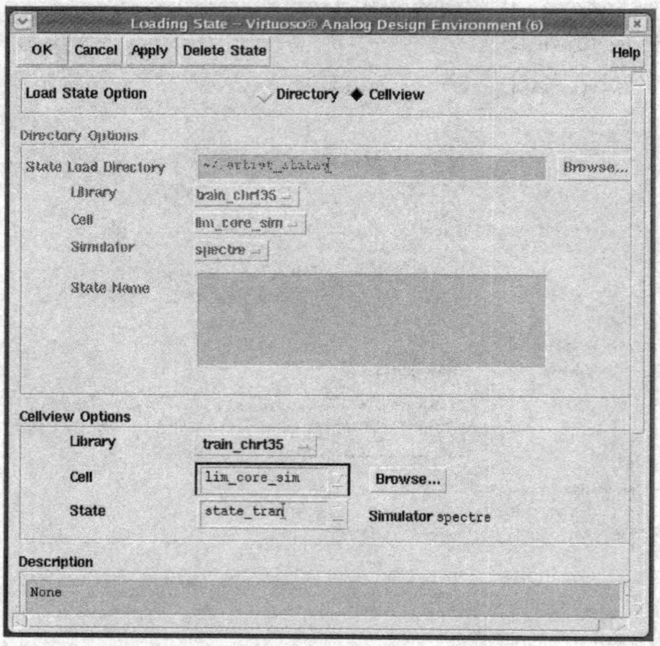

上述核心电路输入信号的幅度设置为 1V 和 2V 时，输出信号波形分别如图 8.54 和图 8.55 所示，由此可得该限幅放大器的动态范围可达 52dB。

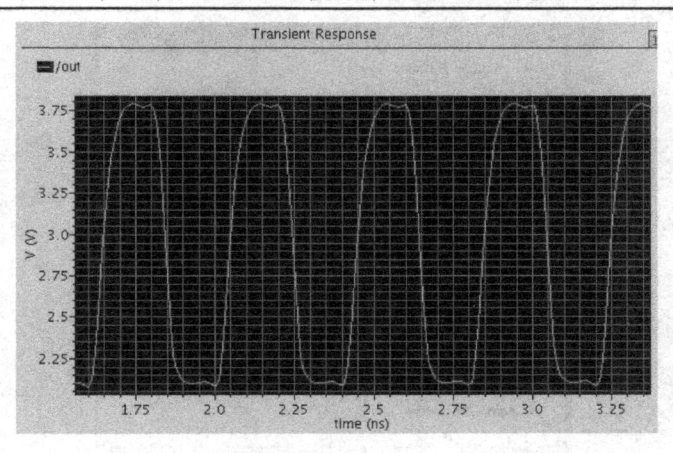

图 8.54　输入信号的幅度为 1V 时的输出波形

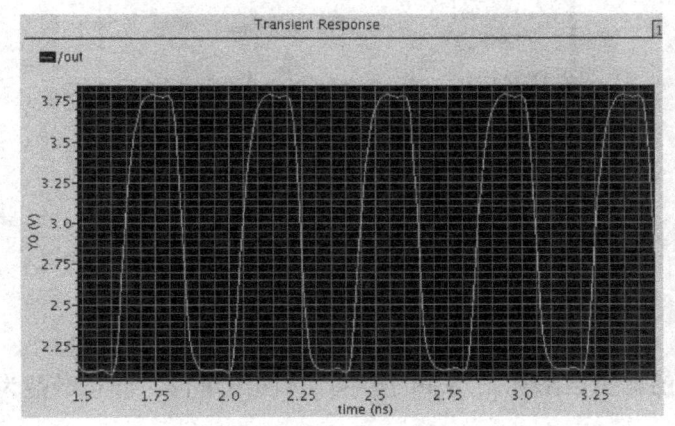

图 8.55　输入信号的幅度为 2V 时的输出波形

2. 频域仿真

建立限幅放大器的核心电路 lim_core 单元的频域仿真电路，电路如图 8.56 所示，其中输入的差分信号交流幅度分别为 500mV 和 -500mV，中心电平为 2.5V。频域仿真的设置如图 8.57 所示。

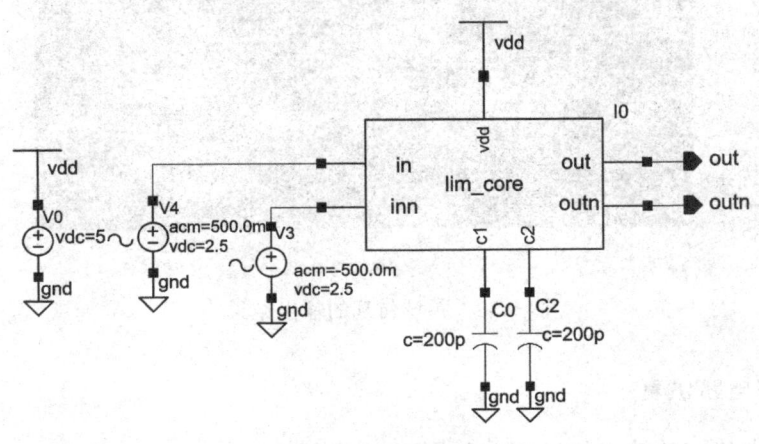

图 8.56　核心电路频域仿真电路

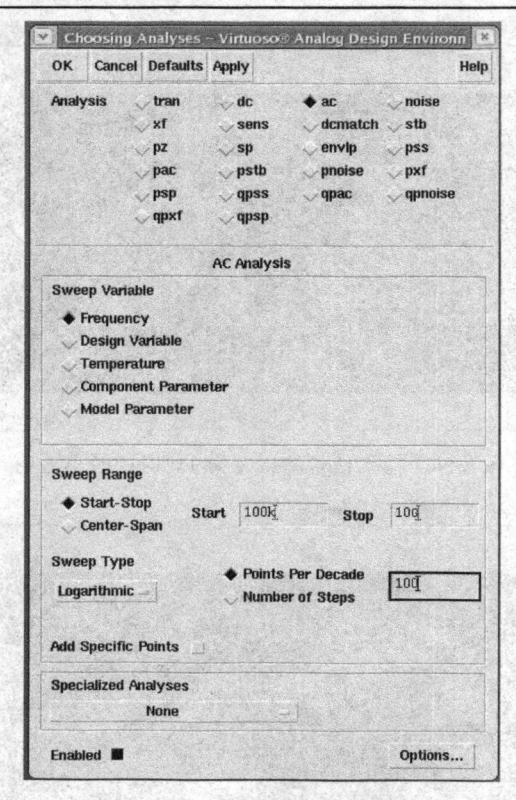

图 8.57　频域仿真的设置

上述频域仿真的输出波形如图 8.58 所示，从图中可得，低频增益为 56.81dB，带宽为 2.16GHz。

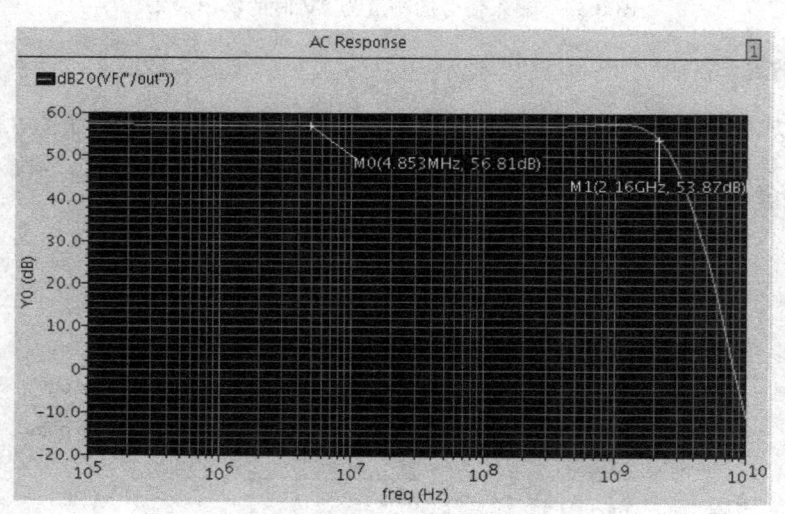

图 8.58　频域仿真的输出结果

3. LA 完整电路仿真

在 Spectre 中建立的输入缓冲电路如图 8.59 所示，Schematic 名称为 input。

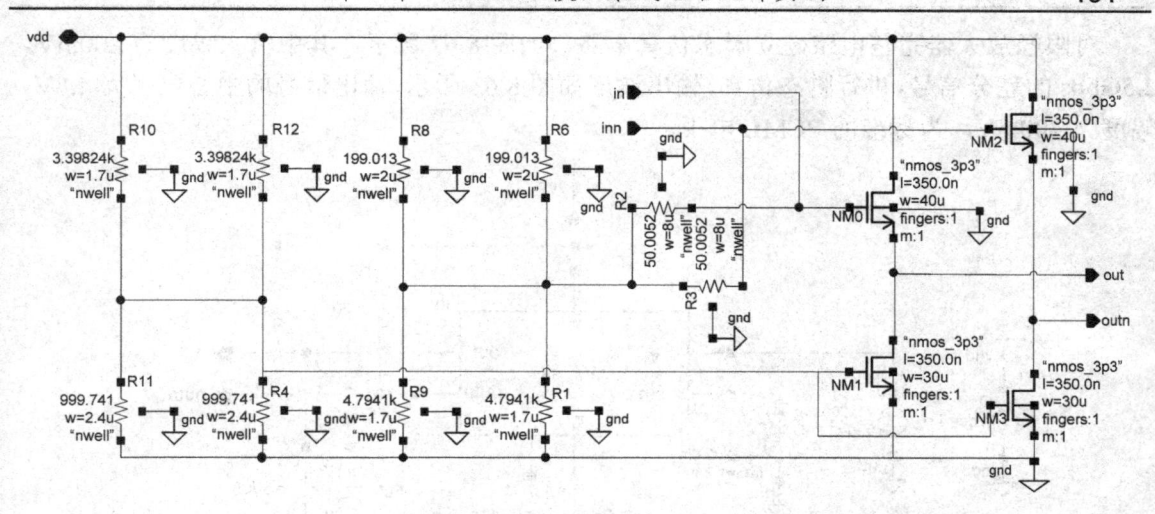

图 8.59　输入缓冲电路图 input

在 Spectre 中建立的输出缓冲电路如图 8.60 所示，Schematic 名称为 output。

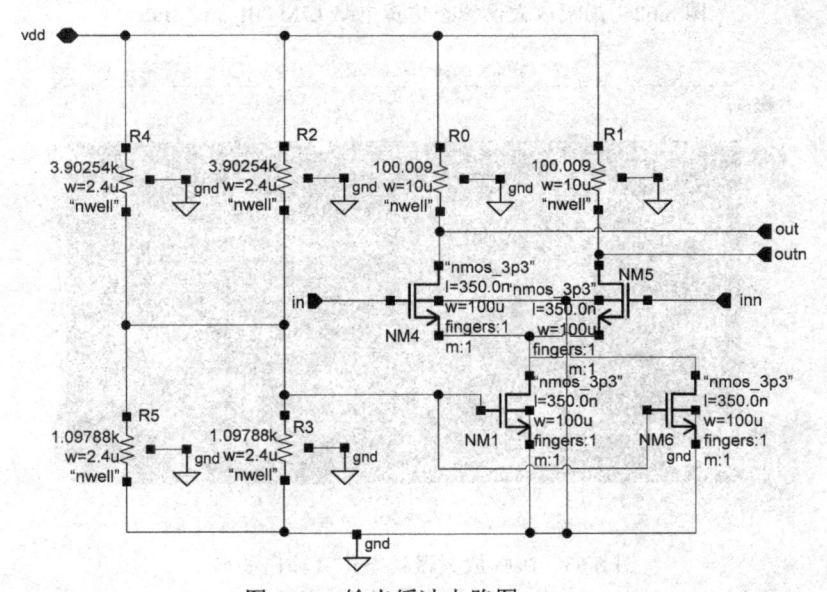

图 8.60　输出缓冲电路图 output

将输入缓冲和输出缓冲加上之后的限幅放大器完整电路如图 8.61 所示，Schematic 名称为 LIM_all。

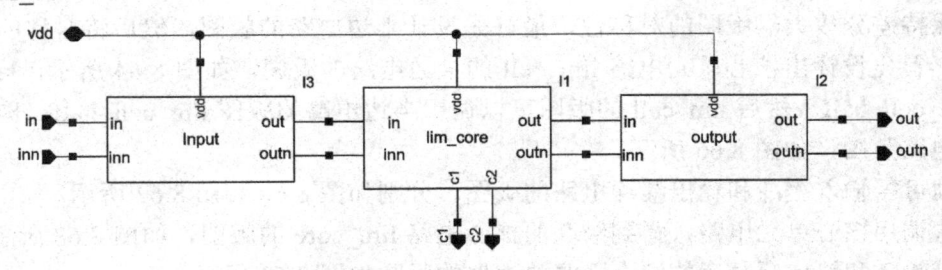

图 8.61　限幅放大器完整电路图 LIM_all

对限幅放大器完整电路建立瞬态仿真电路,如图 8.62 所示。其中输入幅度为 200mV,2.5Gbps 的差分信号,进行瞬态仿真,输出波形如图 8.63 所示,输出信号的中心电平为 4.8V,幅度为 400mV,为标准的 PCML 电平。

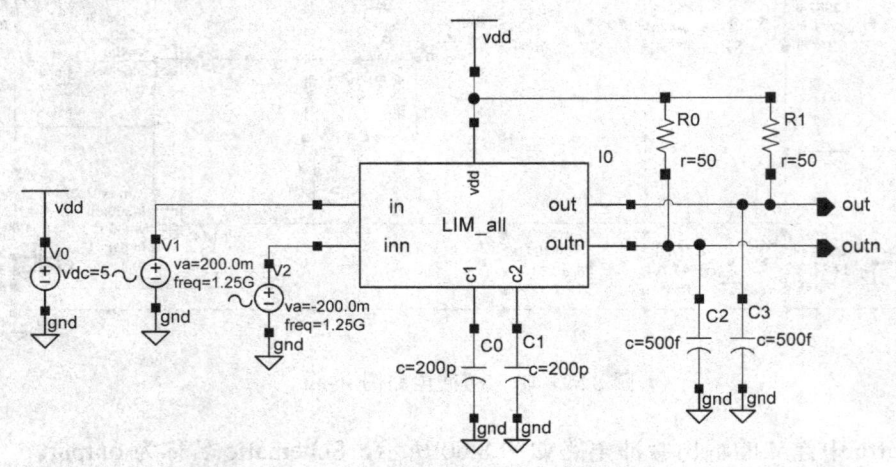

图 8.62　限幅放大器瞬态仿真电路 LIM_all_sim_tran

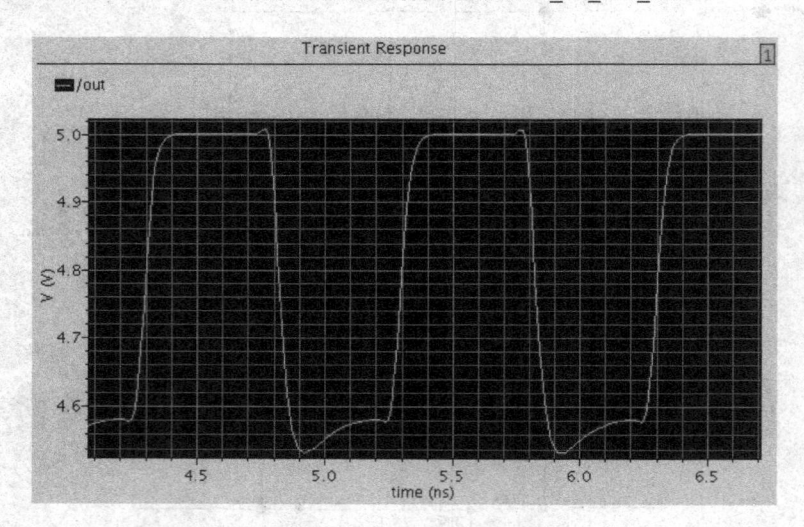

图 8.63　限幅放大器瞬态仿真输出波形

8.2.3　限幅放大器版图设计

为保持差分放大器版图的对称性,最好先设计半边电路的版图,然后将对称的部分进行镜像。首先设计出核心单元电路 lim_cell 的半边电路的版图,如图 8.64 所示,layout 名称为 lim_cell_half。然后 lim_cell 的版图可以调用半边电路的版图 lim_cell_half,构成完整的单元电路版图,如图 8.65 所示。

同理可得输入缓冲和输出缓冲电路的版图,分别如图 8.66 和图 8.67 所示。

多次调用核心单元电路,得到级联的核心电路 lim_core 的版图,如图 8.68 所示。

拼接输入和输出缓冲后的整个限幅放大器的版图如图 8.69 所示。

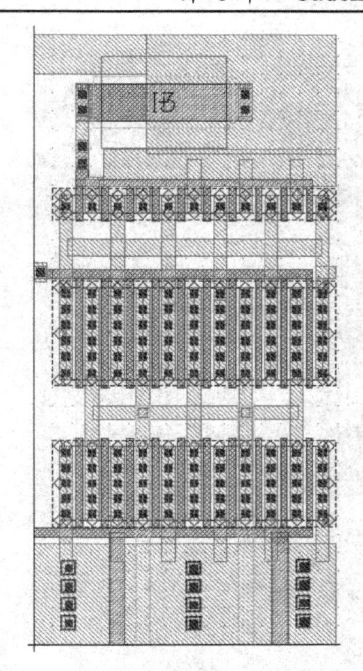

图 8.64　核心单元半边电路版图 lim_cell_half 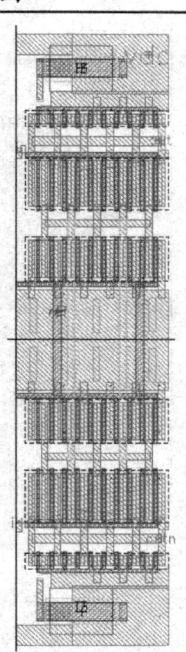　　　图 8.65　核心单元电路版图 lim_cell

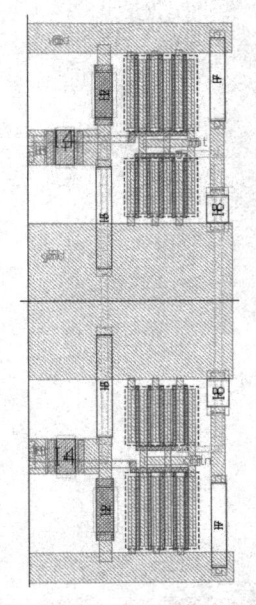

图 8.66　输入缓冲电路版图 input 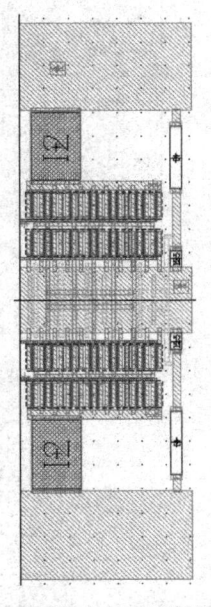　　　图 8.67　输出缓冲电路版图 output

该限幅放大器版图外围需要加上焊盘，输入节点和输入焊盘间需要加连接线，如图 8.70 所示。为保证版图的对称性，可以先画一边的连接线，然后采用镜像复制的方法进行对称性操作，方法为先选中需要镜像的元件，然后按下快捷键 C，再对准镜像点，双击中键，弹出图 8.71 所示的对话框，单击对话框中的 Upside Down，最后再次单击镜像点，镜像元件的对称操作完成。

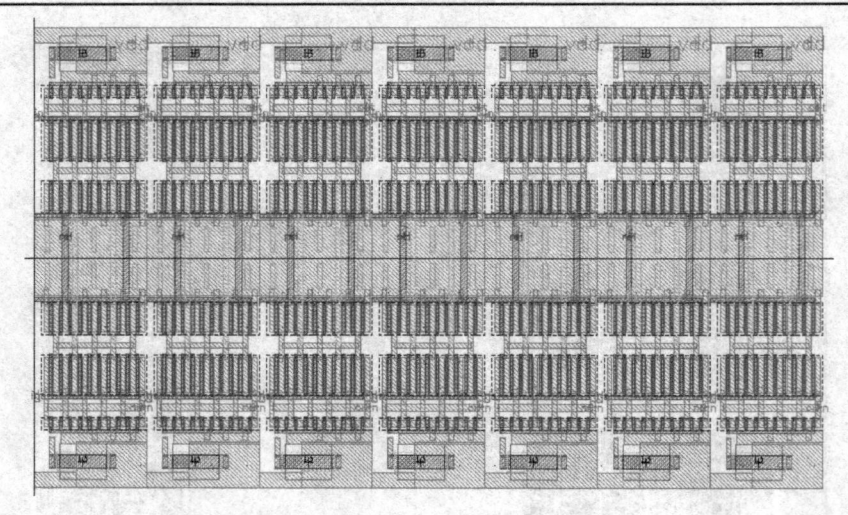

图 8.68 核心电路 lim_core 的版图

图 8.69 整个限幅放大器的版图 LIM_all

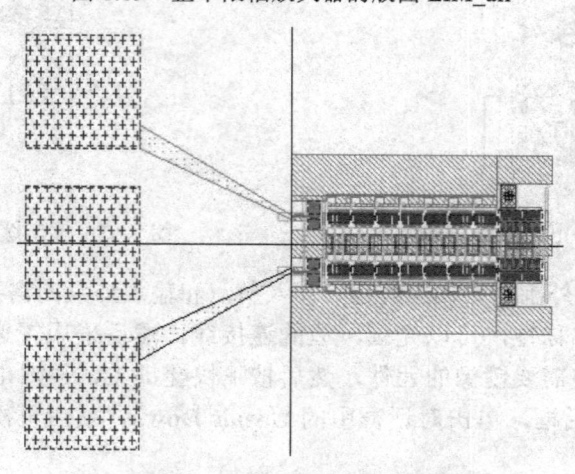

图 8.70 输入节点和输入焊盘间的连接线

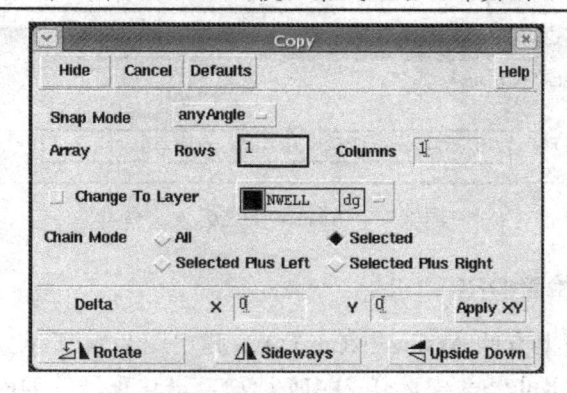

图 8.71 镜像元件的对称操作界面

加入焊盘后的完整芯片版图的框架如图 8.72 所示，版图名称为 Chip，该版图还需要在焊盘和电路之间连接地线、电源线和其他直流偏置点等。

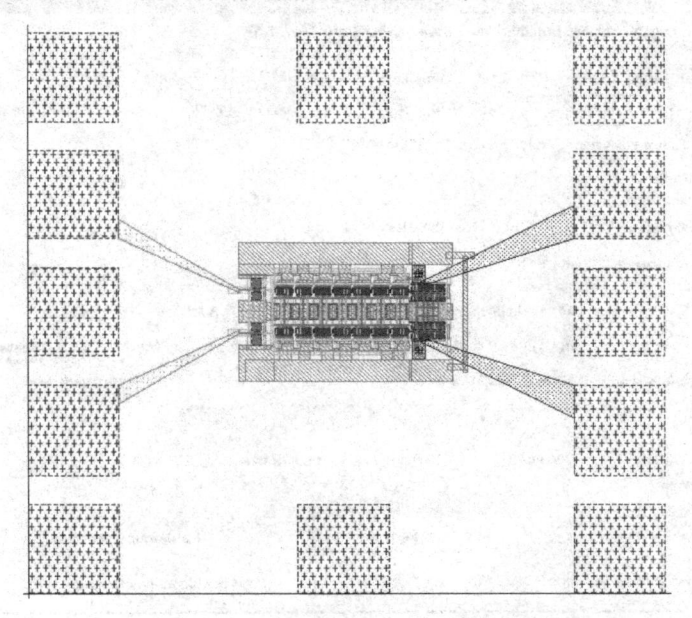

图 8.72 加入焊盘后的完整芯片版图框架示意图 Chip

在上述版图设计过程中，还需要对各单元电路和缓冲电路不断进行 DRC 和 LVS 等版图验证，由于篇幅关系，具体操作界面不再一一介绍。

8.2.4 限幅放大器 Assura 工具版图验证

本次版图设计的 DRC、LVS、寄生参数提取和后仿真采用另一集成电路验证工具 Assura。

1. Assura 工艺文件配置

在 LIM_all 版图界面下，单击 Assura→Technology，弹出图 8.73 所示的对话框，添加正确的 Assura 工艺配置文件，以便进行后续的版图验证。

图 8.73　Assura 工艺配置文件

2. 版图设计规则检查 DRC

单击版图编辑窗口上方的 Assura→Run DRC，弹出图 8.74 所示的对话框，在 Technology 中选择 chrt35rf_RCX，Rule Set 中选择 2P4M 选项，进行正确的 DRC 配置，单击 OK 按钮后，出现图 8.75 所示的 DRC 进程，运行结束后弹出图 8.76 所示的 DRC 错误指示对话框，单击其中的向左、向右箭头在版图中将自动显示出现错误的地方。

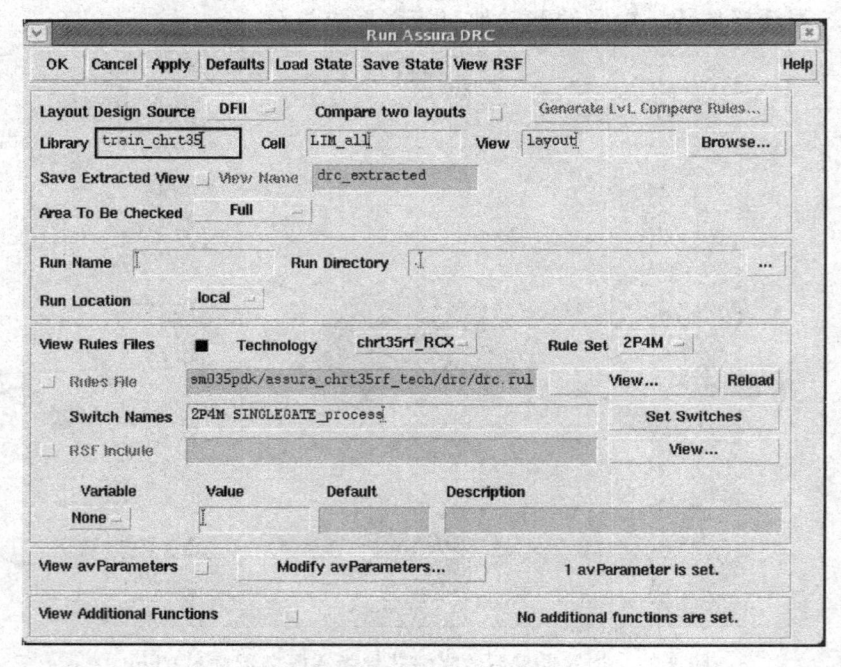

图 8.74　DRC 工具对话框

图 8.75　DRC 进程

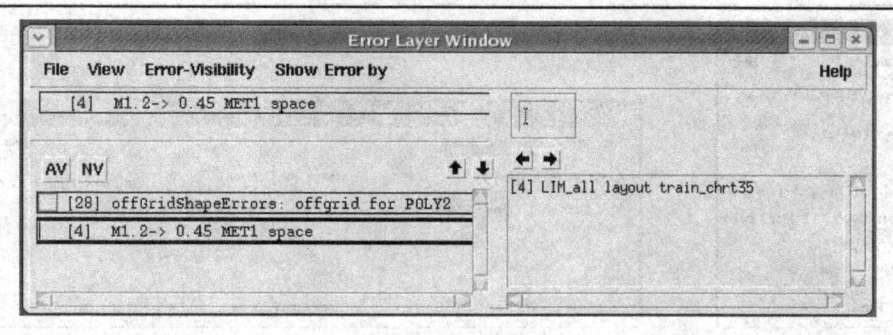

第 8 章　Cadence 模拟集成电路设计实例

图 8.76　DRC 错误指示对话框

将出现错误的地方改正后，最终出现 No DRC Errors 窗口，下面就可以进行 LVS 验证。

3．版图和电路图对照 LVS

单击 Assura→Run LVS，弹出 LVS 工具对话框，如图 8.77 所示，同 DRC 一样，在 Technology 中选择 chrt35rf_RCX 选项，在 Rule Set 中选择 2P4M 选项，正确设置 LVS 的相关配置。单击 OK 按钮，弹出图 8.78 所示的 LVS 进程显示对话框，开始 LVS 检查。

检查完毕出现 LVS 检查信息对话框如图 8.79 所示，显示 Schematic 与 Layout 完全匹配。如果有错误，将显示 not match，同时还有错误指示，可以根据错误指示进行修正。

图 8.77　LVS 工具对话框

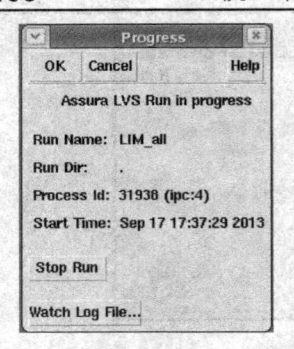

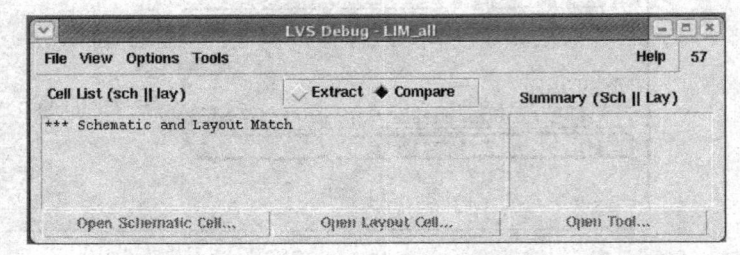

图 8.78　LVS 进程显示对话框　　　　图 8.79　LVS 检查信息对话框

4. 寄生参数提取

单击 Assura→Run RCX，弹出寄生参数提取的控制对话框，如图 8.80 所示，首先在 Setup 中设置 Technology 选项和 Rule Set 选项，然后在 Output 中选择 Extracted View，此时 View 显示为 av_extracted。

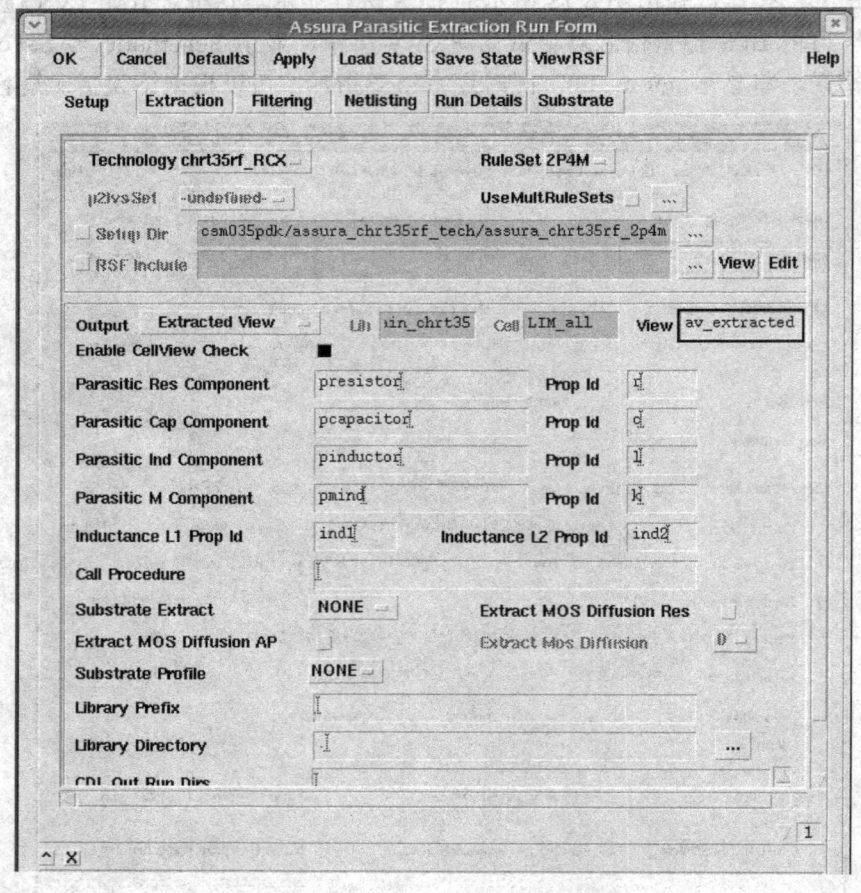

图 8.80　寄生参数提取 Setup 设置

单击寄生参数提取中的 Filtering 选项卡，弹出图 8.81 所示的对话框，进行参数提取最小寄生电阻设置，该电阻的大小会影响计算的收敛。

第 8 章 Cadence 模拟集成电路设计实例

图 8.81 寄生参数提取 Filtering 设置

最关键的是 Extraction 设置，设置窗口如图 8.82 所示，特别注意的是 Extraction Mode 一栏中，根据不同的要求可以提取不同的参数，选项有电阻 R、电容 C 和电感 L 等，本次选择 RC 选项，表示只提取寄生电阻和寄生电容；Cap Extraction Mode 选项选择 Coupled，表示只选择耦合电容；Ref Node 中填写 gnd 或 vss。

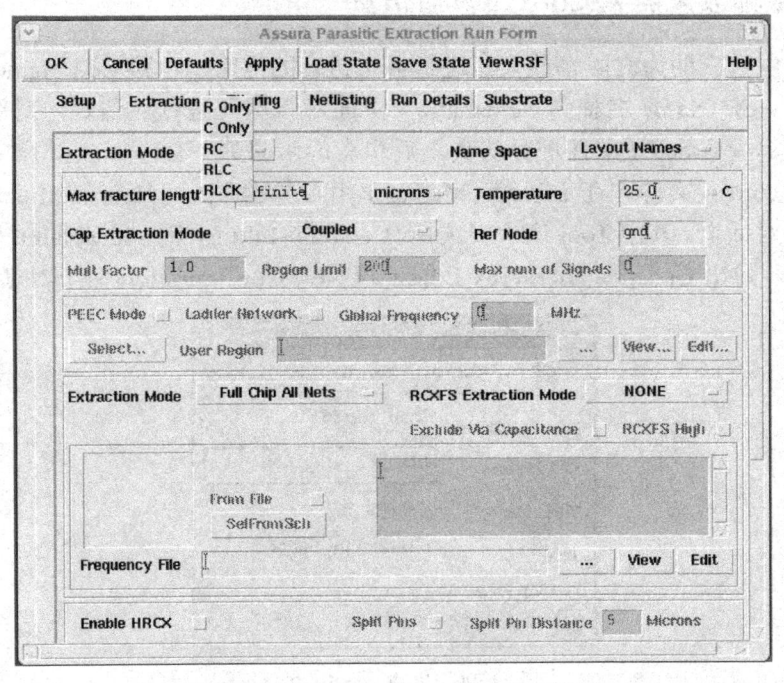

图 8.82 寄生参数提取 Extraction 设置

设置完成后单击 OK 按钮，开始提取参数，最终生成提取出的 av_extracted 文件，打开后如图 8.83 所示，拖动右键局部放大版图，将会看到版图中提取出的寄生电阻和电容。

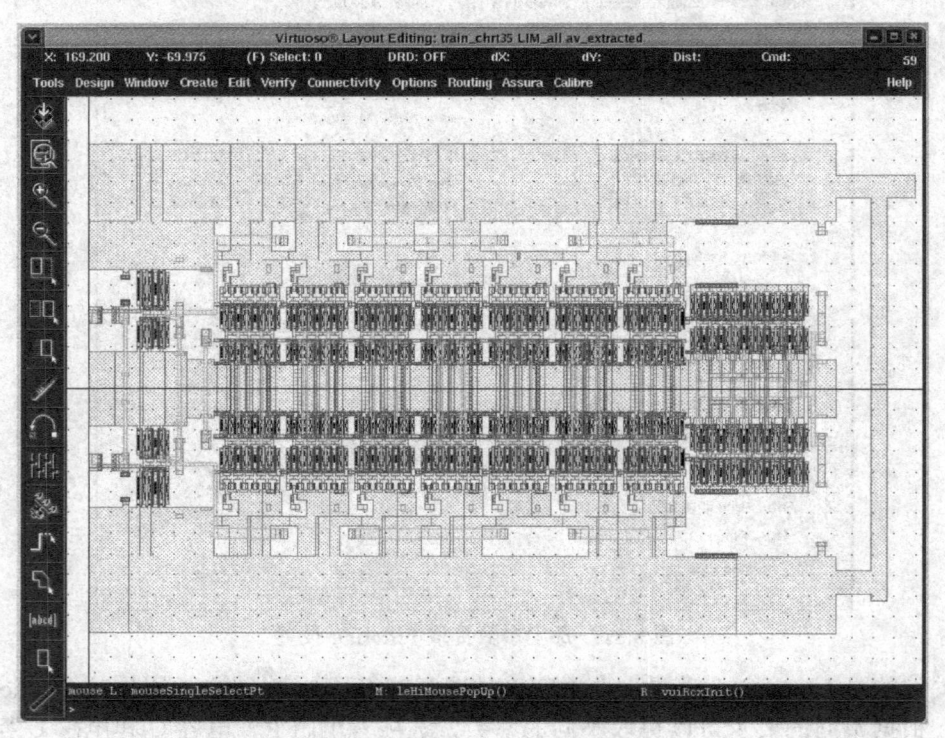

图 8.83 寄生参数提取出的 av_extracted 文件

8.2.5 限幅放大器 Assura 工具后仿真

在图 8.62 中建立的为对限幅放大器进行瞬态仿真的电路，电路 Cell Name 名称为 LIM_all_sim_tran，View Name 名称为 Schematic，下面对该单元进行后仿真，对图 8.83 中寄生参数提取出的 av_extracted 文件进行仿真。后仿真的步骤如下。

（1）生成 config 文件。在 Library Manager 中，单击 File→New Cellview 选项，弹出图 8.84 所示的对话框，其中 Tool 选项中选择 Hierarchy-Editor，则 View Name 显示为 config，单击 OK 按钮，弹出 Cadence Hierarchy Editor 和 New Configuration 两个对话框。

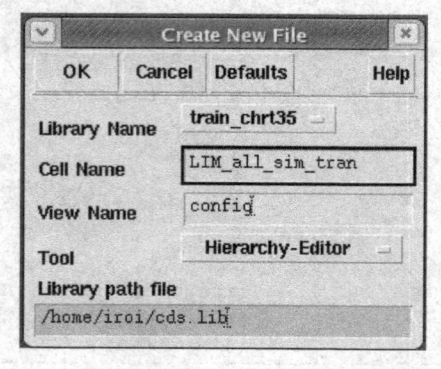

图 8.84 生成 config 文件

单击 New Configuration 对话框中 View 右侧的 Browse，弹出图 8.85 所示的对话框，选择其中的 schematic 后，New Configuration 对话框如图 8.86 所示。

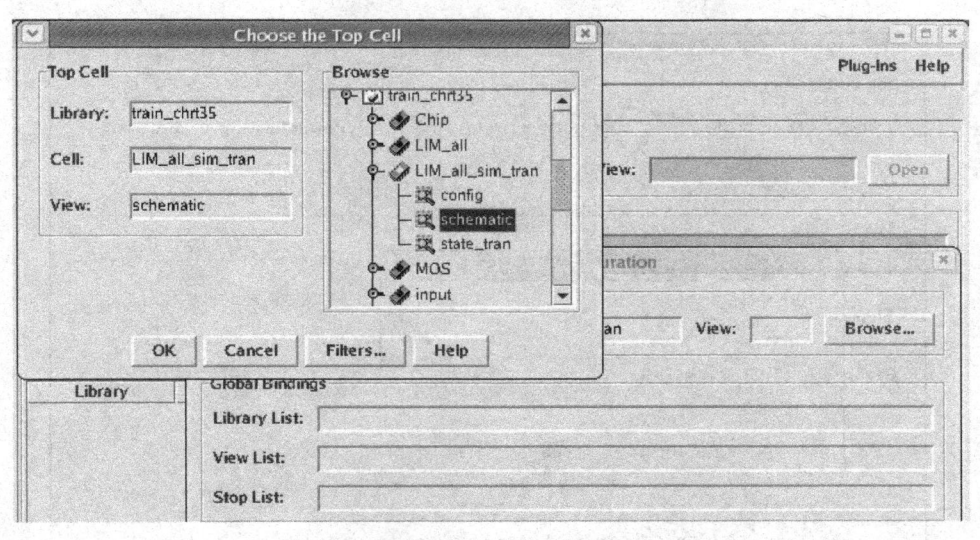

图 8.85　选择 schematic

图 8.86　New Configuration 对话框

单击 New Configuration 对话框中的 Use Template，在弹出的图 8.87 所示的对话框中选择 spectre，单击 New Configuration 对话框中的 OK 按钮完成设置。

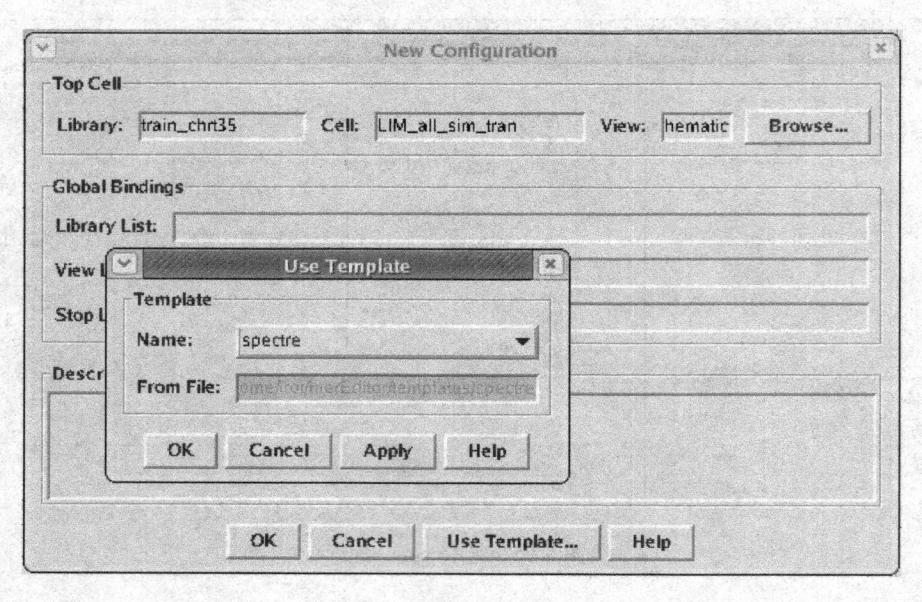

图 8.87　Use Template 的选择

（2）在 Cadence Hierarchy Editor 窗口中，单击需要仿真的已经参数提取的单元名称对应的 View Found，本次设计中右击 LIM_all 单元的 View Found，弹出图 8.88 所示的 Set Cell View 选项，选择其中的 av_extracted 选项。选择后的 Cadence Hierarchy Editor 窗口如图 8.89 所示。

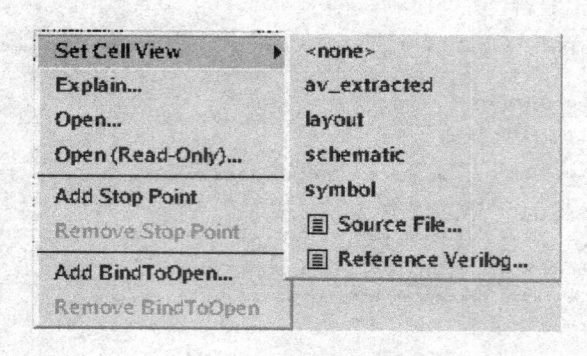

图 8.88　Set Cell View 选项

（3）在 Cadence Hierarchy Editor 窗口中，在 View 菜单单击 Update(Needed)，如图 8.90 所示，在弹出的图 8.91 所示的窗口中单击 OK 按钮，然后关闭 Cadence Hierarchy Editor 窗口。

（4）生成的 LIM_all_sim_tran 单元的对应的 config 如图 8.92 所示。双击 config 后得到的界面与 schematic 类似，如图 8.93 所示。双击 View 中的 state_tran，调用前面设置好的仿真 state，如图 8.94 所示，对此 config 进行的仿真即为后仿真。

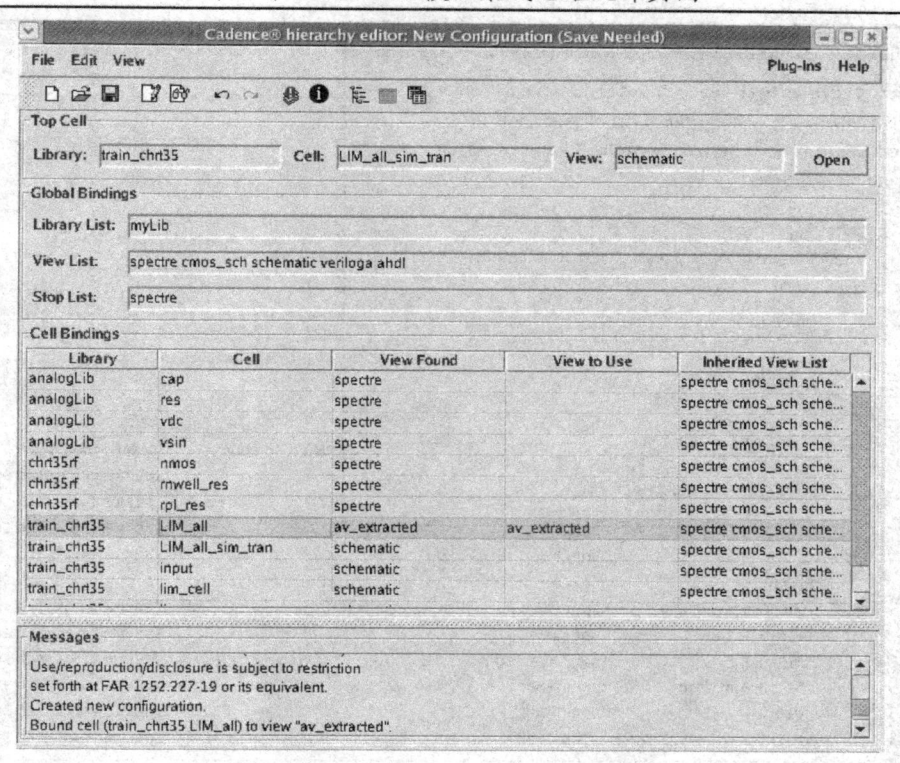

第 8 章　Cadence 模拟集成电路设计实例

图 8.89　Cadence Hierarchy Editor 窗口

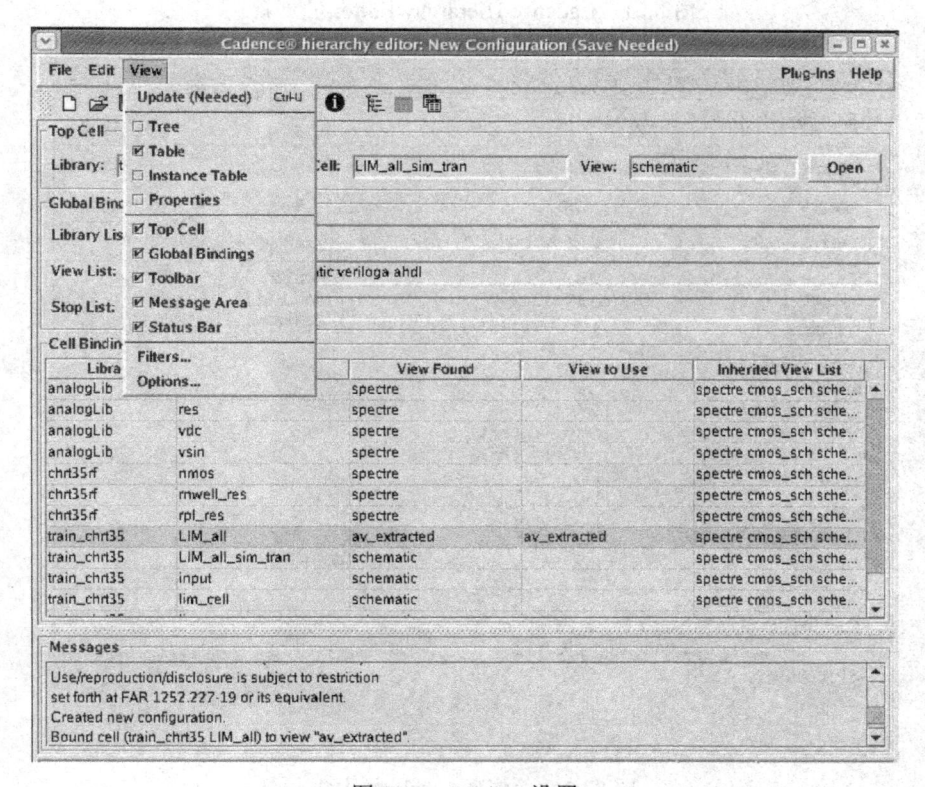

图 8.90　Update 设置

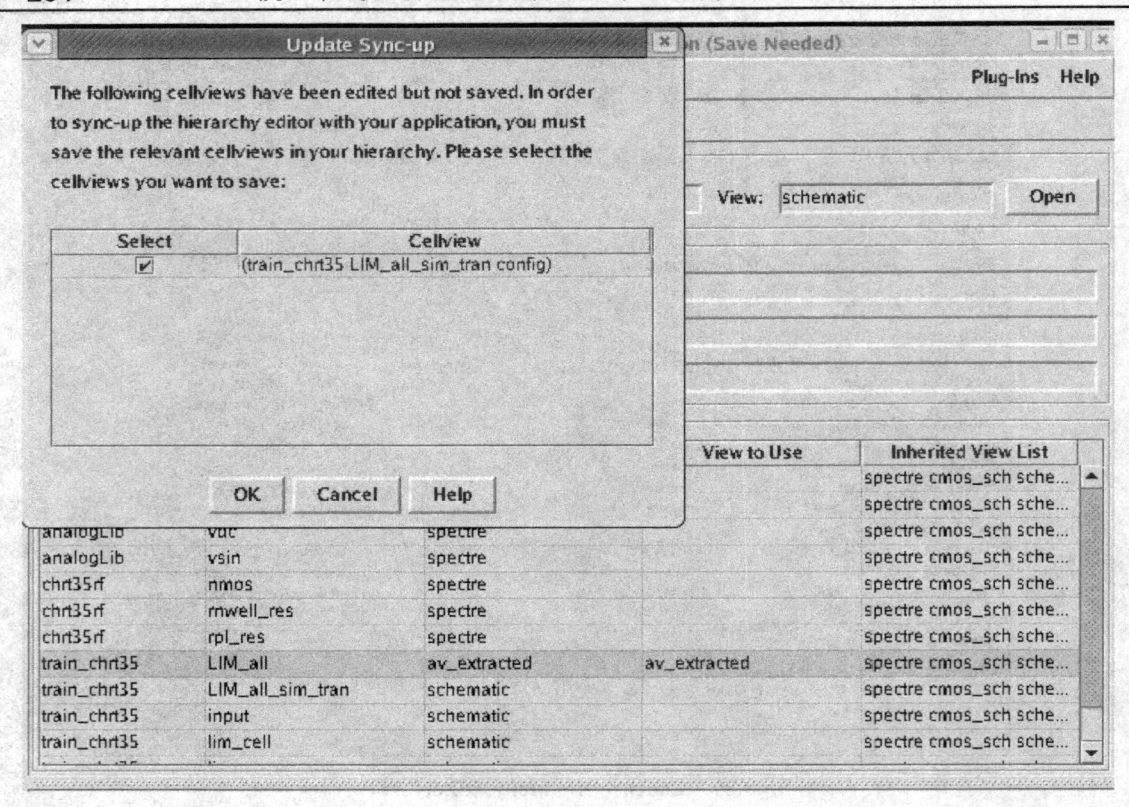

图 8.91　Cadence Hierarchy Editor 的更新

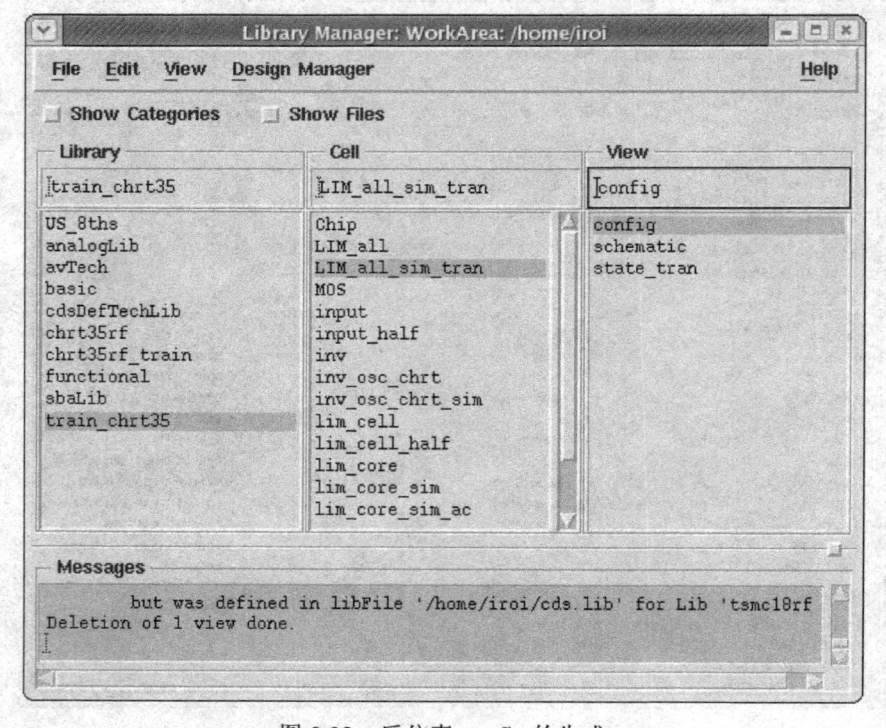

图 8.92　后仿真 config 的生成

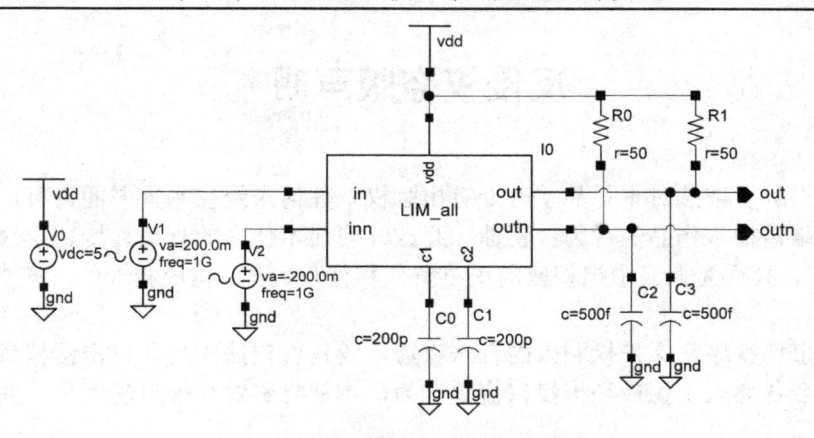

图 8.93　后仿真 config 界面

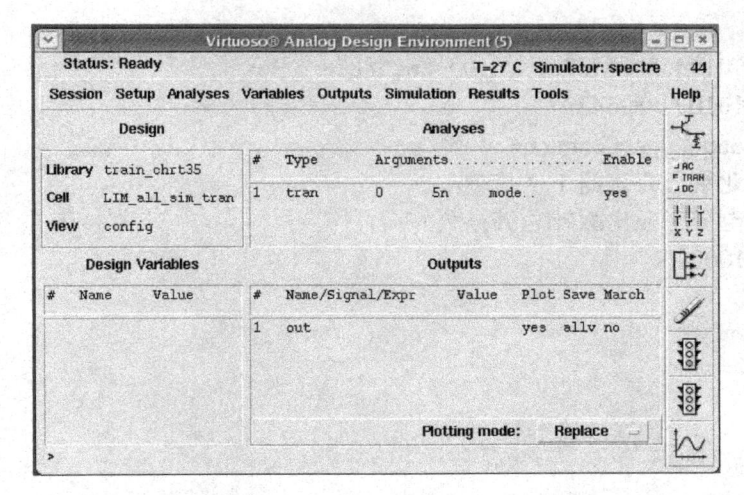

图 8.94　后仿真 config 的 Analog Design Environment

思 考 题

1. 简述 Cadence 软件进行全定制 IC 设计的流程。
2. 版图验证包括哪几个步骤？
3. 在差分对电路的版图设计中，如何保证版图的对称性？
4. 如何采用 Calibre 工具进行版图设计的 DRC、LVS、寄生参数提取和后仿真？
5. 如何采用 Assura 工具进行版图设计的 DRC、LVS、寄生参数提取和后仿真？

本章参考文献

[1] 王志功，陈莹梅. 集成电路设计（第 3 版）. 北京：电子工业出版社，2013.
[2] 胡艳. 超高速并行光接收机电路设计. 东南大学硕士学位论文. 2004.
[3] 陈莹梅. 超高速单片时钟恢复数据判决与 1:4 分接电路设计. 东南大学硕士学位论文. 2003.

反侵权盗版声明

电子工业出版社依法对本作品享有专有出版权。任何未经权利人书面许可,复制、销售或通过信息网络传播本作品的行为;歪曲、篡改、剽窃本作品的行为,均违反《中华人民共和国著作权法》,其行为人应承担相应的民事责任和行政责任,构成犯罪的,将被依法追究刑事责任。

为了维护市场秩序,保护权利人的合法权益,我社将依法查处和打击侵权盗版的单位和个人。欢迎社会各界人士积极举报侵权盗版行为,本社将奖励举报有功人员,并保证举报人的信息不被泄露。

举报电话:(010)88254396;(010)88258888
传　　真:(010)88254397
E-mail：dbqq@phei.com.cn
通信地址:北京市万寿路173信箱
　　　　　电子工业出版社总编办公室
邮　　编:100036

欢迎登录 **免费** 获取本书教学资源
http://www.hxedu.com.cn

模拟集成电路EDA技术与设计
——仿真与版图实例

● **配套光盘内容**：Cadence公司提供的PSPICE学生版软件、HSPICE和PSPICE工具的电路实例、ADS工具的电路实例、Spectre前仿真实例、版图设计及后仿真与版图验证实例等。

- 遵循模拟集成电路全定制设计流程，介绍相关软件应用
- 基于软件平台，设计、示范典型模拟集成电路
- 通过设计实例，介绍射频集成电路的S参数仿真和线性度仿真
- 介绍模拟集成电路的版图设计

通过学习本书，读者能够：
- 掌握全定制模拟集成电路设计的基本方法
- 掌握相关系列工具软件的应用技术
- 提升在模拟集成电路设计方面的实践能力

陈莹梅，东南大学信息科学与工程学院教授，博士生导师。研究方向主要包括超高速光电集成电路与系统、射频集成电路与系统以及数模混合集成电路设计等。主讲的《集成电路设计技术》课程被评为江苏省优秀研究生课程。负责完成了多项国家自然科学基金项目和863项目，获6项中国发明专利，出版教材4部，在国际国内重要期刊与会议中发表论文40余篇，其中30余篇为SCI或EI检索论文。

策划编辑：王羽佳
责任编辑：王羽佳
封面设计：张　昱

ISBN 978-7-121-22426-3

定价：39.90元
含光盘1张